Материалы II международной научно-практической

конференции

Фундаментальные и прикладные науки сегодня

19-20 декабря 2013 г.

Москва

УДК 4+37+51+53+54+55+57+91+61+159.9+316+62+101+330

ББК 72

ISBN: 978-1494814915

В сборнике представлены материалы докладов II международной научно-практической конференции " Фундаментальные и прикладные науки сегодня "

Все статьи представлены в авторской редакции.

© Авторы научных статей

Содержание
Архитектура

Грязнова Г.Г.
РЕФУНКЦИОНАЛЬНОЕ ИСПОЛЬЗОВАНИЕ ПРОИЗВОДСТВЕННЫХ ЗДАНИЙ В ИСТОРИЧЕСКОМ ЦЕНТРЕ УРАЛЬСКИХ ГОРОДОВ 1

Сернецкая А.О., Шестернева Н.Н.
НЕКОТОРЫЕ ПРОБЛЕМЫ СОВРЕМЕННОГО СТРОИТЕЛЬНОГО КОМПЛЕКСА РОССИЙСКОЙ ФЕДЕРАЦИИ И ОДИН ИЗ ВАРИАНТОВ ИХ РЕШЕНИЯ 4

Биологические науки

Талалаева Г.В.
ГОМЕОРЕЗИС – КЛЮЧЕВАЯ МОДЕЛЬ ТРАНСФОРМАЦИИ БИОТЫ В ТЕХНОГЕННОЙ СРЕДЕ ОБИТАНИЯ 7

Географические науки

Кучинов П.А.
ТУРИСТСКО-РЕКРЕАЦИОННАЯ ЭКСПЕРТИЗА – КАК ИНСТРУМЕНТ ОТБОРА ИНВЕСТИЦИОННЫХ ПРОЕКТОВ ТУРИСТИЧЕСКОГО БИЗНЕСА РОССИИ 10

Геолого-минералогические науки

Разва О.С., Коровкин М.В., Ананьева Л.Г., Небера Т.С.
ОПРЕДЕЛЕНИЕ ИНДЕКСА КРИСТАЛЛИЧНОСТИ КВАРЦИТОВ МЕТОДОМ РЕНТГЕНОВСКОЙ ДИФРАКЦИИ 18

Искусствоведение

Масалимов Т.Х., Акулова Е.С.
ВОЙЛОК, КАК НЕОТЪЕМЛЕМАЯ ЧАСТЬ РАЗВИТИЯ ДЕКОРАТИВНО-ПРИКЛАДНОГО ТВОРЧЕСТВА 21

Масалимов Т.Х., Капитонова Т.С.
ТВОРЧЕСТВО БАШКИРСКИХ ХУДОЖНИКОВ В КОНТЕКСТЕ РАЗВИТИЯ СОВРЕМЕННОГО ИЗОБРАЗИТЕЛЬНОГО ИСКУССТВА 24

Медицинские науки

Тюшина М.В., Малаховский В.В.
КОМПЛЕКСННАЯ ТЕРАПИЯ КАРДИАЛГИЙ С ИСПОЛЬЗОВАНИЕМ РЕФЛЕКСОТЕРАПИИ 28

Белая О.Ф., Зуевская С.Н., Паевская О.А.
ОСТРЫЕ ВИРУСНЫЕ ГЕПАТИТЫ С ХОЛЕСТАТИЧЕСКИМ СИНДРОМОМ, АССОЦИИРОВАННЫЕ С *H.PYLORI* 31

Содержание

Кирилюк В.В.
ОЦЕНКА КАЧЕСТВА ПРОТЕЗИРОВАНИЯ НЕСЪЕМНЫМИ ЗУБНЫМИ ПРОТЕЗАМИ 34

Батыршина С.В., Халилова Р.Г., Сабынина Е.Е.
АТОПИЧЕСКИЙ ДЕРМАТИТ: КОФАКТОРЫ ПАТОГЕНЕЗА 42

Давыдов Ю.В., Файзуллина Е.В.
ПОБОЧНЫЕ РЕАКЦИИ НА ЛЕКАРСТВЕННЫЕ СРЕДСТВА, СПОСОБЫ ЛЕЧЕНИЯ И ПРОФИЛАКТИКИ ЛЕКАРСТВЕННОЙ АЛЛЕРГИИ..46

Латышевская Н.И., Давыденко Л.А., Чернова Н.В., Шестопалова Е.Л., Новикова А.Н., Бочарова Л.М.
КОЛИЧЕСТВЕННАЯ ОЦЕНКА РИСКА ДЛЯ ЗДОРОВЬЯ ШКОЛЬНИКОВ, ОБУСЛОВЛЕННОГО ДЕФЕКТАМИ ПИТАНИЯ 57

Мельников А.И., Афонина Е.С., Смекалкина Л.В.
ВОЗМОЖНОСТИ СОВРЕМЕННЫХ ПСИХОКОРРЕКЦИОННЫХ МЕТОДИК В РЕАБИЛИТАЦИИ ПАЦИЕНТОВ С РАССТРОЙСТВАМИ АДАПТАЦИИ 60

Кучинов А.И.
НЕОСОЗНАВАЕМАЯ АУДИАЛЬНАЯ ПСИХОКОРРЕКЦИИЯ ПАЦИЕНТОВ С СОМАТИЗИРОВАННЫМИ СИНДРОМАМИ 64

Олина А.А., Метелева Т.А., Сафаргалиева Е.Ю., Буничева Н.В.
ПРОФИЛАКТИКА АБОРТОВ, КАК ОСНОВА СОХРАНЕНИЯ РЕПРОДУКТИВНОГО ЗДОРОВЬЯ 69

Тюрин Ю.А., Фассахов Р.С., Мустафин И.Г.
РОЛЬ МИКРОБНОГО ФАКТОРА ПРИ АТОПИЧЕСКОМ ДЕРМАТИТЕ 72

Фейсханова Л.И.
ДИАГНОСТИЧЕСКАЯ ЭФФЕКТИВНОСТЬ КОРОНАРОГРАФИИ В УСЛОВИЯХ КАРДИОЛОГИЧЕСКОГО ОТДЕЛЕНИЯ РЕСПУБЛИКАНСКОЙ КЛИНИЧЕСКОЙ БОЛЬНИЦЫ РЕСПУБЛИКИ ТАТАРСТАН............ 81

Науки о земле

Абатурова И.В., Мартыненко М.С., Стороженко Л.А.
АНАЛИЗ ИНЖЕНЕРНО-ГЕОЛОГИЧЕСКИХ УСЛОВИЙ ХРОМИТОВЫХ МЕСТОРОЖДЕНИЙ ПОЛЯРНОГО УРАЛА 84

Педагогические науки

Левченкова Т.В., Новицкий В.С.
О ЗНАЧЕНИИ ДОПОЛНИТЕЛЬНОГО ПРОФЕССИОНАЛЬНОГО ОБРАЗОВАНИЯ ДЕТСКИХ ТРЕНЕРОВ 88

Булгакова Е.Т.
РАБОТА С ОДАРЕННЫМИ ДЕТЬМИ В УСЛОВИЯХ НАУЧНО-ОБРАЗОВАТЕЛЬНОГО КОМПЛЕКСА «ЛИЦЕЙ-УНИВЕРСИТЕТ» 91

Содержание

Лисицына Т.Н.
INTERNATIONAL PROJECT AS A TOOL OF DEVELOPMENT BORDERLAND COOPERATION IN HIGHER EDUCATION 95

Sidorova Y.A., Pastushenko T.A.
INTERDISCIPLINARY APPROACH TO TEACHING ENGLISH 98

Лизунов П.В.
ПОДГОТОВКА СПЕЦИАЛИСТОВ В СОВРЕМЕННОЙ ПРОФЕССИОНАЛЬНОЙ ОРГАНИЗАЦИИ 100

Радионова Н.Ф.
РАЗВИВАЮЩЕЕ И РАЗВИВАЮЩЕЕСЯ ВЗАИМОДЕЙСТВИЕ В ПЕДАГОГИЧЕСКОМ ПРОЦЕССЕ КАК ОБЪЕКТ НАУЧНЫХ ИССЛЕДОВАНИЙ 105

Ривкина С.В.
ПОДГОТОВКА СТУДЕНТОВ К РЕШЕНИЮ ОБЩЕПРОФЕССИОНАЛЬНЫХ ЗАДАЧ ПЕДАГОГИЧЕСКОЙ ДЕЯТЕЛЬНОСТИ: ХАРАКТЕРИСТИКА ЭТАПОВ 108

Барановская Л.А., Игнатова В.В.
СИНЕРГЕТИЧЕСКИЕ ОСНОВАНИЯ ФОРМИРОВАНИЯ СОЦИАЛЬНОЙ ОТВЕТСТВЕННОСТИ 111

Гридасова О.И.
ДИДАКТИЧЕСКИЕ ОСНОВЫ ИНТЕГРИРОВАННОГО ЭЛЕКТИВНОГО КУРСА ПО НЕМЕЦКОМУ ЯЗЫКУ «MEINE HEIMATSTADT» 116

Пожарская А.В.
ВОСПИТАТЕЛЬНАЯ ПАЛИТРА ШКОЛЬНОГО ПРЕДМЕТА «ИЗОБРАЗИТЕЛЬНОЕ ИСКУССТВО»....... 119

Конохова Е.С.
ОСОБЕННОСТИ НРАВСТВЕННОЙ ВОСПИТАННОСТИ ДЕТЕЙ СТАРШЕГО ДОШКОЛЬНОГО ВОЗРАСТА 126

Ботагариев Т.А., Кубиева С.С., Шоканов Р.А., Утепбергенов А.Я., Есмагамбетов М.К.
МЕТОДИКА ИСПОЛЬЗОВАНИЯ КРУГОВОГО МЕТОДА ТРЕНИРОВКИ В ПРОФЕССИОНАЛЬНО-ПРИКЛАДНОЙ ФИЗИЧЕСКОЙ ПОДГОТОВКЕ СТУДЕНТОВ 130

Психологические науки

Менщикова И.А.
ПРОФЕССИОНАЛЬНОЕ САМООПРЕДЕЛЕНИЕ СТУДЕНТОВ КАК СУБЪЕКТОВ ДЕЯТЕЛЬНОСТИ В ПЕРИОД СОЦИАЛЬНО-ЭКОНОМИЧЕСКИХ ИЗМЕНЕНИЙ 133

Павлова Е.В., Баранская Л.Т.
ВЛИЯНИЕ ВНУТРИСЕМЕЙНЫХ ОТНОШЕНИЙ НА ВОЗРАСТНУЮ ДИНАМИКУ ВЫСШИХ ПСИХИЧЕСКИХ ФУНКЦИЙ У МЛАДШИХ ШКОЛЬНИКОВ 137

Кочнева Е.М., Ширяева Л.О.
ОСОЗНАНИЕ ПРОФЕССИОНАЛЬНОГО ВЫБОРА С ИСПОЛЬЗОВАНИЕМ РЕПЕРТУАРНЫХ РЕШЕТОК ДЖ. КЕЛЛИ 140

Содержание

Макаров Ю.В.
ХАРАКТЕРИСТИКИ И ОСОБЕННОСТИ ТРЕНИНГОВЫХ ТЕХНОЛОГИЙ 144

Социологические науки

Соколовская С.А., Селиванов Л.И.
ПРОБЛЕМЫ И ПРИОРИТЕТЫ ИНФОРМАЦИОННОГО ОБЕСПЕЧЕНИЯ МОЛОДЕЖИ И ГОСУДАРСТВЕННОЙ МОЛОДЁЖНОЙ ПОЛИТИКИ В РОССИЙСКОЙ ФЕДЕРАЦИИ 148

Технические науки

Саушев А.В., Бова Е.В., Толокнова О.М., Троян Д.И.
ФОРМИРОВАНИЕ КРИТЕРИЯ ОПТИМАЛЬНОСТИ ПРИ СИНТЕЗЕ ТЕХНИЧЕСКИХ СИСТЕМ 157

Есенгалиев Д.А.Байсанов А.С.Султангазиев Р.Б.Жумагалиев Е.У.Келаманов Б.С.
ФАЗОВЫЙ СОСТАВ ШЛАКОВ ПРОИЗВОДСТВА РАФИНИРОВАННОГО ФЕРРОМАРГАНЦА 161

Патракеев Д.С., Дербишер Е.В., Дербишер В.Е.
О ПРИМЕНЕНИИ ИСКУССТВЕННЫХ НЕЙРОННЫХ СЕТЕЙ ПРИ ПРОЕКТИРОВАНИИ ВЕЩЕСТВ С ЗАДАННЫМИ СВОЙСТВАМИ 164

Федорова Н.В., Шафорост Д.А., Коломийцева А.М.
О ФОРМИРОВАНИИ И СТРУКТУРЕ ТАРИФОВ НА ЭЛЕКТРИЧЕСКУЮ И ТЕПЛОВУЮ ЭНЕРГИИ В РОСТОВСКОЙ ОБЛАСТИ 167

Смотрова С.А., Смотров А.В., Одинцев И.Н., Кокуров А.М.
БЕСКОНТАКТНЫЕ ЧАСТОТНЫЕ ИСПЫТАНИЯ КОНСТРУКЦИИ, ИМЕЮЩЕЙ СЛОЖНУЮ ФОРМУ ... 171

Фармацевтические науки

Кухаренко А.Е., Жаберева А.С., Гаврилова Н.А., Хамитова М.Ф., Гравель И.В.
ОПРЕДЕЛЕНИЕ ГИБРИДНЫХ БЕЛКОВ E7-HSP70 В ПЛАЗМЕ КРОВИ ПОСЛЕ ОДНОКРАТНОГО ВВЕДЕНИЯ МОДЕЛЬНЫМ ЖИВОТНЫМ 174

Физико-математические науки

Борисов А.С., Головцов А.В., Мокейчев В.С.
ВЫЧИСЛЕНИЕ ЭЛЕМЕНТАРНЫХ, СОБСТВЕННЫХ, СЕЙСМИЧЕСКИХ ВОЛН ПО РЕЗУЛЬТАТАМ ИЗМЕРЕНИЙ ИХ АМПЛИТУД (ПРЯМАЯ И ОБРАТНАЯ ЗАДАЧИ) 179

Пронина Е.А.
ФОРМИРОВАНИЕ ТРАЕКТОРИИ РАЗВИТИЯ РЕГИОНА, С УЧЁТОМ РОСТА КАЧЕСТВА ЖИЗНИ НАСЕЛЕНИЯ 188

Содержание

Филологические науки

Самойленко Л.В.
СТИЛИ РЕЧЕВОГО ПОВЕДЕНИЯ ПОЛЬЗОВАТЕЛЕЙ КАК ФАТИЧЕСКОЕ СРЕДСТВО ЧАТ-КОММУНИКАЦИИ 192

Горн Е.А.
ПРАГМАТИЧЕСКИЙ КОМПОНЕНТ ЦВЕТООБОЗНАЧЕНИЙ КАК ФУНКЦИОБРАЗУЮЩИЙ АСПЕКТ ПЕРЕВОДА ХУДОЖЕСТВЕННОГО ТЕКСТА 196

Андреева И.Н.
НОРМЫ РЕЧИ В СОВРЕМЕННЫХ СЛОВАРЯХ И УЧЕБНИКАХ 199

Ребрина Л.Н.
КОНСТАНТНЫЕ ХАРАКТЕРИСТИКИ ПРЕДСТАВЛЕНИЯ ПАМЯТИ В НЕМЕЦКОМ ЯЗЫКЕ 205

Химические науки

Sakhnevitch B.V., Kirgina M.V., Chekancev N.V., Ivanchina E.D.
DEVELOPING THE MODULE OF AUTOMATIC CHROMATOGRAPHY ANALYSIS DATA SYSTEMATIZATION FOR INCREASING THE EFFICIENCY OF TRADE GASOLINES BLENDING PROCESS 209

Экономические науки

Литвиненко А.А.
ОРГАНИЗАЦИЯ СТРАТЕГИЧЕСКОГО УПРАВЛЕНИЯ РАЗВИТИЕМ МАТЕРИАЛЬНО-ТЕХНИЧЕСКОЙ БАЗЫ ПРОМЫШЛЕННОГО ПРЕДПРИЯТИЯ 212

Вафин А.М., Галеева Г.М.
СОВЕРШЕНСТВОВАНИЕ СИСТЕМЫ УПРАВЛЕНИЯ ИННОВАЦИОННЫМ РАЗВИТИЕМ ПРОМЫШЛЕННОГО КОМПЛЕКСА 215

Мингазова Р.Х., Галеева Г.М.
РАЗВИТИЕ ТРАНСПОРТНОЙ ИНФРАСТРУКТУРЫ КАК УСЛОВИЕ ИННОВАЦИОННОЙ ПРИВЛЕКАТЕЛЬНОСТИ РЕГИОНА 218

Фазлыева Е.П., Куприянов А.М.
ОСОБЕННОСТИ РАЗВИТИЯ СИСТЕМЫ УПРАВЛЕНИЯ ХОЗЯЙСТВЕННЫМИ РИСКАМИ В РОССИИ 221

Семенов В.П., Гарифуллин М.М.
КЛАСТЕРИЗАЦИЯ КАК ФАКТОР ПОВЫШЕНИЯ КОНКУРЕНТОСПОСОБНОСТИ РОССИЙСКОЙ ЭКОНОМИКИ 224

Баева Н.Б., Егорычева И.И.
ЗАВИСИМОСТЬ ИНФЛЯЦИИ ОТ СТРУКТУРЫ ТЕХНОЛОГИЧЕСКОЙ МАТРИЦЫ МЕЖОТРАСЛЕВОГО БАЛАНСА РЕГИОНА 228

Генгут Ю.Л.
ЭКОНОМИКО-СТАТИСТИЧЕСКОЕ ИССЛЕДОВАНИЕ СОВРЕМЕННЫХ ПРОЦЕССОВ ПРИВАТИЗАЦИИ ГОСУДАРСТВЕННОГО И МУНИЦИПАЛЬНОГО ИМУЩЕСТВА В РОССИИ 232

Содержание

Севка В.Г., Ланцова Е.А.
ОСОБЕННОСТИ ВЫБОРА СТРАТЕГИЙ ИННОВАЦИОННОГО РАЗВИТИЯ В СТРОИТЕЛЬСТВЕ 241

Юридические науки

Идаятов Р.И., Камилова Д.В.
КОНСТИТУЦИОННО-ПРАВОВЫЕ ОСНОВЫ ОБЕСПЕЧЕНИЯ НАЦИОНАЛЬНОГО ЕДИНСТВА РФ 244

Бакулина Л.Т.
ТЕОРИЯ КОНСТИТУЦИОНАЛИЗМА В СВЕТЕ 20-ЛЕТИЯ КОНСТИТУЦИИ РОССИЙСКОЙ ФЕДЕРАЦИИ.. 247

Грязнова Г.Г.
Уральская государственная архитектурно-художественная академия
(ФГБОУ ВПО «УралГАХА»)

РЕФУНКЦИОНАЛЬНОЕ ИСПОЛЬЗОВАНИЕ ПРОИЗВОДСТВЕННЫХ ЗДАНИЙ В ИСТОРИЧЕСКОМ ЦЕНТРЕ УРАЛЬСКИХ ГОРОДОВ

Исторической особенностью объемно-пространственной структуры многих уральских городов является размещение промышленных зданий в центральной части города. Это обусловлено формированием на Урале мощнейшего промышленного потенциала в XVIII-XIX веках. Возникновение городов- заводов начиналось со строительства плотины для нужд «железоделательных», в дальнейшем металлургических заводов, возведения производственных и складских зданий, водонапорной башни, и, непосредственно системы ограждения, забора, акцентирующего архитектурным решением ворот взаимосвязь пространства города и производства. Элементы этой структуры сохранились в г. Екатеринбурге и образуют «Исторический сквер». В цехах размещены музеи, в водонапорной башне – сувенирный магазин, ворота представляют собой малые архитектурные формы, но основная часть цехов была снесена в 60-х годах ХХ века. «Исторический Сквер» в большей степени представляет собой открытое городское пространство для проведения массовых праздников, а в рабочие дни – это мало эффективное место рекреации. Во многих городах Урала производственная функция таких зданий часто еще существует, но утрачивает свою экономическую целесообразность. Материальное состояние зданий ухудшается, ветшающие объекты, требуют сноса или реконструкции. Соответственно, возникает вопрос об их дальнейшем существовании и использовании. Решением данной проблемы может стать функциональная переориентация промышленных объектов, приспособление их к новым потребностям общества.

Можно выделить следующие факторы, способствующие рефункциональному использованию производственных зданий в историческом центре уральских городов:

- культурно-историческая значимость индустриального наследия городов,
- градостроительная значимость объектов как органической составной части общей планировочной системы,
- необходимость экологического оздоровления городской среды,
- максимально возможное использование сохранившихся материальных ценностей (зданий, сооружений, инженерных систем),
- возможность использования сложившейся развитой социальной инфраструктуры,

Архитектура

-возможность формирования полифункциональной городской среды,
- композиционная значимость центрального ядра города.

В различных градостроительных ситуациях данные факторы могут проявляться неодинаково, поэтому разными могут быть концепции реконструкции предприятий. Теоретический анализ различных типологических групп промышленных объектов, эволюции их формирования и современного состояния позволяет определить ряд наиболее характерных видов функциональной адаптации объектов в составе сложившейся градостроительной структуры. В каждом конкретном случае, должно быть найдено оптимальное решение.

Данные предприятия, расположенные в композиционном ядре городской структуры, сосредоточенные на Урале, представляют собой значительное явление в промышленном зодчестве и приобретают исключительно важное историческое значение для общества в целом.

Соответственно, данные объекты по характеру застройки, местоположению и современной роли в общественном производстве могут быть подразделены на три группы, существенно отличающиеся потенциальными возможностями их дальнейшего функционального использования и приемами архитектурно-пространственной организации при реконструкции.

К первой группе можно отнести исторические объекты, полностью утратившие первоначальную производственную функцию или выведенные из эксплуатации (например, Екатеринбург). Большинство бывших предприятий находится в полуразрушенном состоянии, претерпели значительные деформации в результате бессистемной модернизации зданий, сооружений и производственного процесса. Следовательно, идея функционального наполнения данной исторической зоны достаточно свободна, это могут быть культурно-развлекательные комплексы, торгово-промышленные выставки, малые предприятия художественных промыслов, творческие мастерские и др. Архитектурно-образная концепция застройки территории центрального ядра города требует чрезвычайно осторожного, внимательного и глубоко научно обоснованного подхода к выбору критериев объективной оценки перспектив развития с учетом исторической связи времен.

Вторую группу исторических объектов образуют предприятия, расположенные в малых городах Урала (например, Ревда, Старая Утка, Алапаевск). Они остаются основными градообразующими предприятиями, но в силу территориальной ограниченности дальнейшего развития могут иметь эффективную реконструкцию технологического процесса только путем строительства новых производственных зданий на свободных территориях. Эти предприятия сформированы из разновременных построек, отличаются высокой плотностью застройки и отсутствием единства архитектурно-композиционного замысла.

Стабилизирующим ядром композиции должен стать сохранившийся исторический ансамбль, а функциональное значение желательно оставить производственным, но безопасным в экологическом плане. Новые виды производства, развитие легкой промышленности и др., так как в малых городах особенно ценны сложившиеся социальные связи и сохраняется возможность использования сложившейся развитой социальной инфраструктуры города.

Третью группу составляют предприятия, получившие импульс в экономическом развитии за последние годы. Исторические зоны на этих предприятиях составляют незначительную часть их территории, большинство старых зданий выведено из эксплуатации или приспособлено под вспомогательные службы. При этом, исключительно высокий интерес вызывает сегодня исторический облик этих объектов в общей композиционной структуре застройки, позволяя проследить эволюцию технического процесса (например, Н-Тагил, Кушва, Екатеринбург Верх-Исетский завод). Основным направлением функциональной адаптации данных объектов может стать создание музейно-выставочных и культурно-исторических центров, на первый план выходит цель сохранения и реставрации этого культурно-исторического наследия городов-заводов Урала.

При всей специфике и самобытности пространственной структуры уральских городов, достаточно продолжительном историческом периоде существования архитектурных объектов рефункциональное использование производственных зданий содержит много общезначимых приемов для проведения реконструкции в других регионах России.

Сернецкая А.О.
студент
Шестернева Н.Н.
Санкт-Петербургский государственный архитектурно-строительный университет
aleksa_2007@inbox.ru

НЕКОТОРЫЕ ПРОБЛЕМЫ СОВРЕМЕННОГО СТРОИТЕЛЬНОГО КОМПЛЕКСА РОССИЙСКОЙ ФЕДЕРАЦИИ И ОДИН ИЗ ВАРИАНТОВ ИХ РЕШЕНИЯ

В настоящее время положение дел в строительстве в нашей стране таково, что жилого фонда для обеспечения потребности населения не хватает. Только за прошлый год было построено 60,7 миллионов м² жилой недвижимости, то есть 0,35 квадратного метра на человека[1,3], этого на сегодняшний день недостаточно. В связи с большой потребностью в жилье для населения, Правительство Российской Федерации подготовило новый национальный проект: «Доступное жилье 2013-2020 гг.», которое должно значительно упростить приобретение недвижимости для молодежи. Проект подразумевает значительное снижение стоимости на вновь возводимую недвижимость, примерно на 20 %. Снижение стоимости квадратного метра планируется достигнуть путем увеличения объемов строительства недвижимости эконом-класса. Через три года планируется сдавать около 90 миллионов м² жилой недвижимости[1,3]. Но и это не является полным решением проблемы нехватки жилья. На 2003 год средняя обеспеченность жильем в России была лишь 20 квадратных метров на человека, в то время как в США – 70[2,6]. В домах, построенных во время СССР пятикратный перерасход энергии, воды, а система вентиляции практически отсутствует на сегодняшний день. При высоком росте уровня автомобилизации, загрязнения окружающей среды вредными и шумовыми воздействиями приводит к массовой установке пластиковых окон, на которые совершенно не рассчитаны такие дома. При проектировании домов инфильтрация воздуха учитывалась через щели в окнах и дверях, заменяя тем самым нормальную систему вентиляции, и создавала относительно благоприятную атмосферу в помещении по содержанию кислорода и влажности воздуха. Но с установкой стеклопакетов полностью нарушается инфильтрация воздуха в таких домах.

Строительство жилья – особая отрасль экономики. Она весьма социально значима. Программа «Обеспечение доступным и комфортным жильем и коммунальными услугами граждан РФ», утвержденная Президентом РФ 03.12.2012 года, а также ряд федеральных программ, нормативно-правовых актов, федеральных законов, постановления правительства и указ президента России, направленных на максимально эффективное использование природных ресурсов и потенциала энергетического сектора для устойчивого роста экономики, повышения качества жизни населения страны и содействия укреплению внешнеэкономических позиций России требует приоритетного применения энергоэффективного жилья, новых энергосберегающих материалов, новейших технологий строительства. Все это позволит экономить не только природные ресурсы, используемые на обеспечение и строительство жилья, но и сократит сроки строительства. Это необходимо и при внедрении других федеральных программ, и существующих направлений, реализуемых Правительством РФ, во внешней и внутренней политике России: Программа Переселения соотечественников, политика проводимая по «закреплению» труднодоступных территорий, таких как Дальний Восток, Сибирь, Крайний Север. Кроме того - сжатые сроки строительства новых объектов, в том числе жилья, необходимы при восстановлении разрушенной инфраструктуры населенных пунктов после чрезвычайных ситуаций в результате природных и техногенных аварий и катастроф, возведении новых военных городков, строительства инфраструктуры при реализации программ по освоению новых месторождений минеральных ресурсов, создания транспортной инфраструктуры (терминалы, порты, пункты пропуска на границе) и т.д. Во многих регионах мира необходимость строительства зданий и сооружений в сейсмически опасных районах крайне значима. Так, по данным Геологической службы США ежегодно происходит около двух десятков землетрясений силой семь - семь с половиной баллов, сто двадцать землетрясений — до шести с половиной баллов, восемьсот – силой до пяти с половиной баллов, более шести сот землетрясений в год силой около четырех с половиной баллов и, наконец, почти пятьдесят тысяч слабых колебаний силой чуть более трех-трех с половиной баллов[3,2]. Сейсмоустойчивые здания должны не только однократно выдержать сильное землетрясение, спасти жизни людей, но быть способными дальше функционировать и продолжать выдерживать новые толчки, без повреждения несущих конструкций и систем жизнеобеспечения. Одним из решений современных проблем в строительстве могут быть автономные энергосберегающие дома и поселки из новых материалов и запатентованных технологий строительства жилья. Таким материалом может служить пенополистиролбетон. Еще в СССР была разработана научно-техническая база строительства зданий и сооружений по технологии каркасов с применением трубобетона как новой несущей конструкции[4,21]. Однако большое распространение данная технология получила развитие за рубежом в США, Японии, КНР, Арабских Эмиратах. Следует особо отметить, что находясь в монолитно залитом полистиролбетоне несущие конструкции здания надежно защищены от агрессивных факторов окружающей среды (влаги, воздуха, высоких температур, вибрации и т.п.), многократно увеличивая срок эксплуатации конструкции в целом. Исходя из конструкционных особенностей полистиролбетона, его низкой себестоимости и возможности применения его в практически любых климатических условиях на сегодняшний день его применение крайне необходимо в строительстве. Дома из такого материала быстро возводимы, недороги, качественны, экологичны, что делает их незаменимы в для многих целей и госпрограмм Российской Федерации. Для реализации его на рынке и внедрение в массовое производство необходимо строительство нескольких демонстрационных полу-автономных или автономных поселков. Автономные поселки также позволяют создать необходимую инфраструктуру, обеспечить проживающему в них населению необходимые рабочие места. Такие поселки можно поставить практически в любом месте, так как для них требуется только вода и электроэнергия, в некоторых случаях можно ставить ДЭС, исключить строительство ТЭЦ, что значительно сократит расходы на строительство поселка, нет также риска размораживания поселка в случае выхода из строя ТЭЦ. Этот поселок экологичен – нет вредных выбросов в атмосферу золы, от используемого угля, септики перерабатывают отходы в воду для полива, твердые отходы вывозятся. Население в поселке может жить за счет сопутствующей инфраструктуры. Исходя из вышеперечисленного можно сделать вывод о том, что тема автономных поселков, энергоэффективных экологических высоток крайне важна и актуальна на сегодняшний день. Активное ее использование и продвижение в массы позволит не только сократить расходы населения, но и позволит оставить в запасе нетронутые природные ресурсы.

Список использованной литературы:
1. Государственная программа «Доступное жилье 2013 – 2020 гг.» утвержденная правительством Российской Федерации;
2. *Статья в журнале:* О. Храбрый. Они не видят. Они не слышат. Они ничего не читают. «Эксперт» - №9 /(598) - от 03.03.2008 г.;
3. *Интернет – источники:* Статистика землетрясений.–. Режим доступа: http://the-day-x.ru/statistika-zemletryasenij.html
4. *Статья в журнале:* Ю.А. Табунщиков, М.М. Бородач. Энергетический пассивный многоэтажный жилой дом. «АВОК-ПРЕСС» - Том 1- 2013г.
5. *Статья в журнале:* Ю.А. Табунщиков. Принципы формирования энергоэффективных жилых районов. «АВОК-ПРЕСС» - Том 1- 2013г.
6. *Статья в журнале:* В.П. Саранцева, Н.Н. Шестернева. Формирование микроклимата городских территорий различного назначения. «Промышленное и гражданское строительство» - 2007г.

Талалаева Г.В.
доцент, доктор медицинских наук, ведущий научный сотрудник
Институт экологии растений и животных УрО РАН, gvtalal@mail.ru

ГОМЕОРЕЗИС – КЛЮЧЕВАЯ МОДЕЛЬ ТРАНСФОРМАЦИИ БИОТЫ В ТЕХНОГЕННОЙ СРЕДЕ ОБИТАНИЯ

Актуальность теоретических изысканий в области управления деятельностью живых систем не вызывает сомнений. Примером этого является информация о возрастающей роли биокибернетических исследований в структуре приоритетных научных направлений развитых стран [4].

Цель настоящего исследования – выявить общие черты в алгоритмах реакции биосистем разного уровня организации на пролонгированное воздействие малых доз радиации; определить их эволюционное значение; измерить скорость эволюционной трансформации биоты, запущенной данным воздействием.

Организменный и субпопуляционный уровень исследований выполнен на основе авторских наблюдений за динамикой клинического, психофизиологического, биофизического и минерального статуса ликвидаторов аварии на Чернобыльской АЭС (ЛПА), жителей Среднего Урала [1]. Биоценотический аспект работы осуществлен путем анализа библиографических данных базы РИНЦ и Web of Science. Глубина библиографического поиска составила пять лет. Поиск публикаций осуществлен по трем ключевым запросам: «радиоэкология», «радионуклиды в экосистемах», «радионуклиды, миграция, накопление».

Результаты организменного уровня исследования заключаются в следующем [2]. В показателях минерального статуса ЛПА, исследованными с помощью аппарата «PLASMA-2000» фирмы «PERKIN-ELMER», по сравнению с показателями контрольной группы, не имевшей в анамнезе радиационно-экологического стресса, выявлены достоверные отличия, интерпретированными нами как явление гомеорезиса. Зафиксировано устойчивое изменение градиентов концентраций названных элементов в системе «плазма крови – форменные элементы крови», создающее условия для качественной трансформации биофизического статуса ЛПА, и, как следствие, трансформации алгоритмов адаптации ЛПА на новый режим регулирования. Устойчивый переход с исходного тип гомеостаза на новый режим функционирования зарегистрирован на 10-м году поставарийного периода.

Субпопуляционный уровень выявил необратимую структурно-функциональную трансформацию когорты наблюдаемых ЛПА в интервале с 5-го 15-й год поставарийного периода [3]. На 5-7 году поставарийного периода из исходно однородной когорты практически здоровых людей

Биологические науки

выделилась группа лиц, страдающих дисфункцией нервной и сердечно-сосудистой системы; на 10-14 году последняя распалась на две составляющих: с наличием и отсутствием инвалидности. Соотношение ЛПА, сохранивших свое здоровье в отдаленном периоде после аварии, к ЛПА, имеющим начальные признаки нарушения здоровья, и к ЛПА, ставших инвалидами, приближается к пропорции 1 : 2 : 1, что сопоставимо с правилом, описанным во втором законе Менделя. Таким образом, на субпопуляционном уровне модификационная изменчивость человека, активизированная социально-экологическим стрессом, обнаруживает те же численные закономерности, что и генетическая изменчивость. Критическими моментами для проявления бифуркационных процессов в исходно гомогенном по адаптивному признаку сообществе людей являются 5-7 и 10-14 год после существенной трансформации среды обитания.

Литературный обзор моделей трансформации биоценозов проведен на основе анализа 486 публикаций базы РИНЦ и 20617 публикаций базы Web of Science. Наукометрический анализ публикаций базы РИНЦ показал, что за последние пять лет к работе над проблемой было привлечено 1266 авторов; наибольшее число цитирований пришлось на 2008 год (168), наименьшее – на 2012 год (15 случаев цитирования). Первые три позиции по публикациям и цитированию занимают институты технической направленности: Институт физической химии и электрохимии им. А.Н. Фрумкина РАН; Институт геохимии и аналитической химии им. В.И. Вернадского РАН; Институт геологии рудных месторождений, петрографии, минералогии и геохимии РАН. Методологически многие работы построены на принципах факториальной экологии и концентрируют свое внимание на отдельных элементах водных и наземных экосистем. Почти треть публикаций (34 %) посвящена исследования химии радионуклидов, охране окружающей среды, экологии человека. Рубрикатор «биология» включает в себя 14 % от выбранных по запросу публикаций; оценивается вклад физико-химических, гидрологических и биологических механизмов в динамику радионуклидов в экосистемах.

Публикации базы Web of Science структурированы иначе и представляют собой иной методологический подход к изучаемым явлениям. Структура научных интересов авторов внутри темы «радионуклиды» следующая: по вопросам миграции радиоактивного стронция за период с 2008 по 2013 гг. было опубликована 9241 работа; цезия – 4489; трития – 3040; плутония – 2543; кобальта – 1304. При этом публикации по тритию, кобальту и цезию в изучаемом периоде имеют тенденцию к росту, а по плутонию и стронцию – к снижению. Методологический базис большинства публикаций основан на системном подходе к анализе биогеоценозов. В работах представляется сравнительное описание путей естественной и антропогенной миграции радионуклидов, подчеркивается роль антропогенной деятельности в целенаправленной модификации водных систем и биогеоценозов. Ярким примером этого являются научные исследования, выполненные в рамках Рамочной директивы по воде (Директива 2000/60/EC Европейского парламента и Совета от 23 октября 2000 года, устанавливающей рамки для действий сообщества в области водной политики).

Публикации обеих баз данных едины в признании ведущей роли биоты и человеческого фактора в отклонениях результатов полевых замеров от расчетных данных, полученных на основе физико-химических моделей.

На наш взгляд, из обобщенного анализа литературных данных можно сделать вывод о том, что трансформация биоценозов в первые годы после радиационных аварий определяется их косной компонентой, зависит преимущественно от физико-химических и гидрологических качеств экосистем; тогда как в отдаленный период после аварии (на 10-20-м году после катастрофы) главную роль в дальнейшей эволюции экосистем начинают играть жизненная активность биоты, стратегии ее долгосрочной адаптации и возможности их трансформации в техногенной среде обитания, характер и разнообразие межвидовых связей живых организмов, населяющих биогеоценоз.

Заключая данное сообщение, осмелимся сделать вывод о том, что роль живого вещества в преобразовании экосистем в условиях техносферы существенно возрастает по сравнению с природными условиями; при этом на всех уровнях организации живой природы процессы гомеостаза начинают вытесняться процессами гомеорезиса, ускоряется биологическое время живых систем, временной лаг (квант времени), необходимого для отчетливого проявления дивергентных процессов в живых системах организменного, субпопуляционного и биоценотического уровня сокращается до 10 лет.

Литература

1. Талалаева Г.В. Адаптивные возможности сердечно-сосудистой системы ликвидаторов аварии на Чернобыльской АЭС – жителей Среднего Урала. Автореф. на соискание уч. степени докт. мед наук. – Екатеринбург, 1999. – 55 с.
2. Талалаева Г.В. Время, радиация и техногенез: биологические ритмы у жителей промышленных территорий. – Екатеринбург: Изд-во Урал. ун-та, 2006. – 234 с.
3. Талалаева Г.В. Признаки гомеорезиса в минеральном обмене ликвидаторов аварии на чернобыльской АЭС. Международный журнал экспериментального образования. – 2013. - № 11. – С. 91-96.
4. Weinberger S. Pentagon turns to `softer` sciences. –Nature.– Vol.464. – 15 April 2010. – P. 970.

Кучинов П.А.
аспирант кафедры рекреационной географии и туризма географического факультета МГУ имени М. В. Ломоносова; kupalex-mgu@mail.ru

ТУРИСТСКО-РЕКРЕАЦИОННАЯ ЭКСПЕРТИЗА – КАК ИНСТРУМЕНТ ОТБОРА ИНВЕСТИЦИОННЫХ ПРОЕКТОВ ТУРИСТИЧЕСКОГО БИЗНЕСА РОССИИ

Во многих развитых с точки зрения туристического освоения странах мира распространена концепция «устойчивого развития», как гармоничного и сбалансированного развития любой административной единицы. Это процесс изменений, в котором «эксплуатация природных ресурсов, направление инвестиций, ориентация научно-технического прогресса, развитие личности и институциональные изменения согласованы друг с другом и укрепляют нынешний и будущий потенциал для удовлетворения человеческих потребностей и устремлений»[4]. Она направлена в первую очередь на сохранение целостности природной среды и территории, путем ограничения использования ее ресурсов. Однако, какие именно факторы, и явления определять как допустимые, а какие относить к потенциально опасным, влекущим к превышению предельно допустимых изменений (ПДИ), достоверно, а главное, на официальном уровне, считающимся законным в рамках правительственных действий, данная концепция указать не в силах.

Концепция «устойчивого развития» - является своего рода лишь идеологией того, как в идеале должна развиваться экономическая деятельность социума для гармоничного сосуществования с природой и местными общинами [9]. Она носит в большей мере теоретический (рекомендательный) характер и потому требует развития своих идей в прикладной сфере. В виду этих особенностей встала острая необходимость разработки на основе принципов, изложенных в модели устойчивого развития рабочего механизма глубокой комплексной оценки территорий и проектов для развития в частности туристического сектора.

В последнее время происходит переориентация взглядов на данную проблему. Задачей является максимальная оптимизация экономической отдачи от территории, на которой планируется экономическое развитие, с нанесением в то же время минимального ущерба, причем не только экологического и все это должно происходить под четким государственным контролем. Для реализации данной политики в ряде стран (Австралия, Германия, Дания, Ирландия, Канада, Новая Зеландия, США, Финляндия, Шри-Ланка и Швеция) уже существует инструмент комплексного глубокого анализа, признанного на уровне правительственных действий - как туристско-рекреационная экспертиза (ТРЭ).

Применительно к сфере туристического рынка России, актуальность проведения экспертизы имеет также экономическую подоплеку. В различных регионах страны сейчас существуют проекты по созданию региональных и муниципальных туристско-рекреационных комплексов (кластеров), направленных на создание, в конечном счете, целостной туристско-рекреационной системы, что предполагает их финансирование из средств регионального, федерального бюджета и даже привлечение иностранного капитала. Для инвестирования в какой-либо проект на предлагаемой территории нужно понимать степень его рентабельности, как скоро проект окупится и станет приносить финансовую выгоду; нужно понимать целесообразность развития туризма именно в данном регионе, а не где-либо еще. С разработкой туристско-рекреационной экспертизы появится реальный инструмент, дающий четкое понимание: в какие туристические проекты и в каких районах стоит вкладывать средства, а какие нужно оставить или приспособить для развития другой хозяйственной деятельности [3,8].

В российской практике еще одной причиной актуализации вопроса создания туристско-рекреационной экспертизы стал Федеральный закон «Об особых экономических зонах в Российской Федерации», где предусмотрена практика оценки экспертным советом по туристско-рекреационным особым экономическим зонам пока только проектов развития и бизнес-планов туристско-рекреационного освоения территории. Процедуры и критерии оценивания изложены и утверждены Приказом Министерства экономического развития РФ от 26 мая 2010 г. №207. Однако Приказ еще не вступил в свою законную силу. Отсюда возникает противоречие: практика экспертной оценки туристско-рекреационных комплексов (кластеров) регионального и федерального уровней предусмотрена, но обязательного характера данная экспертиза не несет [1].

Хотя именно такая стратегия (практика экспертной оценки туристско-рекреационных комплексов), может способствовать скорейшей экономической децентрализации и уверенному росту различных по степени экономического благополучия административных единиц (включая дотационные субъекты), о чем говорится в поправке к статье 4 часть 3. (3 июня 2006 года N 76-ФЗ). В частности сказано: «Особая экономическая зона, за исключением туристско-рекреационной особой экономической зоны, не может располагаться на территориях нескольких муниципальных образований. Особая экономическая зона, за исключением туристско-рекреационной особой экономической зоны, не должна включать в себя полностью территорию какого-либо административно-территориального образования" [3].

Так, соседствующее положение не вполне экономически развитого, но богатого в природном отношении субъекта с более успешным соседом может, исходя из текста закона, вылиться в реализацию совместного инвестиционного проекта. Высокая же оценка проведенного экспертного исследования туристско-рекреационного комплекса, планируемого к развитию, к примеру, на границе этих субъектов, будет иметь благоприятные последствия для обоих игроков. Таким образом, в прошлом дотационный регион, благодаря развитию туризма в сотрудничестве с соседним субъектом получит в свой муниципальный бюджет дополнительные поступления и перестанет являться таковым. Для федерального уровня такая стратегия также выигрышна: будет сокращаться статья на дотации из федерального бюджета финансовой поддержки муниципальных районов и субъектов Российской Федерации.

Модель ТРЭ помимо географических и ряда естественнонаучных аспектов включает в себя целый комплекс социально-экономических показателей, исследований и расчетов, которые обязательны к проведению при экспертизации территории, в том числе и для туристско-рекреационного освоения [5,7]. Анализ потенциального туристского спроса, анализ существующих и «будущих» поставщиков туруслуг – всего лишь часть того массива исследований, которые также необходимы при проведении ТРЭ. Можно говорить о конвергентном подходе, при котором точность и репрезентативность исследования достигаются за счет комплексности исследуемых факторов. Законодательное подкрепление проводимых операций и пристальный контроль уполномоченных государственных структур при проведении ТРЭ предусматривает обеспечение исполнения обязанностей, а, следовательно, и последующего несения ответственности. Именно благодаря неотвратимости ответственности, достигается высокая степень выполнения всех предписаний и требований [6].

Теперь постараемся сформулировать определение. Экологическая экспертиза — это комплексное исследование, инициируемое уполномоченными государственными органами, по установлению соответствия намечаемой туристической деятельности географическим, туристско-рекреационным, социально-экономическим, экологическим, нормативно-правовым и иным требованиям устойчивого развития территорий и проектируемых объектов.

Исходя из определения, экспертиза представляет собой два отдельных направления исследования: экспертиза территории, где планируется экономическое развитие; и экспертиза инвестиционного проекта, проектируемого на данной территории.

Проведение полномасштабного анализа всех факторов при определении территории под развитие туристического сектора с самого начала – нецелесообразно. Во первых, – это граничит с высокими финансовыми расходы на комплексное проведение исследования. Во-вторых, временные затраты также резко возрастают. В-третьих, проводимая исследовательская работа долгое время будет блокировать иные виды возможного использования исследуемой территории.

Стоит выделить три этапа: обзорный, подготовительный, полный.

Обзорный этап. Из самого названия следует, что это самый общий и наименее затратный этап. На данной стадии целью стоит получение принципиального ответа: «да» или «нет». Отвечает ли рассматриваемая территория как минимум самым общим требованиям в части благоприятных социально-экономических показателей и туристско-рекреационных ресурсов. Следует рассматривать в первую очередь не конкретные характеристики местности, где планируется освоение, а «ближайшее окружение». Какими особенностями обладает сам субъект, или же административная единица. Какие населенные пункты и основные транспортные артерии, и прочие объекты наличествуют в непосредственной близости.

Даются принципиальные ответы на такие основные вопросы, как:

- степень общей экономической развитости региона, география транспортного распределения и проч.;
- общий анализ вероятного туристского спроса (кто будет основным потребителем туристических услуг и какие нужно сделать, если требуется, для этого преобразования);
- величина индекса развития человеческого потенциала и наличие необходимого количества трудовых ресурсов всех уровней компетенции применительно к исследуемой сфере деятельности;
- общий обзор туристско-рекреационных ресурсов и определение их емкости.

Сбор первичной информации о регионе, определяются основные экономические статьи дохода. Выделяются основные производства-локомотивы, то есть те виды деятельности, которые приносят большие поступления в бюджет администрации, и в которых занята основная часть населения. Как известно, туристическая отрасль оказывает мультипликативный эффект. Это значит, что развивая туризм, параллельно развиваются смежные с ним направления (транспорт, банковская сфера, экскурсионное обслуживание, ресторанный комплекс, страховые услуги и проч.). Но ведь может быть и обратная картина. Анализируя степень развитости смежных направлений можно сделать вывод об общей способности региона к развитию туризма. Благодаря полученным данным можно строить первые прогнозы относительно готовности и нацеленности субъекта на развитие туристической деятельности.

Общая география транспортного распределения также входит в первоочередные задачи при анализе пригодности территории для развития туризма. Необходимо понимать общую схему распределения основных автомобильных и железных дорог, степень их густоты и уровень загруженности. Благодаря данным результатам можно делать выводы относительно каналов привлечения, а также простоты и удобства доставки потенциальных потребителей услуг.

Социальные и демографические показатели включают в себя оценку поло-возрастной структуры. Градацию населения по уровню образования и здоровья. Выявляет факты, связанные с неблагоприятными социальными явлениями (алкоголизм, преступность и проч.).

Последний блок исследования на данном этапе – оценка туристско-рекреационного потенциала. Дается самая общая характеристика территории. Основные погодные условия, преобладающие ландшафты, установление наличия или отсутствия неблагоприятных и опасных явлений (НОЯ).

Также важным условием при анализе параметров является возможность оперативного «выправления» одного или нескольких из перечисленных показателей, в случае неоднозначности с принятием решения о соответствии административной единицы требованиям и переходе ко второму этапу.

Также каждому показателю должна присваиваться своя «цена», «вес». К примеру, недостаточное наличие трудовых ресурсов может компенсироваться их привлечением из соседствующего субъекта, или же как крайние меры: привлечение иностранной рабочей силы. В то время как нестабильная экономическая ситуация, или же слабая сеть дорог и отсутствие основных транспортных и пересадочных узлов провоцируют большие трудности с принятием положительного решения.

В случае же решительно неудовлетворительных оценок дальнейшее исследование не представляется рациональным.

На втором этапе – *подготовительном* происходит дальнейшее изучение вопросов, связанных с более детальными социально-экономическими показателями региона и «ближайшего окружения», оценкой туристско-рекреационных ресурсов. Также проводится маркетингово-сбытовой анализ, который позволяет проанализировать существующую ситуацию на рынке туруслуг и спрогнозировать возможные тенденции. Сюда включаются следующие показатели:
- анализ актуальной сситуации развития туризма в регионе;
- анализ поставщиков туристских услуг;
- анализ силы связей между участниками рынка;
- анализ активности и заинтересованности самого региона в развитии туристической сферы;
- анализ конкурентоспособности существующего и планируемого туристического продукта;
- анализ каналов распространения и предлагаемых маркетинговых инструментов.

Результаты данного этапа предварительно смогут сказать: проект, какого масштаба имеет смысл реализовывать в данном регионе, и какие направления будут наиболее востребованными. Здесь же делаются первые выводы о способах финансирования проекта; будут это деньги регионального бюджета, или же субъект уже может претендовать на федеральные транши.

На третьем этапе – *этапе полного анализа*, помимо комплексного исследовании всех описанных выше параметров, анализируется уже непосредственно сама территория, планируемая под освоение. Здесь основной упор делается на геологические, экологические, этнологические исследования; проводится комплексный анализ технико-экономического обоснования проекта. Анализируются и оцениваются основные особенности местности, проводится комплексная оценка воздействия на окружающую среду (ОВОС).

Отдельным блоком идет экспертиза проекта и проектной документации и результатов инженерных изысканий, которая применяется непосредственно для экспертизы проекта строительства туристского комплекса. Благодаря данным из этого вида экспертного анализа будет возможно заранее просчитать все риски при использовании тех или иных методов строительства, используемых в строительстве материалов. Причем не только на предмет качества и безопасности, но также экологичности, экономичности и ряда других факторов, связанных с природоориентированными технологиями и лояльностью к окружающей среде. Анализируются геологические особенности местности, характер подстилающей поверхности, виды грунтов формирующих данную территорию и проч. показатели.

Таким образом, последовательно продвигаясь от общих показателей к более специфическим можно сразу определять тот момент, где рассматриваемая территория или инвестиционный проект «выбивается» из установленных требований. В то же время, в случае незначительных несоответствий ситуацию всегда можно выправить. Благодаря последовательному прохождению каждого этапа и получения на каждом из них определенного количества очков (баллов), можно сразу понимать, о проекте какого масштаба идет речь и, соответственно, из каких источников будет финансироваться его реализация.

Заключение:

1. Инструмент ТРЭ – становится все более популярным и востребованным в различных странах, в первую очередь благодаря контролю уполномоченных государственных структур, предусматривающих обеспечение исполнения обязанностей, а, следовательно, и последующего несения ответственности.

2. Несовершенство российского законодательства требует серьезных изменений: признание обязательного характера проведения экспертной оценки туристско-рекреационных комплексов.

3. Применение практики проведения туристско-рекреационной экспертизы и в частности поэтапного ее выполнения поможет минимизировать экономические, социальные, экологические, этнологические и прочие риски и правильно сорганизовать инвестиционную политику.

4. Грамотное научно-доказанное обоснование будет способствовать процессу отбора формирования и развития лишь наиболее перспективных туристических кластеров по территории страны. В свою очередь это запустит процесс децентрализации.

5. Благодаря полученной в результате проведенной туристско-рекреационной экспертизе высокой оценке многие ранее дотационные регионы смогут диверсифицировать региональную экономику, привлекая федеральные бюджеты и прямые иностранные инвестиции (ПИИ) для реализации туристских проектов.

6. Инвестиционные проекты и территории, прошедшие экспертизу будут иметь четкую градацию «важности» и понимание на какие деньги они могут рассчитывать. Тем самым будет происходить процесс оптимизации инвестиционной политики в туристической сфере.

7. Стратегия проведения туристско-рекреационной экспертизы для федерального уровня станет также выигрышна: будет сокращаться статья на дотации из федерального бюджета финансовой поддержки муниципальных районов и субъектов Российской Федерации.

Список Литературы:

1. Приказ министерства экономического развития РФ от 26 мая 2010 г. № 207 "О критериях оценки бизнес-плана экспертным советом по туристско-рекреационным особым экономическим зонам" (не вступил в силу)
2. Федеральный закон РФ «Об экологической экспертизе» от 23.11.1995 г. за № 174-ФЗ. с.152
3. Бобылев С. Н., Гирусов Э. В., Перелет Р. А. Экономика устойчивого развития. Учебное пособие. Изд-во Ступени, Москва, 2004, 303 с.
4. Федеральный закон №76 о внесении изменений в федеральный закон "Об особых экономических зонах в российской федерации" 3 июня 2006 года.
5. Дьяконов К. П., Дончева Л. В. Экологическое проектирование и экспертиза: учебник для вузов / К. Н. Дьяконов, Л В. Дончева. — М.: Аспект пресс, 2005. - 384 с.

6. Желваков Э.Н. Экологические правонарушения и ответственность. М.: ЭАО Бизнес-школа «Интел-Синтез». 2002. с.108
7. Экологическая экспертиза. Учебное пособие для вузов/ под редакцией В . М . Питулько . М., 2004г. с. 475
8. Матвеев А.В., Котов В.П. Оценка воздействия на окружающую среду и экологическая экспертиза : Учеб. пособие/СПбГУАП. СПБ., 2004. 104 с.
9. Indicators of Sustainable Development for tourism Destinations. Madrid: WTO, 2004. 514 p.

Разва О.С.* - аспирант, **Коровкин М.В.*** - д.ф.-м.н.,
Ананьева Л.Г.* - к.г.м.н, **Небера Т.С.**** - к.г.м.н.
*Национальный исследовательский Томский политехнический университет
**Национальный исследовательский Томский государственный университет
e-mail: okean-ya@sibmail.com.

ОПРЕДЕЛЕНИЕ ИНДЕКСА КРИСТАЛЛИЧНОСТИ КВАРЦИТОВ МЕТОДОМ РЕНТГЕНОВСКОЙ ДИФРАКЦИИ

Оценка качества и перспектив использования в промышленности недефицитных кварцевых пород - кварцитов и кварцевого песка, которые могут служить источником дешевого, но высокочистого кварцевого сырья, является крайне актуальной в последние годы. Кварциты относятся к осадочно-метаморфическим генезису и являются продуктом литификации в условиях раннего метагенеза кварцево-гидрослюдисто-серецитовой фации [1]. В результате метаморфизма кремнистой биогенной толщи происходила кристаллизация аморфного кремнезёма и появление кристаллической фазы α-кварца. Нами сделано предположение, что оценку степени преобразования кремнистой толщи и выявление наиболее чистых разновидностей кварцитов возможно провести путём определения индекса кристалличности K_i по рентгеновским дифрактограммам [2], который впервые был предложен в работах *Murata & Norman*, а также *Klug & Alexander* [3, 4].

Из проб кварцитов, отобранных из различных рудных тел по карьеру месторождения «Сопка-248» и «Белокаменка», приготовлены тонкорастёртые образцы, затем спрессованные в «таблетку» [4]. Измерения проводились на дифрактометре X"Pert PRO. Рентгенограммы снимались с шагом около 0.02 в интервале 5...70 град. *2Θ* с вращением 30 об./мин и выдержкой 0.1 сек в точке. Для расчёта «индекса кристалличности» использовали интенсивность пика при $2\theta = 67,77°$ в квинтиплетном пике в области $67°...69°$ (рис. 1) [3]. Значения интенсивности пика при $2\theta = 67,77°$ использовались в предложенной *Murata & Norman* формуле

$$Kci = 10 \, F \, a/b,$$

где F – выравнивающий коэффициент принят нами равным единице.

Расчётные значения индекса кристалличности для различных типов кварцитов приведены в таблице 1.

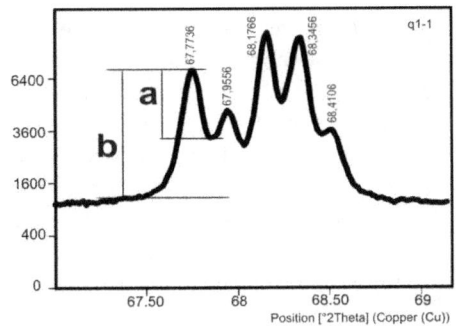

Рис. 1. Квинтиплетный пик в области 67°...69° на рентгеновской дифрактограмме, используемый для расчёта индекса кристалличности кварцитов по методу Murata & Norman

Таблица 1
Расчётные значения индекса кристалличности кварцитов Антоновской группы месторождений (Сопка-248, Белокаменка)

Номер образца	Описание	Инд.кр.
2	Кварцит белый (Сопка-248)	2,88
6	Кварцит серый с примазками окислов железа (Сопка-248)	5,38
5	Кварцит серый с примазками окислов железа (Сопка-248)	5,98
1	Кварцит белый (Сопка-248, р.т.10)	6,56
4	Кварцит белый(Сопка-248, р.т.21)	6,67
8	Кварцит серого цвета с примазками Mn (Сопка-248)	6,781
7	Кварцит серый по периферии (Белокаменка)	4,65
10	Кварцит серый (Белокаменка, р.л.9)	4,92
17	Белокаменка р.л.7, серый с примазками окислов железа	5,32
16	Белокаменка р.л.9, черный	5,59
9	Кварцит белый (Белокаменка, р.л.9)	6,71

Микрокристаллические кварциты месторождения «Белокаменка», отличающиеся достаточно высокой чистотой, и характеризуются расчётными значениями индекса кристалличности в пределах 4.6...6.7. «Сопка 248» варьирует в более широком диапазоне значений индекса кристалличности 2.8...6.7.

С глубиной, а также от центральных участков рудных тел к периферии кварциты изменяют свой химический состав и цвет; степень кристалличности их повышается. Возможно, что повышение степени кристалличности кварцитов связана с наложенными процессами метаморфизма, в результате которого происходит образование кристаллической фазы α-кварца. В локальных участках, особенно в зонах повышенного дробления, изначально химически чистые кварциты под влиянием гипергенных процессов ухудшают свои качественные характеристики, однако степень их кристалличности повышается в отдельных местах до 6.7.

Эти значения отражают некоторые относительные значения индекса кристалличности, отражающие, по нашему мнению, степень преобразования кварцитов. Следует отметить, что рассчитанные по предлагаемой методике значения индекса кристалличности кварцитов являются весьма относительными и могут использоваться для сравнительного анализа в пределах одного месторождения. Установить связь между размерами кварцевых микрозёрен и индексом кристалличности в данной работе пока не удалось.

Рентгеноструктурный анализ показал, что кварциты Антоновской группы месторождений имеют достаточно высокую степень чистоты и потенциально пригодны для промышленного использования в высоких технологиях [табл.1]. А выявленные особенности дают возможность спроецировать полученные результаты на другие участки (районы) с целью прогноза и поисков химически чистого кварцевого сырья, обоснованно определить поисковые критерии.

Литература

1. Ананьева Л.Г., Коровкин М.В. Минералого-геохимическое изучение кварцитов Антоновской группы месторождений // Известия Томского политехнического университета. – 2003. – Т. 306. – № 3. – С. 50–55.

2. Korovkin M.V., Ananjeva L.G., Nebera T.S., Razva O.S. Crytallinity Index Identification of Quarzites by X-ray Diffraction Method // Crystallogenesis and Mineralogy : Abstracts of the III International Conference, Novosibirsk, 27 September-1 October 2013. - Novosibirsk: Publishing House of SB RAS, 2013 - p. 176-177.

3. Murata K.J., Norman II M.B. An index of crystallinity for quartz // American Journal of Science. – 1976. – V. 276. – P. 1120–1130.

4. Klug H.P.., Alexander L.E. X - ray diffraction procedures, for poly crystalline and amorphous materials//New York John Wiley & Sons. – 1954. – C. 716.

Искусствоведение

Масалимов Т.Х.
проф. БГПУ им. М.Акмуллы, г.Уфа
Акулова Е.С.
студ. 4 курса, БГПУ им. М.Акмуллы, г.Уфа

ВОЙЛОК, КАК НЕОТЪЕМЛЕМАЯ ЧАСТЬ РАЗВИТИЯ ДЕКОРАТИВНО-ПРИКЛАДНОГО ТВОРЧЕСТВА

Красивый. Теплый. Фактурный. Пластичный. Наполненный энергией природы. Валяние войлока – один из самых древних способов изготовления текстиля. Войлок настолько функционален, что в разных видах существует рядом с человеком тысячи лет. Из него делали дома, ковры, одежду, предметы обихода. В наше время войлок все чаще можно увидеть в коллекциях именитых кутюрье: из него выполняются не только отдельные элементы одежды или аксессуары, но и целые костюмы [4,6]. На протяжении нескольких тысячелетий он согревает, оберегает и даже лечит человека. Войлок не только физически, но и духовно теплый материал, потому что за ним века.

Древние войлоки, сохранившиеся до наших дней, поражают не выцветшей за столетия яркостью раскраски, а свободой и глубиной мысли мастера, многозначностью переданного в узорах художественного текста. Древние войлочные полотна - один из основных источников получения знаний об истории человечества, не менее значимый, чем керамика, берестяные грамоты или бронзовые изделия[2,31].

Что же такое войлок? Войлок — плотный нетканый текстильный материал из валяной шерсти или из синтетических волокон. Изготавливается обычно в виде полотнищ, которые имеют различную толщину, в зависимости от назначения. Сорта войлока, изготовляемые из тонкого пуха кроликов или коз, известны под названием фетр (от фр. feutre). Единственный природный материал, из которого может быть изготовлен войлок, — это шерсть, причём лучше всего овечья. Шерстяные волокна имеют верхний чешуйчатый слой — кутикулу. Благодаря ему волокна могут сцепляться друг с другом под воздействием горячей воды и пара. На этом основан принцип войлоковаляния.

Существуют две технологии валяния – мокрое и сухое. При мокром валянии используется пресс, водяной пар и мыльный раствор, который распределяется по шерсти, и за счет трения производится плотное, однородное полотно, которое используется затем в основном для создания одежды и обуви[2,12].

Сухое валяние осуществляется с помощью специальных игл с зазубринами холодным и сухим способом: иглы многократно протыкают шерсть, придавая ей форму.

У многих культур существует множество самых разных легенд о происхождении войлока. Так, например, его изобретение связывают с праведником Ноем, который выстелил овечьей шерстью пол в своем ковчеге. В течение всего времени плавания шерсть пропитывалась потом и мочой животных, которые, к тому же, постоянно топтались по ней. Так получился большой шерстяной ковер. История Святого Клемента повествует о мужчинах, которые, убегая от преследователей, заполнили свои сандалии шерстью, чтобы предотвратить мозоли. В результате их движения и пот превратили шерсть в войлочные носки. Но, наверное, достоверно мы никогда не узнаем, как и кем именно был изобретен войлок.

Одно из первых исторически точных описаний войлока и его использование принадлежит древнегреческому историку Геродоту. В V веке до н.э. он подробно описал быт скифского народа в своих очерках о Скифии, где часто упоминал войлок как материал, применяемый в самых разнообразных целях.

С течением времени культура создания войлочных изделий распространилась от тюрско-монгольских народов по всей Степи и с воинами Чингисхана пришла в Россию [4,7].

В хозяйстве башкир испокон веков ведущее место принадлежало так же войлоку, который широко использовался в быту, применялся во многих традиционных обрядах, в том числе семейно-бытовых, свадебных и религиозных. Обработкой шерсти занимались не только кочевые, но и оседлые башкиры, в хозяйстве которых большую роль занимало овцеводство. Древние навыки выработки войлоков вручную еще сохранились в башкирских аулах.

В эпоху глобальной урбанизации среды, господства техники и прагматизма межличностных связей особенно важным становится бережное отношение к культурной среде. Только она способна сохранить духовную, нравственную жизнь человека. Искусство - одно из главных составляющих культурной среды.

Если художники-прикладники создают декоративные полотна на основе войлока, то дизайнеры разрабатывают проекты организации интерьера и экстерьера с использованием войлочных изделий. В последнее время войлок широко используется при создании арт-объектов и костюмов. Это говорит о том, что войлок не только возвращается, но и начинает влиять на организацию окружающей среды, то есть появляются новые качества войлока как художественного материала. Поэтому вопрос «Актуально ли искусство войлока в наше время?» кажется риторическим.

С давних пор использовались и целебные свойства шерсти. Как показывают результаты исследований ученых, войлок, воздействуя на биоактивные точки может не только производить массаж, но и вырабатывать статическое электричество. Но тем не менее лечебнооздоровительные возможности войлочных изделий и самого процесса войлоковаляния требуют более пристального внимания как медиков, так и педагогов. Важным шагом в этом направлении являются попытки организовать изучение технологии и методики изготовления войлочных изделий в системе дополнительного образования. Для этого в Башкирском государственном педагогическом университете им. М.Акмуллы организована подготовка педагогических кадров. Созданный около десяти лет назад Центр художественного войлока (единственный в России) взял на себя не простую задачу не только восстановления древнего ремесла.но и выпуска любящих искусство и чтивших традиции предков молодых специалистов[3,26].

В Лаборатории проводятся занятия по спецкурсу «Художественный войлок» для студентов художественно-графического факультета, на котором они постигают секреты старинного ремесла. Регулярно проводятся семинары для специалистов в области художественного образования, художников-прикладников. Основную задачу Центр видит в дальнейшем художественном развитии возрожденного ремесла, помня при этом о специфике материала и необходимости выявлять и подчеркивать своеобразие и неповторимость древнего и современного войлока.

ЛИТЕРАТУРА

1. Кузеев Р.Г. Ганеева А.Р. Северо-западные башкиры: состояние изученности, задачи исследования // Этнические и этнографические группы в СССР и их роль в современных этнокультурных процессах (тезисы докладов). - Уфа, 1989. - С.171.
2. Масалимов Т.Х., Ахадуллин В.Ф. Художественный войлок: учебное - пособие. - Уфа, 2007.
3. Султанова Р.Р. Искусство войлока в тюркском мире: история и современность. – Казань: Из-во «Заман», 2013
4. Шинковская К.А. Войлок. Все способы валяния. – М.: АСТ-ПРЕСС КНИГА, 2011.

Искусствоведение

Масалимов Т.Х.
член СХ РФ, профессор
Капитонова Т.С.
магистр 1 курса
Башкирский Государственный Педагогический Университет
им. М. Акмуллы, г. Уфа

ТВОРЧЕСТВО БАШКИРСКИХ ХУДОЖНИКОВ В КОНТЕКСТЕ РАЗВИТИЯ СОВРЕМЕННОГО ИЗОБРАЗИТЕЛЬНОГО ИСКУССТВА

Изобразительное искусство Башкортостана - это уникальное явление, получившее признание не только в России, но и далеко за ее пределами. Профессиональное искусство в Башкирии зародилось сравнительно недавно – около ста лет назад. Его уникальность заключается в слиянии двух культур: восточной и европейской - что обусловлено, в первую очередь, географическим положением нашего края. Благодаря именитым художникам, сформировавшиеся традиции башкирского изобразительного искусства свято хранились и передавались из поколения в поколение, как достояние и высокая культурная ценность народа. Литературно-фольклорное наследие, быт и обычаи, природа родного края – стали источниками вдохновения большинства башкирских мастеров. Изобразительное искусство Башкирии сегодня – это сундук, наполненный вековой мудростью, высокой духовностью, религиозной чистотой и нравственностью, богатой историей своего народа и мастерством самобытных художников.

К именам, заложившим прочный фундамент в истории развития башкирского изобразительного искусства, следует отнести: К.С. Девлеткильдеева, А.Э. Тюлькина, А.Ф. Лутфуллина, Б.Ф. Домашникова, Р.М. Нурмухаметова, Э.М Саитова, А.Х. Ситдикову, А.Г. Королевкого, А.Д. Бурзянцева, М.Н. Арсланова, Т.П. Нечаеву, Н.А. Калинушкина, Б.Д. Фузеева и многих других [1,67]. В произведениях живописи, графики, скульптуры переданы лучшие традиции башкирского изобразительно искусства, основанные на уникальности национального колорита, своеобразной трактовке образов. Гармония развития этих традиций обуславливает самобытность творчества художников.

Основоположником башкирской живописи является Касим Салиаскарович Девлеткильдеев (1887-1947). В его работах живет неповторимый художественный мир, благородство и одухотворенность образов. Несмотря на веяние современных тенденций в мире искусства, Девлеткильдеев сохранил свою яркую индивидуальность, как уникальный мастер с мировым именем. Девлеткильдеев воспитал целую плеяду художников, которые долгие годы определяли высокий уровень изобразительного искусства Башкортостана. Его произведения являются наглядным примером для творчества современных художников.

Александр Эрастович Тюлькин (1888-1980) – один из первых художников, заложивший основы истории изобразительного искусства в Башкирии. Сказочник цвета и настроения, он обладал безупречным вкусом. Богатство живописных приемов подсказывала ему сама природа, которую он самозабвенно любил, наблюдал и слушал. Оригинальный колористический язык, интересное решение композиционного пространства в рамках простых сюжетов – свойственны живописным манерам мастера. Учениками А.Э. Тюлькина стали самые именитые мастера Башкирии: Р.М. Нурмухаметов, Б.Ф. Домашников, А.Ф. Лутфуллин, А.д. Бурзянцев, Э.М. Саитов и многие другие. Таким образом, творчество Тюлькина прошло сквозь поколения, оставив след в произведениях мастеров «башкирской школы живописи».

Ахмат Фаткулович Лутфуллин (1928-2007) – исключительное явление в истории башкирского изобразительного искусства. Большинство тематических картин Лутфуллина посвящены истории народа. В его полотнах история живет не сама по себе, а перекликается с сегодняшним днем. Его имя и произведения указали направление и путь в искусстве многим молодым художникам.

Борис Федорович Домашников (1924-2003) - один из самых поэтичных мастеров башкирского пейзажа. Тонкое осмысление природных мотивов, особая манера письма, звучная палитра цветов – характеризует индивидуальность автора многочисленных произведений. Благодаря приему оптического смешения цвета, природа в его работах словно оживает перед зрителем. Лирические образы в произведениях Домашникова вдохновляли как его современников, так и нынешних молодых художников.

Живопись Александра Даниловича Бурзянцева (1928-1997) отличается праздничной нарядностью, повышенной декоративностью, чутким отношением к красоте природы родного края. В его картинах передан тот самый национальный колорит, который призван относиться к традициям изобразительного искусства Башкортостана. Стилизованность, декоративность, пластичность форм, необычное решение композиции в произведениях Бурзянцева определяли тенденции развития живописи.

Свежими идеями было наполнено и графическое искусство Башкортостана. Эрнст Миниахметович Саитов (1936-2004) – впервые заложил основу развития печатной графики. В своих офортах, через призму собственного восприятия, художник создавал динамичные композиции на самые различные темы. Быстрые прозрачные штрихи, придавали его графическим листам особую легкость, теплоту и чувственность. Эрнст Миниахметович воспитал не одно поколение художников-графиков, передавая им секреты мастерства как печатной, так и уникальной графики.

Алексей Григорьевич Королевский (1941-2013)- пожалуй, один из лучших графиков в истории башкирского искусства. Именно Королевскому удалось найти гармоничное сочетание между средствами выразительности и различными приемами техники линогравюры. Создавая удивительные образы, произведения Королевского стали уникальны в своем роде. Сегодня техника линогравюра, как и офорт является популярной техникой для большинства художников – графиков. Опираясь на труды мастеров-предшественников, художники создают произведения со своим видением, и своей манерой исполнения, следуя традициям классиков.

Сегодняшнее поколение развивает эти традиции, сохраняя в нем высокие нравственные, духовные, культурные и профессиональные ценности. В своих произведениях авторы раскрывают общечеловеческие ценности, насыщают искусство современной проблематикой и философским смыслом. Живописные полотна становятся более декоративными, стилизованными, как и прежде свободными от рамок сухого реализма.

Башкирская пейзажная живопись, также развивается в рамках традиций, сохраняя содержательность, поэтическое начало и декоративную красоту. Пейзажи Х.С. Фазылова, А.А. Петрикова, Р.Р. Абдуллина, Е.А. Винокурова, Г.А. Загвоздкина, В.Э. Меоса, В.М. Лесина, А.Ш. Кашаева строятся на тончайших ньюансах чувств и цвета. Истоки творчества этих мастеров – в любви к родной земле и жизни народа. Профессиональные качества художников, несомненно, были основаны на творчестве А.Э. Тюлькина, А.Ф. Лутфуллина. Трепетное отношение к цвету, простота композиционного решения, особенности передачи состояния – говорят о значимости влияния традиций на современных мастеров живописи. Однако каждый из художников вносит вклад в историю развития башкирского изобразительного искусства своей особой индивидуальностью.

Мастера башкирской жанровой живописи находят различные ракурсы и стилистику воплощения исторических, бытовых тем, создают полотна символического характера, воплощающие их философские размышления о мире, жизни. Среди них: Т.Х. Масалимов, Б.А. Самосюк, Р.Х. Гаитов, Ф.Х. Шагабутдинов. Переосмысленный мир и пережитые чувства художников воплощены ассоциативным языком формы и цвета. Именно поэтому живопись современных художников Башкортостана представлена большим интересом у других народов, стран.

Согласно современным тенденциям, заметно развивается художественная графика: как печатная, так и уникальная. Благодаря различным материалам, художники не перестают экспериментировать с техниками и приемами. Увеличился формат, при этом манера исполнения стала сложнее, продуманнее. Как и в живописи, современные художники применяют различные приемы стилизации, декоративности, упрощения форм. Анализируя творчество современных художников, можно выявить прямое воздействие творчества мастеров-классиков.

Талгат Хасанович Масалимов - один из самых ярких представителей современных графиков Башкирии. Самобытность творчества художника основывается на чувственном понимании композиции и пластичности форм. Язык его искусства приближен к знаку, важные жизненные понятия он передает зрителю через символы, элементы орнамента. Его произведения напрямую связаны с духовными ценностями, человеческой мудростью и религиозной чистотой. Экспериментируя с различными техниками и материалами, чаще всего Масалимов отдает предпочтение линогравюре.

Камиль Губаевич Губайдуллин для своих произведений выбирает офорт. Произведения Губайдуллина узнаваемы, что говорит об уникальности автора, как правило, им свойственна драматичность, сложная постановка сцен. Умение Губайдуллина простые сюжеты осмысливать философски – основная черта, характерная для этого художника - графика.

Башкирская земля богата талантами. Художники – яркий тому пример. Творчество башкирских художников, основанное на лучших традициях именитых мастеров, продолжает процветать и развиваться, несмотря на современные тенденции и веяния в мире искусства. Это уникальное достояние, которым стоит гордиться, и пронести эти традиции через поколения – наша основная задача.

Литература:

1. Изобразительное искусство Башкирской АССР. -М.,1974г.
2. Оськина И.Н. «Современное изобразительное искусство Башкортостана. Живопись, графика, скульптура, керамика» -М.,1997 г

Тюшина М.В., Малаховский В.В.
Государственное бюджетное учреждение здравоохранения «Городская поликлиника №22 Департамента здравоохранения города Москва»

КОМПЛЕКСННАЯ ТЕРАПИЯ КАРДИАЛГИЙ С ИСПОЛЬЗОВАНИЕМ РЕФЛЕКСОТЕРАПИИ

Одной из наиболее часто предъявляемых пациентами жалоб при обращении за врачебной помощью в поликлинику является боль в области грудной клетки. По данным ряда авторов это составляет 22% от общего числа больных, посещающих амбулаторные медицинские учреждения (Ивашкин В.Т. и соавт., 2003; Смирнова М.А., 2007) [5,10]..

До установления точного диагноза любая боль в левой половине грудной клетки расценивается как кардиалгия (Подчуфарова Е.В:, 2006) [9].. Анамнестические данные и современные методы лабораторной и инструментальной диагностики позволяют достаточно быстро распознать ишемический вариант загрудинных болей, органическую патологию или воспалительный процесс в сердце. Эпидемиологические исследования показывают, что после обследования, ИБС диагностируется у 15-34% пациентов, а 24% составляют больные с кардиалгиями некоронарогенного происхождения (И.В.Маев, Г.Л.Юренев) [7].. По данным Афанасьевой С.В. [1]., к наиболее частой патологии, протекающей с рецидивирующими кардиалгиями в общей врачебной практике относятся: нейроциркуляторная дистония, гастроэзофагеальная рефлюксная болезнь, дорсопатия шейно-грудного отдела позвоночника, соматизированная депрессия, иные психо-эмоциональные расстройства. Во многих случаях имеет место сочетание различных причин.

Пациенты с экстракардиальной патологией требуют дальнейшего обследования для постановки точного диагноза. Однако, нередко после исключения у больного опасных для жизни состояний, выдвигается вертеброгенная или психогенная причина болевого синдрома. При этом терапия, назначаемая без учета иных этиологических факторов, не обеспечивает ожидаемого клинического эффекта

Но, как отмечает Воробьев А.И.: «проблема кардиалгии связана, прежде всего, с гипердиагностикой коронарной патологии, ведущей к запугиванию пациентов, напрасной гепаринизации больных, переводу на инвалидность в связи с ошибочно диагностированным инфарктом миокарда людей, которые при правильном подходе не нуждались даже в больничном листе, назначении не нужных лекарств» [4]. Можно привести пример климактерической кардиопатии, которые в 71,4- 88.9% случаев (Мкртчян В.Р.) [8]. протекают с кардиалгическим синдромом, изменениями на электрокардиограмме и требуют дифференциации с мелкоочаговым инфарктом миокарда.

Таким образом, проблема нозологического разграничения болезней и правильного подбора терапевтических воздействий с учетом всех патогенетических факторов остается актуальной. В связи с этим хочется отметить значительную роль рефлексодиагностики и рефлексотерапии при ведении больных с кардиалгиями.

Рефлексодиагностические методики позволяют дать комплексную оценку состояния пациента, особенно при сочетанном применении нескольких подходов. В большинстве случаев эти методы подтверждают или дополняют данные стандартных клинико-инструментальных исследований, а также помогают направить диагностический поиск в нужном направлении.

Пример. Пациентка 29 лет. Жалобы на боль в области грудины, левой половине грудной клетки. Направлена на лечение с диагнозом: дорсопатия шейно-грудного отдела позвоночника. Обследования: клинический и биохимический анализ крови без патологии; ЭКГ – ритм синусовый, вертикальное положение ЭОС; рентгенограмма грудного отдела позвоночника – признаки остеохондроза позвоночника.

В качестве методов рефлексодиагностики использовалось: 1) иридодиагностика – выявлены адаптационные кольца, пигментное пятно в зоне гепатобилиарной системы, иридологические знаки в области шейного и грудного отделов позвоночника; 2) аурикулодиагностика – определяется гиперчувствительность сигнальных точек проекции зоны печени 97, желчного пузыря 96, справа, шейного и грудного отделов позвоночника 37,39 , точек системного действия 82, 55. Больной было проведено ультразвуковое исследование органов брюшной полости, где выявлены признаки дискинезии желчевыводящих путей. Пациентке было предложено заполнить анкету госпитальной шкалы тревоги и депрессии (HADS) [11]., где выявлены клинически выраженная тревога (11 баллов), субклинически выраженная депрессия (8 баллов).

Последующая терапия строилась с учетом всех выявленных патологических звеньев. Выбирались корпоральные и аурикулярные точки для коррекции психо-эмоционального состояния, вертеброгенных нарушений, патологии гепатобилиарной системы. Всего проведено 10 процедур. На 2-м сеансе боли значительно уменьшились, на пятом - полностью прошли. По окончании терапии отмечалось значительное улучшение общего самочувствия. Повторное анкетирование и клиническое обследование показали отсутствие достоверно выраженных симптомов тревоги и депрессии. Удалось постепенно отказаться от применявшейся пациенткой ранее медикаментозной терапии.

Заключение
Данные, полученные с помощью рефлексодиагностических методик, уточняют результаты клинических и инструментальных методов, в

некоторых случаях помогают определить врачу направление дальнейшего диагностического поиска. Рефлексотерапия оказывает комплексное воздействие на различные патогенетические звенья кардиалгического синдрома, позволяет уменьшить количество применяемых лекарственных препаратов при сочетании нескольких нозологических факторов болевого синдрома.

Литература

1. Афанасьева С.В. Кардиалгия как проблема пациента общей врачебной практики: автореф. дис. канд. медиц. наук:14.00.05/СГМУ - Самара, 2008, - 236 с.
2. Вельховер Е. С. Клиническая иридология. — М.: Орбита, 1992. — 432 с.
3. Вогралик В.Г., Вогралик М.В. Акупунктура. Москва, ГОУ ВУНМЦ МЗ РФ, 2001.
4. Воробьев А. И., Кардиалгии.- М.:НЬЮДИАМЕД, 2008 – 292 с.
5. Ивашкин В.Т. Диагностика и лечение гастроэзофагеальной рефлюксной болезни /В.Т. Ивашкин//Пособие для врачей, руководителей органов управления здравоохранением и лечебно-профилактических учреждений //Москваю – 2005. – 30 с.
6. Клименко Л.М. Аурикулотерапия. Москва, 1995. – 137 с.
7. Маев И.В., Юренев Г.Л., Боли в области сердца, не связанные с кардиальной патологией. Причины, механизмы и тактика врача // Consilium medicum. – 2011.- Том 5. - №2. - С. 10.
8. Мкртчян В.Р. Вторичные кардиомиопатии дисовариального генеза: особенности патогенеза, диагностики и лечения: автореф. дис. Д-р медиц. Наук / МГМСУ – М. – 2008. – С. 17-21.
9. Подчуфарова Е.В. Скелетно-мышечные боли в грудной клетке //Consilium medicum. - 2006. -Том 8. - № 8. - С. 17-21.
10. Смирнова М.А. Клинико-экономическая эффективность образовательной программы для больных ишемической болезнью сердца и лиц с факторами риска ее развития в общей врачебной практике /М.А. Смирнова// ав-тореф. дисс. канд. мед. наук. — Москва. 2007. - 23с.
11. Zigmond A. S., Snaith R.P. The Hospital Anxiety and Depression scale // Acta Psychiatr. Scand. - 1983. - Vol. 67. - P. 361-370.

Белая О.Ф.[1], Зуевская С.Н.[2], Паевская О.А.[2]

[1]профессор, доктор мед. наук, зав.лаборатории по изучению токсических и септических состояний НИИ Молекулярной медицины Первый МГМУ им. И.М.Сеченова МЗ РФ, E-mail: ofbelaya@mail.ru;
[2]кандидат мед. наук, старший научный сотрудник лаборатории по изучению токсических и септических состояний НИИ Молекулярной медицины ГБОУ ПВО Первый МГМУ им. И.М.Сеченова МЗ РФ, г.Москва

ОСТРЫЕ ВИРУСНЫЕ ГЕПАТИТЫ С ХОЛЕСТАТИЧЕСКИМ СИНДРОМОМ, АССОЦИИРОВАННЫЕ С *H.PYLORI*

Несмотря на то, что *Helicobacter* при гепатобилиарной патологии интенсивно изучается, роль *H.pylori* еще не определена. Наблюдающееся снижение врожденного и приобретенного иммунитета при инфекции H.pylori, из-за её широкой распространенности, возможно, влияет на течение бактериальных и вирусных инфекций и иммунный ответ к соответствующим возбудителям, а поражение печени при вирусных гепатитах усугубляет эндотоксикоз.

Цель - изучить вклад маркеров *H.pylori* в эндоинтоксикацию и развитие холестатического синдрома у больных острыми вирусными гепатитами (в сравнении с О-антигенами возбудителей кишечных инфекций).

Обследовано 97 больных острыми вирусными гепатитами (ОВГ) желтушной формы, различной этиологии (30 человек с холестатическим синдромом (далее - "холестаз") и 67 человек – без него), в динамике заболевания. В кале и сыворотке крови тестированы ЛПС/О-антигены *S.sonnei, S. flexneri* 1-5, *S.newcastle; Salmonella* B, C1, C2, D, E серогрупп; *Y.pseudotuberculosis* I, III, *Y.enterocolitica* O3, 09, O7,8, O4,33, O6,30; *E.coli* O157; *Campylobacter (C.jejuni, C.coli, C.lari); Helicobactor pylori*, а также присутствие комплекса высокомолекулярных белков (ВМБ, в т.ч. CagA) и маркера VacA *H.pylori* (коагглютинирующие антительные диагностикумы были изготовлены в НИИЭМ им. Н. Ф. Гамалеи МЗ РФ) [1,1; 2,1; 3,1; 4,32]. В контрольной группе обследованы 42 практически здоровых донора крови.

У больных ОВГ циркуляция О–антигенов возбудителей выявлена у 81% больных Среди них антигены *H.pylori* выявлены с наибольшей частотой - у 57,7%, антигены сальмонелл выявлены у 45,4%, антигены иерсиний - у 44,3%, шигелл – у 17,5% больных.

У больных ОВГ с холестазом отмечено более частое присутствие всех антигенов в КФ и ЦИК (69,4±5,4% и 44,4±5,5%, соответственно (p<0,01)), у 96,6 % больных. В группе больных без холестаза антигены были выявлены в КФ и ЦИК в 51,3±4,7% и 27,7±3,5% случаев, соответственно (р<0,01), у 74,6 % больных. О-антиген *H.pylori* у больных с синдромом холестаза в КФ выявлен в 48,6% случаев, у больных без холестаза – в 35,4% (р>0,05), в составе ЦИК – у 14,8% и 4,5% больных, соответственно (р<0,01).

Динамика выявления О-антигена *H.pylori* в группе больных ОВГ с холестазом характеризовалась длительным их сохранением в кале, что было характерно и для О антигенов других тестированных возбудителей.

В составе ЦИК выявление антигенов *H.pylori* в целом было невысоким, в группе с холестазом колебалось от 13,0% до 20,0%, за исключением VI недели (60,0%), а в группе без холестаза оставалось низким (0 - 5%).

Корреляционный анализ суммарной частоты выявления О-антигенов различных микробов в копрофильтратах с частотой их выявления в составе ЦИК показал, что при более высокой антигенной нагрузке в кале у больных присутствует неадекватно низкое связывание антигенов в ЦИК.

Дополнительно к изучению частоты обнаружения ЛПС/О-антигенов *H.pylori* на фоне присутствия антигенов других возбудителей ОКИ (микст-инфекции), представляло интерес изучить у больных ОВГ присутствие других факторов - VacA-цитотоксина и комплекса высокомолекулярных белков (ВМБ - маркёров островка патогенности, включающих CagA), имеющих большое значение в патогенезе хеликобактерной инфекции.

Всего из числа обследованных больных выявление маркера VacA в составе ЦИК сыворотки крови отмечено у 49,5% больных, ВМБ – у 72,7% больных (р<0,05). Частота выявления маркёра ВМБ у больных ОВГ с синдромом холестаза и без него (80,5% и 68%, соотв.) в составе ЦИК была выше, чем частота выявления маркера VacA (61% и 43%, соотв., р<0,05). Полученные данные свидетельствуют о том, что наряду с наиболее высоким присутствием О-Аг *H.pylori* в копрофильтратах и ЦИК сыворотки крови в сравнении с другими возбудителями и больных без холестаза у больных ОВГ с холестатическим синдромомв ЦИК также наиболее часто определяются маркеры VacA и ВМБ.

Проведённые нами исследования позволили впервые установить значительное присутствие маркёров *H.pylori* в содержимом кишечника (в копрофильтратах) в разгар заболевания и в период реконвалесценции у больных острыми вирусными гепатитами различной этиологии. У больных ОВГ с синдромом холестаза как в КФ, так и в ЦИК частота выявления маркёра *H.pylori* была выше, чем у больных без холестаза. Кроме того, динамика выявления маркёра

H.pylori в разгар заболевания и в период реконвалесценции у больных с синдромом холестаза значительно отличалась от таковой у больных без холестаза и характеризовалась высокими показателями выявления маркёра *H.pylori* в кале начиная с первой недели возникновения желтухи и вплоть до выписки больных из стационара.

Выявленное отсутствие корреляции между суммарной О-антигенной нагрузкой в КФ и частотой выявления О-антигенов в составе ЦИК в группе больных с холестазом свидетельствует о неадекватности иммунного ответа в виде продукции специфических антител и связывания ими О-антигенов в ЦИК на фоне высокой антигенной нагрузки в кале. Определение, наряду с О-антигенами, также комплекса высокомолекулярных белков (включая CagA) и маркера асА-цитотоксина свидетельствует об активной жизнедеятельности *H.pylori* , позволяющей этим возбудителям не только размножаться в организме (о чем свидетельствует динамика выявления О-антигенов), но и активно продуцировать патогенетически важные маркеры (CagA и VacA). Все вышеизложенное свидетельствуют о важной патогенетической роли *H.pylori* в развитии холестаза, индуцированного воспалением.

Литература

1. Белая Ю.А., Белая О.Ф., Быстрова С.М. Способ получения диагностикума для выявления термостабильных антигенов кампилобактеров. Патент № 2086984. 10.08.1997г.
2. Белая Ю.А., Белая О.Ф., Петрухин В.Г. Способ получения диагностикума для выявления антигенов Helicobacter pylori в реакции коагглютинации. Патент № 2186394. 27.07.2002 г.
3. Белая Ю.А., Вахрамеева М.С., Белый Ю.Ф., Белая О.Ф., Петрухин В.Г. Способ получения тест-системы для определения цитотоксин-ассоциированных белков Helicobacter pylori в биологическом материале инфицированных лиц реакцией коагглютинации. Патент № 2232989. 20.07.2004
4. Белый Ю.Ф., Шеклакова М.С., Вахрамеева М.С. и соавт. Получение рекомбинантного фрагмента белка VacA Helicobacter pylori и разработка на его основе неинвазивного метода диагностики хеликобактериоза //Молекулярная генетика, микробиология и вирусология, 2005.- № 1. -С. 32-35

Кирилюк В.В.
аспирант кафедры ортопедической стоматологии Национального медицинского университета имени А.А. Богомольца

ОЦЕНКА КАЧЕСТВА ПРОТЕЗИРОВАНИЯ НЕСЪЕМНЫМИ ЗУБНЫМИ ПРОТЕЗАМИ

Частичная потеря зубов наблюдается в среднем у 55 % пациентов и приводит к потере жевательной эффективности более, чем на 50 % [1, 61]. В возрасте от 18 до 25 лет распространенность частичной потери зубов достигает 38,6 % [2, 4]. 63 % работающих взрослых в возрасте от 40 лет и старше имеют дефекты зубных рядов различной протяженности [2, 3]. У 95 % взрослых имеется укороченный зубной ряд, при этом в патологический процесс вовлекается большинство органов челюстно-лицевой системы [4, 45].

На окончательную анатомическую форму челюсти в области дефекта зубного ряда существенно влияют состояние удаляемого зуба и пародонта, а также собственно операция удаления зуба. Периапикальные воспаления, выраженный маргинальный пародонтит или травмы часто вызывают серьезные локальные деформации альвеолярного гребня, особенно после удаления имплантата при неудовлетворительной остеоинтеграции или переимплантита [3, 16].

Для восстановления функциональной и эстетической целостности зубного ряда широко используют мостовидные протезы. Известны различные варианты конструирования тела мостовидного протеза [4, 178; 5, 59; 6, 493]. Если при конструировании промежуточной части мостовидного протеза в области боковых зубов учитывается в первую очередь функциональные и гигиенические аспекты, то для переднего участка основными аспектами есть эстетические требования. Замещение отсутствующего зуба в этой области почти всегда имеет предположение одновременного восстановления природной формы альвеолярного гребня [7, 191; 8, 165].

Основными причинами снятия одиночных коронок и мостовидных протезов являются врачебные погрешности в подготовке полости рта пациента к протезированию; необоснованный выбор конструкции и материалов для них; несоблюдение этапности лечения; тактические и манипуляционные промахи при одонтопрепарировании; использование несовершенных технологий (штампованно-паяные протезы); применение в последние десятилетия сложных технологий (цельнолитые металлокерамические и металлопласстмасовые зубные протезы), требующих достаточно высокой квалификации как врача-стоматолога-ортопеда, так и зубного техника.

Цель настоящего исследования провести стоматологическое обследование населения для оценки состояния полости рта и имеющихся зубных протезов и изучить осложнения при использовании несъемных зубных протезов.

Материалы и методы исследования.

Изучали состояние зубочелюстной системы у 78 человек с несъемными конструкциями в полости рта в возрасте от 18 до 60 лет и старше, среди которых было 32 мужчины (41%) и 46 женщин (59%), в том числе в возрасте 18-25 лет было 16 человек (20,5%), в возрасте 26-45 – 39 (50%), в возрасте 46-59 — 18 (23,1%), 60 лет и старше — 5 человек (6,4%).

Из числа обследованных сплошным методом были отобраны пациенты, которые нуждались в повторном протезировании после снятия ранее изготовленных несъемных зубных протезов. Нами также обследованы пациенты, обратившиеся по поводу повторного протезирования со снятием ранее изготовленных несъемных протезов.

Стоматологическое обследование проводилось по методике и с использованием карты, предложенной ВОЗ с нашими дополнениями, куда вносились дополнительно данные о состоянии имеющихся зубных протезов, сроках их изготовления, недостатках и осложнениях, связанных с наличием зубных протезов. Клиническими методами оценивали состояние имеющихся зубных протезов их эстетическую и функциональную полноценность. Проводили окклюдографию при помощи окклюзионной бумаги и определяли «супраконтакты», оценивали состояние пародонта клиническими приемами. Воспалительные явления в десневом крае оценивались по наличию следующих критериев: гиперемии, отечности, кровоточивости, десквамации, изменений конфигурации десны, абсцессов, свищей, плотности межзубных сосочков. Кроме этого, отмечали атрофические и гиперпластические процессы. Оценивали состояние имеющихся протезов, пломб, устанавливали наличие кариозных полостей, выявляли болезненность десны и наличие отделяемого из пародонтальных карманов.

Перед снятием зубных протезов проводили обследование пациентов с применением дополнительных методов исследования и старались выяснить причину снятия ранее изготовленных несъемных конструкций. Выявляли адекватность показаний и конструкций к имеющимся условиям в полости рта и общему состоянию организма, соблюдение эстетических и функциональных требований. Особое внимание уделяли парафункциям и нарушениям акта жевания. Оценивали выполнение пациентами гигиенических требований по уходу за полостью рта и за протезами с применением необходимых средств гигиены.

Результаты исследования.

Среди нуждающихся в снятии ранее изготовленных несъемных зубных протезов (48 человек) женщин было значительно больше во всех возрастных группах (рис. 1), что объясняется большей заботой женщин о своем здоровье и более частой обращаемостью их за стоматологической помощью (по данным анкетирования). Самое большое количество нуждающихся в снятии несъемных зубных протезов было в возрастной группе 46-59 лет, что составило 46,1±0,6% (p<0,05).

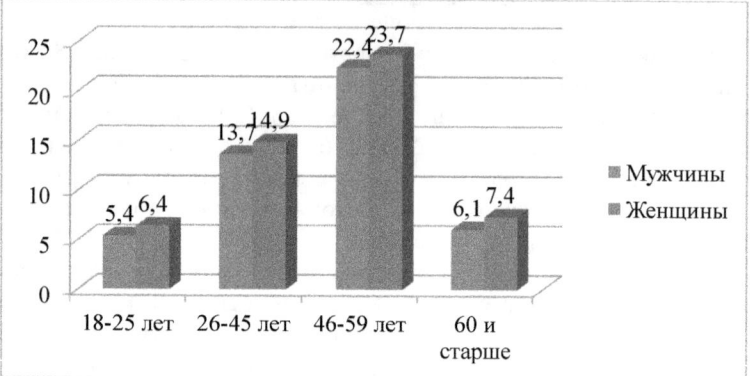

Рис. 1. Распределение нуждаемости в снятии ранее изготовленных несъемных зубных протезов у пациентов по полу и возрасту.

По срокам преждевременно снятых протезов обследованные распределились следующим образом (табл. 1). На первом году пользования пришлось снять протезы у 3 человек (6,25% среди всех обратившихся за снятием зубных протезов). Со сроком пользования до 3 лет определены показания к снятию несъемных зубных протезов у 5 человек (10,4%), до 5 лет - у 8 человек (16,7%), до 7 лет - у 9 (18,75%), до 9 лет - у 11 (22,9%), до 11 лет - у 7 человек (14,6%) и после 11 лет - 5 человек, что составило 10,4% среди всех обследованных, обратившихся для повторного протезирования со снятием ранее изготовленных несъемных протезов.

Сроки пользования	До года	До 3 лет	До 5 лет	До 7 лет	До 9 лет	До 11 лет	Более 11 лет	Всего
Абсолютное кол-во обслед.	3	5	8	9	11	7	5	48
В % к числу обратив.	6,25	10,4	16,7	18,75	22,9	14,6	10,4	100

Таб.1. Распределение нуждавшихся в снятии несъемных протезов с различными сроками пользования.

Для определения причин преждевременного снятия несъемных протезов решили проанализировать данные по видам конструкций протезов (табл. 2).

Показатели	Виды конструкций							
	Коронки и мостовидные протезы							
	штампованные и паяные	пластмассовые	цельнолитые коронки	металлокерамические	Металлокомпозитные	металлопластмассовые	всего снято протезов	
Абс.	22	15	13	12	3	7	72	
%	30,5	20,8	18,1	16,7	4,2	9,7	100	

Таб. 2. Виды конструкций зубных протезов, снятых у пациентов.

Самое большое количество штампованно-паяных мостовидных протезов с опорой на штампованных коронках было снято (22 протеза, что составило 30,5%) и мостовидных протезов из пластмассы (15 протезов, что составляет 20,8%). Меньше было снято цельнолитых мостовидных протезов - 13 зубных протезов (18,1%), металлокомпозитные и металлокерамические - 3 (4,2%) и 12 (16,7%) соответственно, а металлопластмассовых было снято - 7 протезов, что составило 9,7%.

При клиническом исследовании пациентов нами были выявлены различные факторы, которые послужили причинами для снятия несъемных протезов. В зависимости от вида конструкций несъемных протезов обследованных пациентов разделили на три группы.

Так, первую группу (22 человека, 30,5%) составили пациенты, у которых в полости рта имелись штампованные коронки и паяные мостовидные протезы. У пациентов были диагностированы: воспалительные заболевания тканей пародонта (гингивиты, локализованный пародонтит) – у 18 человек (24,3%), подвижность опорных зубов — у 9 человек (12,2%), пролежни в области тела мостовидного протеза – у 15 человек (20,3%), гиперестезия (повышенная чувствительность) опорных зубов на термические и механические раздражители – у 8 человек (10,8%), осложнения эндодонтического лечения (некачественное лечение в виде очагов периапикального воспаления, воспаление пульпы зуба) – у 12 человек (16,2%), перелом литья (во всех случаях по месту пайки коронки и тела мостовидного протеза) – у 5 человек (6,8%), эстетические дефекты (несовпадение цвета пластмассовых облицовок или изменение их в цвете и т.п.) – у 4 человек (5,4%), расцементировки протезов: однократные — у 2 человек (2,7%), двукратные — у 1 человека (1,3%) (рис.2).

Медицинские науки

Рис. 2. Распределение осложнений, возникших у пациентов, у которых в полости рта имелись штампованные коронки и паяные мостовидные протезы.

При обследовании второй группы (15 человек, 20,8%) пациентов, у которых в полости рта имелись пластмассовые конструкции было диагностировано: воспалительные заболевания тканей пародонта (гингивиты, локализованный пародонтит) – у 13 человек (17,6%), подвижность опорных зубов — у 8 человек (10,8%), сколы пластмассы или стираемость пластмассы в области режущего края или жевательной поверхности искусственных зубов — у 5 человек (6,8%), пролежни в области тела пластмассового мостовидного протеза — у 11 человек (14,9%), расцементировки пластмассовых конструкций: однократные — у 6 человек (8,1%), двукратные — у 3 человек (4,1%), гиперестезия (повышенная чувствительность) опорных зубов на термические и механические раздражители – у 4 человек (5,4%), осложнения эндодонтического лечения (некачественное лечение в виде очагов периапикального воспаления, воспаление пульпы зуба) – у 9 человек (12,2%), перелом мостовидных протезов (во всех случаях в месте перехода опорной пластмассовой коронки и тела мостовидного протеза) — у 5 человек (6,8%), эстетические дефекты (несовпадение цвета и т.п.) — у 10 человек (13,5%) (рис.3).

Рис. 3. Распределение осложнений, возникших у пациентов, у которых в полости рта имелись пластмассовые конструкции.

При обследовании третьей группы (35 человек, 48,7 %) пациентов, у которых в полости рта имелись цельнолитые конструкции (цельнолитые мостовидные протезы, металлопластмассовые, металлокомпозитные и металлокерамические) было диагностировано: воспалительные заболевания тканей пародонта (гингивиты, локализованный пародонтит) – у 27 человек (19,3%), подвижность опорных зубов — у 13 человек (9,3%); сколы облицовки (пластмассовой или керамической) — у 9 человек (6,4%), пролежни в области тела мостовидного протеза — у 19 человек (13,6%); расцементировки цельнолитых протезов: однократные — у 15 человек (10,7%), двукратные — у 7 человек (5,0%); гиперестезия (повышенная чувствительность) опорных зубов на термические и механические раздражители —у 10 человек (7,1%); осложнения эндодонтического лечения (некачественное лечение в виде очагов периапикального воспаления, воспаление пульпы зуба) — у 26 человек (18,6%); перелом литья (во всех случаях в месте перехода опорной коронки в тело литого мостовидного протеза) — у 2 человек (1,4%); эстетические дефекты (несоответствие цвета протеза естественным зубам, потемнение протеза и т.п.) – у 12 человек (8,6%) (рис.4).

Рис. 4. Распределение осложнений, возникших у пациентов, у которых в полости рта имелись цельнолитые конструкции.

У большинства осмотренных пациентов одновременно диагностировалось два или три недостатка протезирования.

Следует отметить, что при выявлении указанных недостатков протезирования зубов пациенты высказывали жалобы лишь в 45 случаях (57,6%), в основном при наличии болевого синдрома, дискомфорта при жевании или при эстетическом недостатке зубного протеза.

Исследования показали, что процент осложнений, клинических и технологических ошибок при лечении больных с дефектами твердых тканей зубов и зубных рядов несъемными конструкциями протезов довольно высокий.

Заключение.

Полученные данные свидетельствуют о насущной необходимости оптимизации протезирования полости рта, а также поступательного повышения качества ортопедического стоматологического лечения.

Литература:

1. Демнер, Л.М Показания к замещению дефектов зубных рядов по данным реопарадонтографии // Стоматология. -- 1985. -- №3. -- С. 61--62.

2. Мышковец Н.А. Клинико-экспериментальное обоснование выбора конструкции адгезивных мостовидных протезов : автореф. дис. ... канд. мед. наук. -- Минск, 2003. — 20 с.

3. Edelhoff D. Эстетическое оформление промежуточной части мостовидного протеза // Квинтэссенция. -- 2001. -- № 1. -- С. 15--28.

4. Жулев, Е.Н. Несъемные протезы. Теория, клиника и лабораторная техника. - 2-е изд. - Н.Новгород : Изд-во НГМА, 1998. - - 365с.

5. Лебеденко, И.Ю. Функциональные и аппаратурные методы исследования в ортопедической стоматологии. -- М.: Медицинское информационное агентство, 2003. -- 128с.

6. Howard, W.W. Standards of pontic design // J. Prosthet. Dent. -- 1982. -- Vol. 47. -- P. 493--495.

7. Abrams, H. Incidence of anterior ridge deformities in partially edentulous patients // J. Ptosthet. Dent. -- 1987. -- Vol. 57. -- P. 191--194.

8. Ridge contour related to esthetics and function // J. Prosthet. Dent. - 1991. -- Vol. 66. -- P. 165--168.

Батыршина С.В., Халилова Р.Г., Сабынина Е.Е.
Батыршина Светлана Васильевна
профессор, доктор медицинских наук,
профессор кафедры дерматовенерологии ГБОУ ВПО Казанский ГМУ МЗ РФ
420012 РТ, г. Казань, ул. Толстого, д.4., тел. (843) 236-99-92, e-mail: sbkdv@ mail.ru

АТОПИЧЕСКИЙ ДЕРМАТИТ: КОФАКТОРЫ ПАТОГЕНЕЗА

Атопический дерматит (АтД) представляет серьезную медико-социальную проблему. Высокий уровень заболеваемости АтД, его дебют в раннем возрасте, непрерывно рецидивирующее течение патологического процесса при наличии тенденции к увеличению устойчивых к традиционной терапии форм, снижение приверженности пациентов к лечению придают вопросам поиска причин и выбора рациональной стратегии и тактики терапии данного дерматоза особую актуальность [1,8].

В настоящее время пришли к пониманию АтД как многофакторного гетерогенного заболевания, развитие которого происходит вследствие сочетанного влияния наследственных факторов и окружающей среды. При этом наиболее активно обсуждаются две гипотезы его формирования: inside – outside (изнутри – наружу), и outside–inside (снаружи – внутрь). Гипотеза известная как outside–inside, во главу угла ставит состояние эпидермального барьера, нарушение которого, обусловленное сухостью кожи и/или повышенной его проницаемостью, приводят к развитию АтД [2, 878; 3, 121]. При этом нарушенный эпидермальный барьер позволяет аллергенам проникать через кожу и реализовать своё действие через антиген-презентующие и иммунные клетки-эффекторы и даже перевести изначально благоприятное течение дерматита в варианте «не атопического» состояния при нормальном уровне сывороточного IgE в атопическую фазу, сопровождающуюся значимым повышением уровня IgE [4, 215]. Следовательно, наличие внешних, средовых факторов, в том числе и инфекционного характера, достаточно хорошо известных и определяемых в свою очередь в качестве триггеров и аллергенов, могут играть существенную роль в реализации формирования и пролонгировании течения данного дерматоза. Состояние микробиоценоза кожи больных атопическим дерматитом при этом становится немаловажным.

Под наблюдением находилось 168 пациентов, страдающих АтД, установленным в соответствии с критериями Hanifin и Rajka, в возрасте от 9 месяцев до 37 лет, с клиническими проявлениями средней и тяжелой степени тяжести с непрерывно-рецидивирующим характером заболевания и отсутствием эффекта от проводимой ранее традиционной противовоспалительной терапии. Поздний дебют презентации дерматоза отмечен в 11,91% случаев. Дизайн исследования предусматривал определение степени тяжести заболевания по шкале SCORAD, изучение и мониторинг структурных параметров (микрорельефа, микротопографии), характеристику и контроль микробной флоры кожи, оценку эффективности проводимой терапии с мониторингом основных клинических параметров.

В результате исследования соскобного материала, взятого с пораженных участков кожи у больных АтД, микроскопически и культурально верифицировались Staphylococcus aureus (S.aureus) и Staphylococcus epidermidis (S. epidermidis) в 37,50% случаев, в 9,52% случаев обнаруживались дрожжеподобные грибы рода Candida albicans (C. albicans) в колонизации более 10^4КОЕ/см^2, Malassezia spp., мицелиальных дерматофитов (Trichophyton spp., Epidermophyton spp.), а в 35,12% - установлена колонизация кожных покровов ассоциацией стафилококков и грибов. В структуре изолированной стафилококковой колонизации кожных покровов отмечено преобладание S. aureus (54,76%), S. epidermidis (38,69%), ассоциация S.aureus и S. epidermidis (6,55%). У пациентов с изолированной грибковой колонизацией кожи дрожжеподобные грибы рода C. albicans определялись в 32,74% случаев, мицелиальные дерматофиты, Malasseziaspp., плесневые грибы рода Penicillium, Aspergillus, Cladosporium и Alternaria, а также ассоциации нескольких видов грибов в 19,6%, 13,09%, 9,52% и 25,0% соответственно.

Интересным продолжает оставаться проведение анализа структуры микрофлоры в зависимости от возраста. При том определяются особенности микробной колонизации кожи больных АтД. Так, у детей раннего возраста преобладала стафилококковая колонизация кожных покровов, а в старшей возрастной группе доминировала грибковая инфекция. Таким образом, для каждой возрастной группы складывается свой, особый микромир кожи, что не может не учитываться при формировании диагностического и терапевтического протоколов. Установлено достаточно частое сочетание бактериальной и микотической природы возбудителей, относящихся к разным биологическим видам, которые чувствительны к разным группам лекарственных средств, а также увеличение длительности действия верифицированных патогенов, о чем свидетельствует непрерывно рецидивирующее течение АтД.

Известно, что бактериальная и микотическая нагрузка способствуют воздействию суперантигенов, что ассоциируется с ухудшением течения дерматита, представленного большим разнообразием клинических вариантов. При этом сами суперантигены непосредственно на этот процесс могут и не влиять из-за своего молекулярного веса, но они могут втираться в кожу при расчесах. Считается, что стафилококковые суперантигены подавляют функцию Т-регуляторных клеток и поэтому могут усиливать воспаление кожи [5, 688].

Изучение вирулентных свойств выделенных штаммов позволило установить, что в период обострения атопического дерматита, кожа пациентов колонизируется стафилококками (S. aureus и S. epidermidis) с выраженными адгезивными свойствами, максимально адаптированными к окислительному киллингу при фагоцитозе и внешним аэробным условиям, высокой активностью фермента распространения (протеиназы) и ферментов антиоксидантной защиты (каталазы и супероксиддисмутазы), что обусловливает тяжесть течения заболевания и способствует развитию резистентности к проводимой терапии.

Дрожжеподобные грибы рода Candida, вырабатывая антилизоцимный фактор, инактивирующий лизоцим, способствуют ослаблению защитных сил организма, поддержанию иммунодефицитного состояния и хронизации течения данного дерматоза. У наших больных АтД отмечается значимое количественное увеличение и преимущественная локализация на разгибательной поверхности конечностей, что может быть определенным маркером присутствия данной патологии. Сенсибилизация к Candida установлена в 32,74% случаев, а кожные пробы к ним положительны в 90,90% из числа детей-атопиков, высокий титр IgE к Candida отмечен в 52,73% случаев.

Современные микробиологические исследования позволяют достаточно четко определиться и с понятием «нормальный физиологический микробиоценоз» для любого биотопа организма-хозяина. Он, как известно, чаще всего представлен микроаэрофилами, факультативными и облигатными анаэробами, которые в результате межвидовой конкуренции за места обитания и благодаря специфической адгезии на эпителиальных клетках сформировались в определенные микробные сообщества (кворум-сенсинг). Достичь его, в особенности у наблюдаемых нами пациентов, достаточно сложная задача. Вместе с тем, её решение это серьезный успех на пути реабилитации дерматологического здоровья пациентов, страдающих атопическим дерматитом.

Список литературы

1. Стационарзамещающие технологии в оказании специализированной медицинской помощи больным дерматозами. А.А.Кубанова, А.А. Мартынов, М.М. Бутарева. Вестник дерматологии и венерологии. 2011; (2): 8-12.

2. Denda M., Sato J., Tsuchiya T., Elias P.M., Feingold K.R. Low humidity stimulates epidermal DNA synthesis and fmplifies the hyperproliferative response to barrier disruption6 implication for seasonal e[acerbationof inflammatory dermatoses. J Invest Dermatol 1998. 111:873-8.

3. Elias P.M., Wood L.C., Feingold K.R. Epidermal pathogenesis of inflammatory dermatodes. Am J Contact Dermatol 1999. 10:119-26.

4. Novak N., Allam J.P., Bieber T. Allergic hyperreactivity to microbial components – a trigger factor of «intrinsic» atopic dermatitis? J AllergyClinImmunol 2003; 112: 215-6.

5. Cardona ID et al: Staphylococcal enterotoxin B inhibits regulatory T cells by inducing glucocorticoid-induced TNF receptor-related protein ligand on monocytes. J Allergy ClinImmunol 117:688, 2006 [PMID: 16522472].

Давыдов Ю.В.
аспирант кафедры дерматовенерологии КГМУ
Файзуллина Е.В.
д.м.н., профессор кафедры дерматовенерологии КГМУ

ПОБОЧНЫЕ РЕАКЦИИ НА ЛЕКАРСТВЕННЫЕ СРЕДСТВА, СПОСОБЫ ЛЕЧЕНИЯ И ПРОФИЛАКТИКИ ЛЕКАРСТВЕННОЙ АЛЛЕРГИИ

Реферат

Проблема осложнений лекарственной терапии становится все более актуальной во всем мире. Однако, вместе с ростом количества лекарственных препаратов растут и побочные реакции, возникающие вместе с их применением.

По имеющимся данным, распространенность побочных реакций вследствие применения лекарственных средств в различных пределах зависит от многих факторов: количественного роста и расширения ассортимента фармакологического рынка, контингента больных (пол, возраст, сопутствующие заболевания, профессия, характер питания и пр.). Летальность от побочных реакций занимает 5 место в мире после сердечно-сосудистых заболеваний, заболеваний легких, онкологических заболеваний, травм.

Именно лекарственные средства служат причиной смерти у 0,01% хирургических и 0,1% терапевтических стационарных больных.

Риск развития только аллергических реакций для большинства лекарственных препаратов составляет от 1 до 3%.

Лекарственная аллергия относится к достаточно распространенным и серьезным видам побочных реакций на лекарственные средства, она затрагивает врачей всех специальностей и лечебных учреждений любого профиля.

Общие принципы лечения больного лекарственной аллергией: отмена всех лекарственных средств, кроме жизненно необходимых, назначение голодной паузы или гипоаллергенной диеты, обязательная фиксация данных о развитии лекарственной аллергии в медицинской документации.

Ключевые слова: Лекарственная аллергия, лекарственные средства, побочная реакция, аллергическая реакция.

ADVERSE REACTIONS TO MEDICAL AGENTS USE, WAYS FOR MANAGEMENT AND PREVENTION OF DRUG ALLERGY.

Abstract

The problem of different complications related to therapeutic administration of pharmacological agents has grown markedly in the whole world. In this trend, increase of medical preparations in number has enhanced multiplication of the variety of side effects and adverse reactions caused by medication fulfillment.

According to the sources, the prevalence rate of adverse reactions induced by the influence of therapeutic remedies is to certain extent dependent upon a battery of factors: quantitative growth and enlargement of the range of preparations offered, patient files data (age, gender, concomitant diseases, type of profession, nutrition schedules etc), and a few others. So, one can not omit vast scales of the problem aroused. Additionally, lethality rates from those kinds of adverse effects provide item 5 among all causes of death after cardiovascular, pulmonary, oncological diseases, and traumatic injure syndromes.

Importantly, medical agents exactly appeared to serve as direct reasons for lethal nosocomial outcomes in 0.01% of patients suffered from surgical pathology, and in 0.1% of those with therapeutic diseases.

Meanwhile, for the majority of medical preparations risk values of proper allergic reactions evolvement are consisted at the range of 1–3%.

Furthermore, allergy to pharmacological agents use (drug allergy) is considered to be one of the most prevalent, serious and severe adverse reactions, and it interferes concerns of specialists of actually all medical trends.

Thus the main principles to treat patients with drug allergy can be formulated as follows: cessation of all types of procedures with use of medical agents, except for those directly administered for life maintenance, employment of "hunger treatment", or "hypoallergic" dietary schedule types, routinely obliged medical documentation of the cases with drug allergy evolvement.

Keywords: drug, drug allergy, adverse reactions, allergic reactions.

Проблема осложнений лекарственной терапии становится все более актуальной во всем мире. Однако, по многим причинам внимание к побочным действиям лекарств проявлялось намного меньше, нежели к их лечебным свойствам. Тем не менее, такие сведения в медицинской литературе далеко не единичны [18].

По имеющимся данным, распространенность побочных реакций вследствие применения лекарственных средств в различных пределах зависит от многих факторов: количественного роста и расширения ассортимента фармакологического рынка, контингента больных (пол, возраст, сопутствующие заболевания, профессия, характер питания и пр.), особенностей их лечения (характер препаратов, их активность, количество, совместимость), сенсибилизации населения к биологическим и химическим веществам, ошибок медицинского персонала и провизоров, появление большого количества генерических лекарственных средств с недостаточно изученными свойствами и недоказательной эквивалентностью оригинальным препаратам, широкой и часто некорректной рекламы лекарств, применение некачественных и фальсифицированных препаратов, состояния окружающей среды, отсутствия должной системы фармаконадзора [9, 12].

По мере роста числа лекарственных средств, используемых для лечения различных категория больных, увеличивается и риск возникновения у них нежелательных (адверсивных) побочных реакций. Так, до появления сульфаниламидов (конец 30-х гг. XX века) осложнения медикаментозного лечения наблюдались лишь у 0,5-1,5% больных, а в настоящее время только у больных, находящихся в стационаре, они возникают в 15-30% случаев [17].

По материалам ВОЗ (2006), 50 из 1000 госпитализированных в стационар больных направляются на лечение в связи с медикаментозными осложнениями. У лиц, лечащихся амбулаторно, число осложнений от терапии составляет 2-3%, а у тяжелобольных, лечащихся в стационаре, - от 6 до 35%, а увеличение сроков госпитализации как следствие побочных реакций составляет от 1 до 5,5 дней [13, 22]. По данным других авторов, медикаментозное осложнение наблюдается 10-20% людей, принимающих лекарственные средства. В США примерно 30% больных в стационаре дают одно лекарственное осложнение в процессе лечения, а одна из 4 смертей связана с медикаментозными осложнениями [17, 28].

Летальность от побочных реакций занимает 5 место в мире после сердечно-сосудистых заболеваний, заболеваний легких, онкологических заболеваний, травм. Летальные исходы встречаются в 1 случае из 10000 аллергических реакций не лекарственные средства. Именно лекарственные средства служат причиной смерти у 0,01% хирургических и 0,1% терапевтических стационарных больных [12].

Риск развития только аллергических реакций для большинства лекарственных препаратов составляет от 1 до 3%. Среди всех побочных эффектов аллергические и иммунологические реакции составляют 6-10%. Аллергические реакции составляют 25% среди всех побочных реакций при использовании лекарственных препаратов [15, 16].

В клинике частота побочных реакций на лекарственные средства варьирует от 1 до 5% в зависимости от особенности лечения и контингента больных. Частота побочных реакций на противоопухолевые цитостатики составляет 61,8%, на нейролептики — 40,2%, противотуберкулезные препараты — 28,4%, анальгетики и анестетики — 10,1%, гормоны — 8%, сульфаниламиды — 5,2%. В 3% случаев эти реакции являются причиной вызова врача на дом. Около 5% людей могут иметь лекарственную аллергию к одному или даже нескольким препаратам [13].

Росту медикаментозных осложнений способствует широко распространенное самолечение, пристрастие к одним и тем же препаратам у ряда пациентов, прием одновременно нескольких лекарств без учета их возможного взаимодействия в организме. Так, при одновременно приеме 8 препаратов осложнения медикаментозной терапии встречается у 10%

больных, а при приеме 16 препаратов — у 40% из них. Анализ случаев полипрагмазии в стационарах Москвы показал, что только 25% больным назначают менее 5 лекарственных препаратов, а 27% больных получали во время лечения более 25 препаратов [4, 6].

Результаты проведенных за последние годы фармакоэпидемиологических исследований позволяет говорить о том, что недооценка и запоздалое решение проблемы побочного действия лекарственных препаратов чреваты развитием самых серьезных последствий [26]. Так, в специально проведенных исследованиях было показано, что тяжелые, подчас необратимые осложнения в результате лекарственной терапии развиваются у миллионов людей. Количество летальных исходов, связанных с применением лекарств, исчисляется сотнями тысяч. Общие годовые затраты только на лечение предотвратимых осложнений фармакотерапии в США колеблются от 17 до 29 млн. долларов. В Великобритании ежегодно расходуется около 4 млрд. долларов в связи с увеличением продолжительность пребывания в стационарах больных эффектов из-за возникших неблагоприятных побочных эффектов лекарств. Затраты, связанные с побочными реакциями на медикаменты составляет в разных странах от 5,5 до 17% общего бюджета больниц [23, 24].

Зарубежный опыт изучения данной проблемы свидетельствует также о том, что многие лекарственные осложнения являются следствием медицинских ошибок. Одно из первых значимых исследований этого вопроса было организовано в США. По его завершению в ноябре 1999 г. был составлен отчет, озаглавленный: «Человеку свойственно ошибаться: повышение безопасности в здравоохранении». В нем отмечалось, что в результате медицинских ошибок при назначении лекарств, в больницах США ежегодно умирает от 44 000 до 98 000 человек. Это больше, чем смертность в результате автомобильных аварий (43 458), рака молочной железы (42 497) или СПИДа (16 516). Согласно полученным данным, только от ошибок, связанных с неправильным применением лекарств, ежегодно погибает 7000 человек, что на 16% больше, чем смертность в результате производственного травматизма [27, 28].

Комитеты по контролю за побочными действиями лекарственных препаратов, созданные в России, США, Франции, Англии и других странах ежегодно регистрируют от 5 до 100 тысяч только аллергических реакций на медикаменты, среди которых свыше 1% закончились летально. На начало 2002 года в общей базе данных, сформированной в Центре побочного действия лекарств ВОЗ, находилось около 2,7 млн. сообщений по выявленным побочным эффектам от применения различных медикаментов [9].

По данным экспертов ВОЗ (WHO, 2006), основными причинами роста побочных действий лекарственных средств являются:

- сокращение сроков экспертной оценки и ускорение процессов регистрации новых лекарственных средств;
- самолечение и широкая реклама лекарственных средств;
- постоянный рост числа генерических лекарственных средств;
- распространение биологически активных добавок к пище;
- фальсификация медикаментов;
- ошибки врачей и медперсонала [11].

Особое место среди побочных реакций на лекарственные препараты занимает лекарственная аллергия. Так, она встречается в стационарах различного профиля (терапевтического, хирургического, гинекологического) и составляет более 50% всех случаев лекарственной непереносимости. Аллергические реакции на лекарства выявляли у 15% больных терапевтического профиля. Развитие сывороточной болезни после профилактических прививок отмечено у 13% вакцинированных [27]. Около 25% вызовов бригад скорой медицинской помощи выполняется к больным лекарственной аллергией. Анафилактический шок встречается в 1 случае на 50 тыс. больных, применявших лекарства. За последние 10 лет в Москве зарегистрировано более 500 случаев смерти от анафилактического шока на пенициллин [18, 19]. В терапевтических стационарах Семипалатинска лекарственная аллергия была отмечена у 4% больных, а в инфекционных больницах - в 3 раза чаще. В Германии развитие лекарственной аллергии отмечено у 5% больных, в Англии количество их в стационаре колеблется от 4 до 15%, из них около 3% обычно погибают. В Виннице при осмотре взрослого населения лекарственная аллергия диагностирована в 2,5% случаев [17, 30].

Среди медицинских работников лекарственная аллергия встречается в 10 раз чаще, чем у лиц других профессий (у 26-33% медиков). Среди медицинских работников Беларуси лекарственная аллергия зарегистрирована у 59%, среди студентов медицинских училищ — у 9,7%, а среди больных — в 2,5% случаев [7].

Распространенность лекарственной аллергии колеблется в широких пределах (от 1 до 30% и больше), но эти данные требуют серьезного анализа, поскольку не учитывается наличие и распространенность реакций на плацебо, не налажена дифференциальная диагностика между истинными лекарственными аллергическими реакциями и другими видами побочных реакций на лекарственные препараты. Так, по некоторым данным, лекарственная аллергия регистрируется приблизительно у 10% людей и способствует развитию побочных реакций на лекарственные средства у такого же количества больных [4, 5].

Как свидетельствуют данные литературы, сенсибилизация к лекарственным препаратам среди населения Франции, Англии, США составляет 5-12% случаев. Частота лекарственной аллергии колеблется от 0,5 до 60% случаев в различных лечебных учреждениях, что обусловливает

0,005% летальных случаев от общего числа госпитализированных больных. В Англии смертельные случаи в результате гиперчувствительности к анестетикам, контрастным веществам, антибактериальным препаратам выросли за период 1980-2000 гг. в 10,8 раз [23, 24].

Проведенный в городе Виннице ретроспективный анализ частоты лекарственной аллергии среди 1637 лиц, которые подверглись оперативному вмешательству при использовании различных видов анестезии, показал, что она имела место у 5,13% обследованных, а у пациентов, получавших эндотрахеальный наркоз, частота лекарственной аллергии была в 1,88 раза выше и составила 9,77% наблюдений [13].

Таким образом, лекарственная аллергия относится к достаточно распространенным и серьезным видам побочных реакций на лекарственные средства, она затрагивает врачей абсолютно всех специальностей и лечебных учреждений любого профиля, в связи с чем, необходимо дальнейшее изучение вопросов лечения и профилактики при введении медикаментов [16, 19].

Существуют основные принципы лечения больного лекарственной аллергией, которые сводятся к отмене всех лекарственных средств, кроме жизненно необходимых, назначению голодной паузы или гипоаллергенной диеты, обильным питьем, очистительной клизмой, слабительных, энтеросорбентов, инфузионной терапии. Кроме того, необходимо назначение антигистаминных препаратов при развитии лекарственных аллергических реакций преимущественно по I типу, при всех остальных типах необходимо использовать глюкокортикостероиды. При лекарственных аллергических реакциях, развивающихся преимущественно по III типу (например сывороточная болезнь), показан длительный прием глюкокортикостероидов и ингибиторов протеаз, гемосорбция и энтеросорбция. В случае развития реакций гиперчувствительности замедленного типа глюкокортикостероиды назначаются внутрь и местно, если присутствует симптоматика контактного аллергического дерматита. Необходима посиндромная терапия основных клинических проявлений лекарственной аллергии с обязательной фиксацией данных о развитии лекарственной аллергии во всех видах медицинской документации [1, 2].

В случаях, когда лекарственные средства, вызвавшее развитие лекарственной аллергии, не может быть отменено (сахарный и несахарный диабет, туберкулез), можно применить специфическую иммунотерапию (десенситизацию) лекарственного средства аллергеном. Однако, проводить его можно лишь в специальных учреждениях опытными специалистами, поскольку такая терапия является небезопасной [12, 21].

Лечение подострых и хронических форм лекарственной аллергии имеет свои особенности. Обычно, они встречаются как следствие профессионального заболевания у медработников, фармацевтов, рабочих медицинской промышленности. В этих случаях необходима элиминационная терапия, то есть исключение контакта с причинно-значимыми аллергенами, которая достигается при трудоустройстве больных. Это предупреждает у них прогрессирование процесса, развитие поливалентной аллергии к другим группам препаратов, позволяет сохранить трудоспособность, хотя и с частичной утратой профессиональной пригодности (особенно у медсестер). В период обострения данной формы аллергии в лечении используют антигистаминные, другие антимедиаторные препараты [14].

История применения блокаторов гистамина насчитывает более 60 лет. В 1942 году был синтезирован первый антигистаминный препарат Phenbenzamin [8].

Механизм действия антигистаминных препаратов обусловлен тем, что они, обладая структурой гистамина, конкурируют с последним и блокируют H-1 гистаминовые рецепторы. Причем их сродство к этим рецепторам значительно ниже, чем у гистамина. Поэтому лекарственные препараты не способны вытеснить гистамин, они только блокируют незанятые или высвобождаемые рецепторы [11].

Аллергия с клиническими проявлениями в виде крапивницы, ангионевротического отека купируется введением антгистаминных препаратов различных групп. Антигистамины первого поколения (димедрол, тавегил (клемастин) в формах выпуска - табл. 0,02г, 0,03г,) следует вводить с учетом их переносимости в прошлом и предпочтительнее парентерально (например внутримышечно), чтобы быстрее получить и оценить эффект. Нельзя не отметить побочные эффекты данных препаратов, которые связаны со способностью проникать через гематоэнцефалический барьер: сонливость, беспокойство, расслабленность, дискинезии, снижение реакции [12].

Выбор антигистаминных препаратов зависит от выраженности эффекта, продолжительности действия, а также от присущих ему нежелательных реакций. Идеальное требование к препарату — это высокая антигистаминная активность при минимально выраженных побочных эффектах [15].

В последние годы в арсенале врачей появились новые антигистаминные препараты II поколения - лоратидин (кларитин) в формах выпуска табл. 0,01г, сироп – в 1мл 0,005г., эриус (дезлоратадин) в формах выпуска табл. 0,05 г, сироп 0,5 мг\ мл, кестин (эбастин) в формах выпуска табл. 0,1 г, тинсет (оксатомид) в формах выпуска табл 0,03 г. Преимущества антигистаминных препаратов 2-го поколения заключается в следующем: за счет их липофобности и плохого проникновения через гематоэнцефалический барьер практически отсутствует седативный эффект, хотя у некоторых больных он может наблюдаться. Продолжительность действия до 24 часов, поэтому большинство из этих препаратов назначается один раз в сутки. Отсутствие привыкания, что делает возможным назначение в течение длительного времени (от 3 до 12 месяцев). После отмены препарата терапевтический эффект может длиться в течение недели. [20, 22].

Если после этих мероприятий симптомы аллергии не исчезают, а даже имеют тенденцию к распространению, показано парентеральное введение глюкокортикостероидов. Средние дозировки взрослым составляют 60–150 мг, детям – из расчета 2 мг на 1 кг массы тела [11].

При обширных кожных поражениях, пациента лечат как больного ожоговой болезнью, в стерильных условиях. Пораженные участки кожи и слизистые обрабатывают водными растворами красителей (метиленовый синий и др.), маслами (облепихи, шиповника и др.) кератопластическими средствами. Слизистые обрабатывают раствором перекиси водорода, при стоматитах используют настой ромашки, водный раствор анилиновых красителей [19].

Итак, лечение больных с лекарственной аллергией представляет сложную задачу, требующую многопланового подхода к решению.

Одной из причин высокой частоты аллергических реакций на лекарственные препараты является несоблюдение мер профилактики. Существуют общие и индивидуальные методы профилактики лекарственной аллергии.

К мерам общего порядка относят борьбу с полипрагмазией, изменение порядка работы аптечных учреждений (повышение качества выпускаемых или продаваемых препаратов), налаживание в учреждениях здравоохранения методов раннего выявления и профилактики лекарственной аллергии, их тщательный учет. К факторам предупреждения аллергизации населения следует рекомендовать запрещение использования лекарственных препаратов в качестве консервантов (ацетилсалициловой кислоты при консервировании овощей, левомицетина при заготовке крови и плазмы, пенициллина для сохранения мяса при перевозках в жаркую погоду и пр.). К мерам первичной профилактики следует отнести улучшение подготовки врачей по вопросам лекарственной аллергии, изменения порядка назначения медикаментов в амбулаторных и стационарных учреждениях, тщательное обследование больных перед проведением фармакотерапии [19, 20].

Индивидуальные меры профилактики лекарственной аллергии должны осуществляться непосредственно лицами, принимающими лекарственные средства. Больные должны представлять себе всю небезопасность лекарственных препаратов и соблюдать комплекс необходимых мер предосторожности. В этом им должны помочь медицинские работники, внимательно относясь к анамнезу больного. При замене одного лекарственного средства на другое необходимо учитывать возможность перекрестных антигенных свойств между ними. Тщательная оценка и подбор переносимого препарата являются основой профилактики возможных осложнений лекарственной аллергии [18, 22].

Сбор аллергологического анамнеза является основным этапом профилактики лекарственной аллергии. Больной без отягощенного аллергией анамнеза, который в прошлом не имел каких-либо аллергических заболеваний и хорошо переносил все лекарственные средства, пищевые продукты, контакты с бытовыми химическими веществами или никогда ранее не принимал лекарственный средства, может предварительно не обследоваться. Больные с отягощенным анамнезом, наоборот, требуют обследования с целью диагностики скрытой или явной аллергии. Считается, что всех их целесообразно первоначально обследовать с помощью кожных проб или лабораторных тестов на предмет переносимости лекарственных средств, необходимых для лечения. Следует подчеркнуть, что постановка проб с лекарственными средствами, которые ранее вызывали побочные реакции у данного больного, категорически противопоказано [1, 18].

Литература

1. Адо В.А. Профессиональная аллергия, профилактика/ Адо В.А., Сомов Б.А., Горячкина Л.А. – Москва: «Знание», 1975. С. 32 – 44.
2. Адо А.Д. О механизмах лекарственной аллергии/ Адо А.Д. – М.: Медицина, 1970. – 240 с.
3. Бекетов А.М. О патогенезе токсикодермий/ А.М.Бекетов, В.И.Прохоренков, М.В.Шапран // Вестник дерматологии и венерологии. 1999. - № 6. — С. 23-25.
4. Беляев А. В. Основные механизмы возникновения, клиника и терапия лекарственных анафилактических и анафилактоидных реакций/ Провизор - 1999 - №15.
5. Викторов А.П.// Контроль за безопасностью лекарств при их медицинском применении //Провизор - 2007, – №24.
6. Горячкина Л. А., Барышникова Г.А., Тихомирова С.В. и др. Лекарственная аллергия и перекрестные аллергенные свойства препаратов, справочник/ - М.: 1998 - 74 с.
7. Гущин И.С, Аллергическое воспаление и его фармакологический контроль/ - М.: - 1998 - 251 с.
8. Клиническая фармакология и фармакотерапия: Учеб. I Под ред. Кукеса В.Г., Стародубок А.К. М,: ГЭОТАР-МЕД, 2003. — 640 с.
9. Колхир П.В. Доказательная аллергология – иммунология/ Колхир П.В. – Москва: «Практическая медицины», 2010. С. 12 – 16.

10. Кочергин Н. Г., Иванов О.Л. Кожный синдром лекарственной болезни// Терапевтический архив. – 2005 - №1 – с. 80-81.

11. Лагор Г. Клиническая иммунология и аллергология/ Лагор Г., Фишер Т., Адельман Д. М. - Практика, 2000. - 680 С.

12. Ландышев Ю.С. Лекарственная аллергия/ Ландышев Ю.С., Доровских В.А. – Москва: «Нордмедиздат», 2010. С. 6 – 13.

13. Лопатин А. С. О проблеме побочного действия лекарств //Тер. архив - 1992 - 10, с.6-8.

14. Михайленко А.А. Аллергия и аллергические заболевания/ Михайленко А.А., Базанов Г.А. – Москва: «МИА», 2009. С. 79 – 85.

15. Новиков, П.Д. Принципы оценки иммунного статуса и диагностики иммунодефицитных болезней / П.Д.Новиков, Н.Ю. Коневалова, Н.Д. Титова // Иммунопатология, аллергология, инфектология. 2005. - № 2. -С. 8-22.

16. Новиков Д.К. Лекарственная аллергия/ Новиков Д.К., Сергеев Ю.В., Новиков П.Д. – Москва: «Национальная академия микологии», 2001. С. 33 – 39.

17. Паттерсон Р., Грэмер Л., Гринберг П. Аллергические болезни (диагностика и лечение).- М.: Геотар, 2000.- 734 с.

18. Пухлик Б.М. Лекарственная аллергия и побочные эффекты лекарственных средств в аллергологии/ Пухлик Б.М., Викторов А.П., Зайков С.В. – Львов: «Медицина», 2008. С. 24 – 58.

19. Скепьян Н.А. Аллергические болезни. - Мн.: 2000 - 286 с.

20. Тарасенко Г.Н. Актуальные вопросы лечения и профилактики медикаментозных токсикодермий// Военно-медицинский журнал. 2000. - № 3. - С. 33-36.

21. Федоскова Т.Г., Ильина Н.И., Лусс Л.В. Принципы диагностики аллергических заболеваний. Consilium medicum, 2002, т. 4, №4, с. 16-19.

22. Хаитов Р.М. Аллергология. Клинические рекомендации/ Хаитов Р.М., Ильина Н.И. – Москва «ГЭОТАР-Медиа», 2009. С. 104 – 106.

23. American Academy of Allergy, Asthma and Immunology (AAAAI). The Allergy Report: Science Based Findings on the Diagnosis & Treatment of Allergic Disorders, 1996-2001.

24. Allergy: Principles and Practice./Ed. By E.Middleton Jr.: 2 Volumes.— St.Louis etc.: The C.V.Mosby Company, 1988.— P. 891-929.

25. Baroody F.M., Naclerio R.M. Anti-allergic effects of Hi-receptor antagonists Allergy. 2000. - V. 64. - P. 17-27.

26. Clinical allergy and immunology; Ed. Kaliner M.A. Simons F.E.R-. 1996. -P 175-213.
27. Ecolano F., Bisbe E., Castillo J. et al. Drug allergy in a population of surgical patients Rev. Esp. Anestesiol. Reanim. 1998 Dec 45 (10): 425-430.
28. Patterson R., Grammer L.C., Greenberger P.A. Allergic diseases. Diagnosis and management. Lippincott - Raven - 1997, 634 c.
29. Shepherd G.M. Allergy to b-lactam antibiotics. //Immunol Allegry Clin North Am 1991; 11; p. 611-614.
30. Toogood J.H. Risk of anaphylaxis in patients receiving beta-blocker drugs. //J. Allegry Clin. Immunol. 1988. - 81. - p. 1-3.

Латышевская Н.И., Давыденко Л.А., Чернова Н.В., Шестопалова Е.Л., Новикова А.Н., Бочарова Л.М.

зав. кафедрой общей гигиены и экологии, профессор, д.м.н., Волгоградский государственный медицинский университет, ВолгГМУ
профессор кафедры общей гигиены и экологии, д.м.н., ВолгГМУ
ассистент кафедры общей гигиены и экологии, к.м.н., ВолгГМУ
ассистент кафедры общей гигиены и экологии, к.м.н., ВолгГМУ
ассистент кафедры общей гигиены и экологии, ВолгГМУ
ассистент кафедры общей гигиены и экологии, к.м.н., ВолгГМУ
chernova_n_v@mail.ru

КОЛИЧЕСТВЕННАЯ ОЦЕНКА РИСКА ДЛЯ ЗДОРОВЬЯ ШКОЛЬНИКОВ, ОБУСЛОВЛЕННОГО ДЕФЕКТАМИ ПИТАНИЯ

По данным научного центра здоровья детей РАМН [1], в последние 10 лет произошло значительное ухудшение состояния здоровья школьников. Самый значительный рост заболеваемости (в 1,5 раза) отмечается среди подростков старшей возрастной группы. В структуре хронических болезней среди современных подростков I место стали занимать болезни органов пищеварения. Их удельный вес увеличился вдвое (с 10,8 % до 20,3 %) [2].

Серьезное беспокойство вызывает высокая распространенность ожирения среди детей, особенно среди мальчиков - 97,3 (на 1000 обследованных), против 30,6 (на 1000 обследованных) – среди девочек.

Неблагополучие здоровья школьников России детерминировано множеством факторов, в том числе влиянием неполноценного питания.

Цель работы – дать количественную оценку влияния алиментарного фактора на состояние здоровья учащихся с расчетом показателей риска для здоровья школьников, обусловленного дефектами питания.

Изучено питание и состояние здоровья учащихся 2 – 3- х, 6 – х и 10-х классов, обучающихся в образовательных учреждениях (ОУ) разного вида. Сформированы три модельные группы: 1-ая - инновационные ОУ, которые имеют пищеблоки («Гимназия – Ст»); 2-ая – общеобразовательные школы с пищеблоком («Школа – Ст»); 3-я - общеобразовательные школы, в которых работает буфет – раздаточная («Школа – Бф»). Состояние здоровья школьников оценивали по ряду показателей, характеризующих морфофункциональное состояние: физическое развитие (ФР), умственная работоспособность (УР), патологическая пораженности. Для количественной оценки состояния здоровья школьников использовали «Индекс нездоровья». Обеспеченность школьников витамином С определяли по экскреции аскорбиновой кислоты в часовой порции мочи (метод индофенольного титрования по Тильмансу). Оценка значимости влияния факторов школьного и домашнего питания на состояние здоровья школьников проводилась по показателям относительного риска (RR) и его этиологической доли (EF).

Исследования показали, учащиеся массовых школ реже завтракают дома «каждый день» (80,5% против 90,6%; p<0,01), и реже питаются в школе (55,5% учащихся 3-х классов против 75,0% гимназистов; p<0,001). Выявлены различия в продуктовом наборе, используемом в питании школьников: среди гимназистов более распространено регулярное употребление мяса и мясных продуктов, свежих фруктов (70,0% и 50,9% против 61,4% и 39,3% соответственно, p<0,05).

В ОУ разного вида с наличием столовой гимназисты более регулярно питаются в школе, чем учащиеся массовых школ (p<0,001). Среди учащихся 6-х и 10-х классов школьников, получающих горячее питание в школе больше в тех ОУ, где выше доля школьников, получающих дотации на питание (77,3% и 28,6% - в Школе - БФ, против 41,4% и 3,8% - в Школе – Ст).

Оценка физического развития школьников показала, что число детей с различными вариантами нарушений ФР было сопоставимо в гимназиях и массовых школах с наличием столовой. В модельной группе «Школа – Бф» выявлено больше второклассников с дефицитом массы тела (16,0% против 5,9% в модельной группе «Школа - Ст»). Риск нарушений ФР, обусловленный фактором «питание в школе» наиболее высок в группе учащихся 6-х классов (RR= 1,9; EF= 47,3%). Отсутствие горячего питания в школе обусловливало наиболее высокую степень риска нарушения ФР в виде дефицита массы тела в группе третьеклассников (RR=3,9; EF=74,4%); дефекты «домашнего питания» - более высокую степень риска нарушений ФР в группе старшеклассников (RR= 2,8; EF=64,3%).

Анализ заболеваемости учащихся модельных групп показал, что приоритетные ранговые места занимают болезни эндокринной системы, расстройства питания – группы болезней и нарушений, обусловленные в значительной степени алиментарным фактором. В ОУ со столовой среди старшеклассников массовых школ отмечалась большая распространенность болезней органов пищеварения в сравнении с их сверстниками гимназистами (12,5% против 4,2%; p<0,05). В массовых школах со столовой среди учащихся 6-х и 10-х классов, где доля школьников, получающих горячее питание меньше, чем в школах с буфетом, выше распространенность заболеваний органов пищеварения: 9,0% против 2,2% и 12,5% против 5,1% (p<0,05), однако «Индекс нездоровья» не имел существенных различий.

Влияние фактора «питание в школе» на показатель «Индекс нездоровья» более существенно в группе учащихся 10-х классов (RR = 1,6; EF= 37,5%).

Распространенность клинических признаков недостаточности основных витаминов среди учащихся не зависела от вида ОУ и формы организации общественного питания. Результаты биохимического исследования уринарной экскреции витамина С показали, что низкая обеспеченность витамином С чаще имела место среди учащихся школ с буфетом – раздаточной, чем среди учащихся ОУ со столовой (48,6% против 68,2%).

Риск формирования гиповитаминозных состояний в большей степени обусловлен отсутствием регулярного приема витаминов (RR =1,3 - 1,7; EF= 23,1 - 41,2%), чем дефектами школьного и домашнего питания (RR =0-1,2; EF= 0-16,7), в большей степени выражен в группе учащихся старших классов.

Подтверждены и уточнены различия в характеристиках умственной работоспособности (УР) школьников. В ОУ разного вида учащиеся 3-х классов массовых школ чаще демонстрировали признаки выраженного утомления (26,7% против 4,5% гимназистов; p<0,001); в группе десятиклассников, наоборот, более неблагоприятная динамика показателей УР имела место у гимназистов. В массовых школах с буфетом, среди учащихся 6-х и 10-х классов, выявлено в 1,7 – 2,1 раза больше школьников с признаками выраженного утомления, чем в школах со столовой. Этиологическая доля вклада фактора «питание в школе» в развитие утомления у старшеклассников наиболее значима в начале недели и относится к градации высокой степени (RR= 2,9; EF= 65,5%).

Таким образом, относительный риск нарушений здоровья школьников, обусловленный дефектами питания, дифференцирован в зависимости от возраста и показателя здоровья. Дефекты домашнего и школьного питания определяли наиболее высокую степень риска физического развития, высокого индекса нездоровья у старшеклассников, у третьеклассников - высокий риск нарушений физического развития и развития утомления. Отсутствие горячего питания в школе обусловливало наиболее высокую степень риска дефектов физического развития у учащихся 3-х классов.

Литература:

1. Кучма В.Р. О концепции «школьное здоровое питание» / В.Р. Кучма, В.В. Чернигов, Ж.Ю. Горелова. Москва. 21-22.02.2008г. (материалы конгресса). – М., Издатель НЦЗД РАМН, 2008. – С. 95.
2. Латышевская Н.И. Заболеваемость детей крупного города в зависимости от качества окружающей среды /Н.И. Латышевская, Л.А. Давыденко, Л.П. Сливина, Беляева А.В.// Вестник Волгоградского Медицинского Университета, 2013. - №2. – С. 53.

Мельников А.И.
аспирант кафедры нелекарственных методов лечения и клинической физиологии ИПО Первого МГМУ им. И.М.Сеченова
Афонина Е.С.
аспирант кафедры нелекарственных методов лечения и клинической физиологии ИПО Первого МГМУ им. И.М.Сеченова
Смекалкина Л.В.
д.м.н., профессор кафедры нелекарственных методов лечения и клинической физиологии ИПО Первого МГМУ им. И.М.Сеченова

ВОЗМОЖНОСТИ СОВРЕМЕННЫХ ПСИХОКОРРЕКЦИОННЫХ МЕТОДИК В РЕАБИЛИТАЦИИ ПАЦИЕНТОВ С РАССТРОЙСТВАМИ АДАПТАЦИИ

Введение. Формирование расстройств адаптации в последнее десятилетие приобретает максимальную распространенность, охватывая до 65% социально активной группы населения. Несмотря на то, что, данные расстройства относят к психо-неврологической патологии, в 30-40 % случаев обращения пациентов к терапевтам, имеют место сочетанные проявления дезадаптации [1, 5; 3,11]. Соматическое заболевание, наряду с такими хроническими стрессогенными факторами как межличностные конфликты и профессиональные неудачи, может стать тяжелым стрессором. Последствия болезни, возможная нетрудоспособность, угроза боли, тяжелой инвалидизации, опасения стать тяжелым бременем для членов семьи могут привести к развитию дезадаптивного расстройства, требующего вмешательства специалиста [2,30]. Астено- и тревожно-депрессивная симптоматика часто занимает ведущее место в клинической картине пациентов с хроническим вирусным гепатитом, определяет тяжесть состояния больного, что требует длительной фармакотерапии психотропными препаратами и зачастую сопряжено с возникновением «лекарственной зависимости», побочных эффектов, возможной резистентности к терапии. В связи с этим, поиск новых методов комплементарной терапии психической дезадаптации в последние годы в нашей стране и во всем мире является крайне актуальной задачей [2,35; 4,78]. Современная малогабаритная физиотерапия привлекает внимание все большего числа специалистов. Достижения отечественного медицинского приборостроения позволяют активно включать в схемы лечения новые физиотерапевтические психокоррекционные методики [5,32; 6,46].

Цель: изучение эффективности применения цветоимпульсной терапии в комплексном лечении пациентов, страдающих хроническим вирусным гепатитом С.

Материалы и методы. Были обследованы 50 пациентов с хроническим вирусным гепатитом С, 22 женщины, 28 мужчин. Средний возраст - 28,2 лет. У всех пациентов при первичном обследовании имели место сочетанные признаки психической дезадаптации в виде тревожно-депрессивных расстройств, синдрома вегетативной дисфункции, которые проявлялись эмоциональными расстройствами, раздражительностью, общей слабостью, нарушением сна, головокружением, тахикардией, эпигастральным дискомфортом, головной болью. Лечение психотропными средствами им ранее не проводилось. Испытуемые были разделены на 2 сопоставимые группы: по 25 человек в каждой. Критерием включения пациентов в исследование стало соответствие их состояния диагнозу по МКБ –10: реакция на тяжелый стресс и нарушения адаптации F 43. Пациентам 1-ой гр. назначали общепринятый для данного контингента больных курс фармакотерапии и реабилитационных мероприятий, включающий гепатопротекторы, витаминотерапию, сосудорегулирующие и общеукрепляющие препараты по показаниям, телесно-ориентированную психотерапию. Пациентам 2-ой гр. (основной) дополнительно проводили курс цветоимпульсной терапии (ЦИТ) аппаратом Меллон. При выборе программы учитывали синдромологическую картину дезадаптации, отсутствие противопоказаний. ЦИТ применяли данному контингенту впервые, после получения устного согласия пациентов. Сеансы ЦИТ проводили индивидуально. Через зрительный анализатор воздействовали на фотоэнергетические структуры головного мозга посредством сложной последовательности импульсов в диапазоне 450-635 нм. Одновременно произносили лечебные внушения, направленные на тренировку у больных навыков достижения состояния аутогенного погружения, глубокого расслабления мышц, ровного, спокойного дыхания. Время воздействия 10 мин. Курс - 15 ежедневных процедур.

Результаты. Критерием оценки эффективности реабилитационной программы с применением ЦИТ явилось достижение устойчивой положительной динамики основных клинических, нейрофизиологических, психологических показателей, отражающих состояние высшей нервной деятельности.

При повторном обследовании пациентов 2-ой гр. отмечалась редукция основных клинических проявлений, статистически достоверное снижение, более чем в 2,5 раза симптомов астенического круга, однако болевые синдромы и проявления вегетативной дисфункции оставались достаточно выраженными, что влияло на качество ночного сна и общее самочувствие больных. Отмечалось достоверное уменьшение по шкале Гамильтона уровня тревожности, причем положительный эффект наступал после 7-го дня лечения, и особенно на 14-й день по сравнению с пациентами контрольной группы, в которой улучшение наступало с 21-го дня и терапия не приводила к полному прекращению вегетативных кризов. В 1-й и 2-й группах после комплексной терапии уменьшались значения СТ и ЛТ по Спилбергеру (р <0,05): у 49,0% и 65,8% пациентов. У всех обследованных до начала реабилитации параметры теста САН были ниже нормы. Восстановление характеристик САН до нормальных значений отмечалось у 47,7% и 53,4% пациентов 1-й и 2-й гр., причем балл показателя «настроение» во 2-ой гр. увеличивался значительнее, чем в контрольной. Возможно, это связано с потенцированием антидепрессантного эффекта цветотерапии недирективным психотерапевтическим подходом. Отмечено восстановление частотно-пространственной структуры альфа-ритма у 20,4% осн. группы по сравнению с 11,2% контр. гр. (p<0,05). Оптимизация вегетативной регуляции у пациентов основной группы подтверждалась достоверным снижением индексов напряжения; улучшились показатели функции внешнего дыхания, хотя и не достигли контрольного уровня.

Заключение. Таким образом, применение ЦИТ в комплексе мероприятий по восстановлению здоровья пациентов с хроническим вирусным гепатитом С и сочетанными признаками психической дезадаптации позволяет увеличить эффективность лечения на 29,2%. ЦИТ обладает положительной соматотропной направленностью, позволяет снижать дозы применяемых препаратов и улучшать качество жизни пациентам. Результаты исследования позволяют считать целесообразным включение метода ЦИТ в систему реабилитации данного контингента.

Литература

1. Агаджанян Н.А., Баевский Р.М., Берсенева А.П. Функциональные резервы организма и теория адаптации. Вестник восстановительной медицины. 2004, № 3, с.4-11.
2. Косаговская И.И., Волчкова Е.В. Медико-социальные аспекты вирусных гепатитов с парентеральным путем передачи // Эпидемиология и инфекционные болезни -.2013 -№1 - С.28-39
3. Нечипоренко В.В., Королев С.А. Пограничные психические расстройства в современном обществе (обзор литературы). // Журн. Обозрение и психиатрии и медицинской психологии, им. В.М. Бехтерева. № 4, 2008. с.11.
4. Сочетание нелекарственных методов при лечении пациентов с неврастенией // Божко А.Н. [и др.]. Валеология, №2 Ростов на Дону. 2012. С.78-84.
5. Шевцов С.А., Смекалкина Л.В. Нелекарственное лечение депрессий непсихотического уровня // Вестник восстановительной медицины - 2010 - №4 - С.32-33
6. Kennedy H.S., Lam W.R., Parikh S.V., Patten S.B., Ravindran A.V. Canadian

Network for Mood and Anxiety Treatments. Clinical guidelines for the management of major depressive disorder in adults. Journal of Affective Disorders, Volume 117, Supplement 1, October 2009, P. S44-S53.

Кучинов А.И.
доцент, кандидат медицинских наук, Первый МГМУ им. И.М. Сеченова,
alex@somvi.ru

НЕОСОЗНАВАЕМАЯ АУДИАЛЬНАЯ ПСИХОКОРРЕКЦИИЯ ПАЦИЕНТОВ С СОМАТИЗИРОВАННЫМИ СИНДРОМАМИ

В настоящее время распространение психических расстройств в общемедицинской практике, по мнению разных авторов, оценивается от 30 до 70 % [1, 23; 2, 12]. Наибольшую проблему в этом плане составляют расстройства, протекающие в форме соматизированных синдромов. Пациентов с подобными нарушениями отличает торпидность к обычным методам лечения, склонность к хронификации процесса, изменчивость симптоматики, зависимость клинических проявлений от психоэмоционального состояния, а также осознанное и неосознанное сопротивление при попытках объяснить данные расстройства психологическими причинами.

В зависимости от удельного веса психического и соматического в картине болезни данных пациентов можно объединить в три группы. Первая группа – пациенты с условно «чисто» психогенными детерминантами псевдосоматических расстройств, у которых клиническими, инструментальными и лабораторными методами не удается выявить физической основы заболеваний. Хотя последнее абсолютно не исключает возможное наличие доклинических соматических нарушений, которые, однако, не могут объяснить тяжести демонстрируемых переживаний. Это расстройства, верифицируемые в основном как соматоформные.

Ко второй группе можно отнести пациентов, которые страдают реальными соматическими расстройствами, как правило, психогенно обусловленными (например, синдром раздраженной кишки, эссенциальная гипертония, некоторые формы нейропатической боли), формирование, развитие и протекание которых тесным образом связано с психогенными факторами и с психоэмоциональным состоянием пациента.

И, наконец, пациенты с «истинными» соматическими заболеваниями, которые в силу имеющихся у них так называемых «соматопсихических акцентуаций» также склонны к формированию вторичных соматизированных расстройств в форме ипохондрических нозогенных реакций, определяющих внутреннюю картину болезни [6, 18].

К основным типам психических расстройств, встречающимся в общемедицинской практике и сопровождающимся соматическими проявлениями, можно отнести:

Тревожно-фобические
Депрессивные
Ипохондрические
Соматоформные

Конверсионные

Если первые два отражают общепсихологическое состояние – психоэмоциональную базу или почву, на которой в процессе развития психопатологического состояния развивается вторичная симптоматика, то конверсионные, соматоформные и ипохондрические нарушения можно рассматривать уже как сложившуюся надстройку (семантическую концептуальную систему), формирующую психосоматический вектор заболевания. При этом необходимо подчеркнуть, что эти типы психических расстройств наблюдаются у различных пациентов не по принципу либо-либо, а представлены, как правило, все и одновременно, но в раздой степени выраженности, что в сочетании с разной выраженностью патологии собственно соматического компонента формирует многообразие патопластики психосоматических проявлений.

Поэтому, на наш взгляд, основной задачей в плане диагностики подобных пациентов, является не столько отделение условно «психогенных» пациентов от условно «соматических», что имеет место в настоящее время в сложившейся практике, когда не оправдавших надежды пациентов с точки зрения «достаточной» соматической симптоматики отправляют к психиатру, а оценка удельного веса соматического и психического в формировании и развитии заболевания, отчего зависит успешность лечения и проведения реабилитационных мероприятий.

В своей работе мы опирались на развивающиеся в настоящее время направления психологии телесности и психосемантики. Мы исходили из того, что все психические нарушения (включая психосоматические и соматоформные) в конечном итоге обусловлены психосемантическими нарушениями, что согласуется с концепцией протопатической чувствительности (концепция телесного восприятия) М.И. Аствацатурова (1939), концепцией знаково-символического опосредствования внутреннего восприятия (концепция нарушений семантики внутреннего восприятия при патологии) [3, 28], и концепцией специфичности психопатологической лексики (концепция формирования патоидиолекта) [5, 13].

Согласно нашей концепции психосемантической обусловленности телесных переживаний, под воздействием различных и множественных повреждающих факторов (в том числе психогенных) у человека формируется опыт патологических ощущений и переживаний, который представлен на различных уровнях человеческого организма: на физиологическом в форме донозологических и доклинических расстройств различных функций, на психологическом в форме эмоционального и когнитивного отражения соматического неблагополучия, на семантическом (знаково-символическом) в форме специфических смысловых единиц (психопатологической семантики). Психопатологическая семантика, в свою очередь, формирует патологический образ телесного состояния («телесного Я») и по механизму обратной связи навязывает направленность патологических внутренних переживаний (телесных ощущений) в соответствии со спецификой их семантического значения (их индивидуального смысла для пациента).

Исходя из вышеизложенного, цель настоящей работы заключалась в разработке алгоритма психологической коррекции для реабилитации пациентов с соматоформными и психосоматическими расстройствами в рамках различных нозологий.

Основываясь на принципах психосемантического подхода в психосоматических процессах мы применили для психотерапевтического вмешательства разработанный нами программно-аппаратный комплекс аудиальной психокоррекции с применением технологий неосознаваемого психосемантического воздействия [4, 60]. В основе программно-аппаратного комплекса лежат компьютерные технологии, позволяющие маскировать поступающую человеку семантическую информацию в фоновый звук таким образом, что она остается нераспознанной на уровне сознания.

Применяемый в неосознаваемой аудиальной психокоррекции семантический материал (суггестивные формулы) проходит предварительный анализ и оценку на степень субъективной значимости, в том числе с использованием программно-аппаратных диагностических комплексов, основанных на методе семантического дифференциала (см. ниже). На основе данного метода создавались АПК-программы (компакт-диски с записью сеансов аудиальной психокоррекции) продолжительностью звучания 30 мин.

Работа проводилась с 1998 г. на клинических базах Первого МГМУ им. И.М. Сеченова и на базе медицинского центра «Экстрапомощь» (г. Москва и филиал – г. Липецк). К настоящему времени курс психокоррекции прошли 396 пациентов с психосоматозами в рамках различных нозологий. Средний возраст пациентов: 43,5 лет (минимальный 18 лет, максимальный 64 года). Критериями включения в психокоррекционные группы было наличие психосоматических соматоформных расстройств. Исключались пациенты с выраженными психическими нарушениями (шизофрения с продуктивной симптоматикой, эпилепсия, грубые когнитивные нарушения).

Весь курс аудиальной психокоррекции был разбит на три этапа (каждый этап продолжительностью по 7 дней). Общая продолжительность курса 21 день. Цель первого этапа – общепсихологическое воздействие (релаксация, снижение уровня тревоги и эмоциональной напряженности и, как следствие, снижение гипертонуса скелетной мускулатуры, что, в свою очередь, приводит к снижению патологической проприоцептивной импульсации от миофасциальных структур). Цель второго этапа –

реконструкция образа «телесного Я» (мишень коррекционного воздействия – соматопсихика), формирование самопринятия, позитивного настроя к восприятию телесных проявлений. Третий этап – мотивирующее и активирующее воздействие – направлено на повышение эмоционального фона, жизненного тонуса и общей активности.

Сеансы аудиальной психокоррекции проводились в условиях стационара 2 раза в неделю (в группе, где одновременно проводился мониторинг динамики состояния) и дополнительно ежедневно (1 – 2 раза в день) самостоятельно в домашних условиях (для амбулаторных пациентов), либо в палате с использованием плеера (для стационарных пациентов) – АПК-программы с прилагаемыми инструкциями выдавались на руки каждому пациенту.

Оценка состояния пациентов основывалась на данных клинического обследования, психодиагностических бесед с пациентами и бесед с их родственниками, на результатах самоотчетов (в том числе дневниковые записи пациентов), на методах психометрического обследования - тесты ММИЛ, тест Spilberger, САН и на методе семантического дифференциала (Osgood), который позволяет наглядно отобразить отношение пациента к значимым объектам (понятиям, смыслам) и объективизировать неосознаваемые процессы. Помимо этого метод семантического дифференциала позволяет выделить ключевую семантику – мишени психотерапевтического воздействия и определить степень ее субъективной значимости для дальнейшего использования в АПК-программах.

Результаты:
1. В процессе проведения сеансов психокоррекции, у 88,3% пациентов отмечалось достоверное снижение уровня тревоги, у 76,4% пациентов нормализация настроения, практически все пациенты отмечали улучшение общего самочувствия (по результатам тест Spilberger, САН, данным самоотчетов).
2. По окончании курса психокоррекции у 76,4% пациентов отмечалась редукция психосоматической симптоматики (по данным клинического обследования и данным самоотчетов). При этом в процессе проведения сеансов психокоррекции практически все пациенты отмечали полную или значительную редукцию психосоматической симптоматики и это состояние сохранялось на протяжении 2 – 3-х часов после проведения сеансов.
3. Нормализация или выраженное улучшение продолжительности и качества сна отмечено у 63,4% пациентов,
4. Снижение медикаментозной нагрузки (количества и дозировки химиотерапевтических препаратов) как в процессе проведения курса, так и в плане назначения поддерживающей химиотерапии (72,4% пациентов).
5. Клиническая картина соответствует положительной динамике

изменения семантических структур (по результатам метод семантического дифференциала до и после курса психокоррекции): у пациентов в разной степени выявлены положительное смещение понятия «Я», ослабление ассоциативной связи «Я»-«Я-больной» с одновременным усилением ассоциативной связи «Я»-«Я-здоровый», дезактуализация негативных понятий «страх», «обида», снижение негативной значимости понятия «Боль», снижение ассоциативной связи понятий «Мое тело» и «Болезнь».

Заключение:

Соматоформные расстройства являются результатом нарушения внутреннего восприятия (с формированием патологического «интрацептивного эталона» и искаженного «соматического Я»), опосредствованного семантически, в связи с чем именно семантика внутреннего восприятия должна является как мишенью психотерапевтического вмешательства, так и диагностическим предиктором терапевтического эффекта.

Учитывая выраженный осознанный негативизм у пациентов с психосоматической симптоматикой при попытках объяснить данные расстройства психологическими причинами, и неосознанное сопротивление к обычным психотерапевтическим методам, использование неосознаваемого воздействия является оправданной и адекватной формой психотерапии.

Неосознаваемое аудиальное воздействие, по нашим данным, не только эффективно преодолевает негативные установки, но и положительно влияет на весь период реабилитации пациентов

Анализ результатов применения метода неосознаваемой аудиальной психокорркции пациентов с соматизированными расстройствами показал его высокую терапевтическую эффективность.

СПИСОК ЛИТЕРАТУРЫ:

1. Александровский Ю.А. Пограничные психические расстройства. – М., 2000. – 495 с.
2. Доклад ВОЗ о состоянии здравоохранения в мире. – 2001. – 21 с.
3. Елшанский С.П. Семантика внутреннего восприятия при зависимостях от психоактивных веществ. Дис. д-ра психол. Наук. М. 2005. 322 с.
4. Кучинов А.И. Алгоритм проведения неосознаваемой аудиальной психокоррекции в лечении пациентов с невротической симптоматикой. Журнал «Вестник новых медицинских технологий», Том XV, № 1, Тула, 2008 г., (с. 60 - 61)
5. Микиртумов Б.Е., Ильичев А.Б. Клиническая семантика психопатологии. – СПб. – 2007. – 216 с.
6. Романенко Л.В., Абрамова И.В., Артюхова М.Г., Пархоменко И.М. Диагностика и терапия психических расстройств у пациентов общемедицинской практики. Пособие для врачей. – М., 2006. – 32 с.

Медицинские науки

Олина А.А., Метелева Т.А., Сафаргалиева Е.Ю., Буничева Н.В.
ГБОУ ВПО ПМГА им.ак.Е.А.Вагнера Минздрава РФ, г.Пермь
olina29@mail.ru

ПРОФИЛАКТИКА АБОРТОВ, КАК ОСНОВА СОХРАНЕНИЯ РЕПРОДУКТИВНОГО ЗДОРОВЬЯ

Начало 90-х гг. XX века в Перми (крупом промышленном городе с численностью населения более 1 млн. человек), как и в России, ознаменовалось снижением рождаемости и ростом смертности, данное явление получило название «русский крест». Проведение политических и экономических реформ привело к изменению ситуации, и в 2011 году наметился прирост населения, который сохраняет в 2012-2013 гг. Однако анализ возрастной структуры женского населения не позволяет говорить о стабильном повышении рождаемости. Так, за 20 лет отмечено снижение численности девочек от 0 до 14 лет на 60 тыс., девушек 15 – 18 лет - на 12 тыс. Количество женщин репродуктивного возраста за последние годы увеличилось только на 25 тыс., причем в 2012 г. группа позднего репродуктивного возраста (45 – 49 лет) составила 54%. Это свидетельствует о неблагоприятной демографической ситуации ввиду низкого репродуктивного потенциала и старения группы женщин фертильного возраста. В этой связи, сохранение репродуктивного здоровья является в настоящее время приоритетным направлением как медицинском, так и в социальном плане.

Проблема абортов до сих пор является одной из ведущих в сфере репродукции. Ежедневно в мире около 150 тыс. беременностей заканчиваются искусственными абортами, что составляет около 53 млн. в год. Российская Федерация является одной из лидирующих стран мира по количеству прерываний беременности.

Среди причин, толкающих женщин на аборт, до сих пор остаются отсутствие или дефицит эффективных контрацептивных средств, неверие женщин в их полезность, и, главное, необразованность самих врачей-гинекологов в вопросах гормональной контрацепции («Гормоны — это вредно!»). Только 24% женщин России используют современные средства: внутриматочные контрацептивы — 13%, оральные — 11%. Остальные по-прежнему прибегают к аборту [1,6].

С целью выявления основных причин «толкающих» женщин на аборт нами проведено анкетирование 43 пациенток гинекологического отделения (в предабортный период), а также выполнен опрос врачей акушеров-гинекологов женских консультаций для анализа изучения уровня информированности о современных эффективных средствах контрацепции и активности назначения ими противозачаточных препаратов (24 анкеты).

Результаты исследования. Средний возраст пациенток составил 24,6 лет (максимальный – 44 года, минимальный – 16 лет). Большинство пациенток – 34 (79,1 %) – регулярно посещало врача женской консультации. Следует отметить, что только 7 пациенток были первобеременными, а первый аборт планировали провести 14 (32,6%) женщин. Среднее количество абортов на 1 женщину составило 1,7.

Среди факторов, которые могли бы изменить решение прервать беременность, 22 (51,2%) женщины отметили улучшение жилищного вопроса, улучшение семейных отношений – 11 (25,6%), социальную помощь – 9 (20,9%), и лишь 1 пациентка (2,3%) указала знание об осложнениях аборта.

При анализе социально-бытовых факторов выявлено, что большинство женщин социально адаптированы: 39 (90,7%) женщин имеют постоянное место жительства, 34 (79,1%) - имеют постоянное место работы.

Оценка применения методов контрацепции до наступления настоящей беременности показала, что 31 пациентка (72,1%) использовала низкоэффективные методы контрацепции: презерватив – 27 (87,1%), спермициды – 1 (3,6%), календарный метод – 1(3,2%), прерванный половой акт – 2 (6,5%). Высокоэффективные методы выбрали лишь 4 (9,3%) пациенток. Не пользовались средствами предохранения от нежелательной беременности 8 (18,6%) женщин.

Большинство из опрошенных – 28 (65,1%) – обсуждали вопросы послеабортной контрацепции с врачом на этапе подготовки к аборту. Планы женщин распределились следующим образом: 13 (30,2%) пациенток планируют использовать барьерные методы контрацепции (12 (92,3%), химические - 1 (7,7%), хирургическую стерилиацию - 1 (2,3%), 28 (65,1%) - гормональную контрацепцию (18 (64,2%) – внутриматочную систему «Мирена», 8 (28,5%) – КОК, 2 (7,1 %) – гормональное кольцо «Новаринг»).

По мнению врачей акушеров-гинекологов женских консультаций наиболее эффективным методом контрацепции в послеабортном периоде является гормональная контрацепция (100%) врачей: КОК – 18 (75%), ВМК «Мирена» - 6 (25%). Однако только 5 врачей (27,8%), из группы фертильного возраста, сами являются потребителями высокоэффективных средств (3 чел. (60%) - КОК, 2 чел. (40%) - ВМС «Мирена»).

Среди мер по снижению количества абортов в России, врачи предложили: информационную работу – 13 чел. (54,2%), консультирование по способам контрацепции – 4 чел. (16,7%), обеспечение бесплатными контрацептивами – 3 (12,5%), снижение цен на контрацептивы – 2 (8,3%), воздержание от половой жизни до брака – 1 (4,2%).

Выводы:

1. Сложная демографическая ситуация, наблюдаемая за последние 20 лет, реализовалась в снижении репродуктивного потенциала, что в свою очередь будет иметь отрицательное влияние на рождаемость.

2. Достаточно высокий уровень абортов напрямую связан с малым число потребителей высокоэффективных средств контрацепции.

3. Информированность населения об осложнениях, сопровождающих процедуру прерывания беременности, не является снованием для отказа от аборта.

4. Знание преимуществ современных высокоэффективных средств контрацепции не повышает число потребителей данных методов, а исторически сложившиеся мифы о гормональной и внутриматочной контрацепции культивируются и продолжают жить, не смотря на информационную работу, как со стороны медицинских работников, так и средств массовой информации.

5. Низкая эффективность консультативной работы врачей на уровне пред- и постабортного консультирования свидетельствует о недостаточных знаниях и умениях медицинских работников.

6. Профилактика прерываний беременности остается наиболее актуальным направлением в вопросе сохранения репродуктивного здоровья населения.

Список литературы:

1. StatusPraesens, 02/2011, 1[4], 5-7.

Тюрин Ю.А., Фассахов Р.С., Мустафин И.Г.

Тюрин Ю.А. - кандидат медицинских наук, ведущий научный сотрудник, зав. лабораторией иммунологии ФБУН Казанского НИИЭМ, Роспотребнадзора; преподаватель кафедры биологической химии ГБОУ ВПО «Казанский государственный медицинский университет» Министерства здравоохранения Российской Федерации

Фассахов Р.С. – доктор медицинских наук, профессор, зав. кафедрой аллергологии и клинической иммунологии ГБО ДПО «Казанская государственная медицинская академия» Министерства здравоохранения Российской Федерации.

Мустафин И.Г. – доктор медицинских наук, профессор, зав. кафедрой биологической химии ГБОУ ВПО «Казанский государственный медицинский университет» Министерства здравоохранения Российской Федерации.

E-mail: *immunolab@yandex.ru*

РОЛЬ МИКРОБНОГО ФАКТОРА ПРИ АТОПИЧЕСКОМ ДЕРМАТИТЕ

Введение.

Атопический дерматит (*АтД*) остается важной медико-социальной проблемой в силу его широкой распространённости, увеличения частоты перехода заболевания в тяжёлые и хронические формы, что приводит к резкому снижению качества жизни больного и всей его семьи, способствует формированию психосоматических нарушений [1,1328]. Наряду с множеством факторов, которые способствуют прогрессированию заболевания, микробный фактор является одним из существенных, который способствует уменьшению длительности ремиссии заболевания и приводит к развитию осложнений в виде гнойно-воспалительных поражений кожи [2,74]. Однако, несмотря на высокую частоту выделения с поражённой кожи стафилококковой микрофлоры (до 80-90%) [3,1034], оценка степени её влияния на тяжесть заболевания, наряду с другими факторами, в различных исследованиях не оценивается, что негативно сказывается на прогнозе течения заболевания и выборе адекватной местной и общей терапии этого заболевания у данной категории больных. В связи с этим, целью данного исследования было проведение многофакторного анализа с оценкой степени влияния микробного фактора и конституциональных факторов макроорганизма, таких как возраст и пол, на тяжесть атопического дерматита.

Материалы и методы. В одно центровое выборочное исследование было включено 123 пациента, в возрасте от 1 мес. до 45 лет. Отбор пациентов в исследование проводился по следующим критериям: 1) подтверждённый клинико-лабораторными данными диагноз АтД с исключением других хронических дерматозов; 2) микробиологическое исследование поражённой кожи; 3) оценка тяжести АтД по комплексной шкале SCORAD [4, 89].

Идентификацию микроорганизмов поражённой кожи осуществляли по морфологическим, биохимическим свойствам в соответствии с нормативными документами. Для контроля видовой идентификации стафилококков использовали коммерческую тест систему API®Staph. (bioMerieux, Франция) согласно инструкции производителя, с помощью которой подтверждалась и контролировалась видовая принадлежность таксон чистой культуры штаммов стафилококка.

Статистический анализ данных осуществлялся с использованием пакета статистических функций программы StatPlus2009: дисперсионный анализ (трёхфакторный дисперсионный анализ).

Результаты и выводы. С целью установления степени влияния микробного фактора (видового состава стафилококковой микрофлоры) и его значимость среди других факторов на показатель тяжести АтД (индекс SCORAD) применён метод трёхфакторного дисперсионного анализа. Исследована степень влияния трёх факторов: биологических факторов макроорганизма, таких как пол (А), возраст (В), и фактора связанного с микроорганизмом (С) - видовой состав микрофлоры поражённой кожи. Результирующий фактор (F), характеризовал тяжесть атопического дерматита, выраженную в шкале SCORAD. Использовано среднее значение индекса в выбранных когортах пациентов.

Факторы и их градации в исследовании:

фактор А: возраст

$A1$- младенческий возраст дети от рождения до 3 лет, включительно
$A2$- дети от 3,1 до 7,0 лет
$A3$ – дети от 8,0-13 лет
$A4$- подростки от 14-18 лет
$A5$ – взрослые 19-35 лет
$A6$ – взрослые 35 – 45 лет

фактор В: гендерный фактор, пол

$B1$ - мужской
$B2$ - женский

фактор С: микробный фактор

по данным микробиологического исследования поражённой кожи пациентов с АтД:

С1- (Staphylococcus aureus 10^4-10^5 КОЕ/см^2)
С2 – (Staphylococcus epidermidis 10^4 – 10^5 КОЕ/см^2
С3- (Staphylococcus aureus+ Staphylococcus epidermidis)
С4- (другие КОС)
С5 - (Staphylococcus epidermidis или Staphylococcus aureus+ грибы рода Candida albicans)

Распределение пациентов по полу составило: 62 человека лица мужского пола, 61 – пациент лица женского пола. Возрастные группы и индекс тяжести по шкале SCORAD представлены в таблице 1.

Табл. 1
Возрастные группы и показатели тяжести АтД

Фактор А	Возрастная группа	Индекс тяжести АтД SCORAD ($M \pm SE$)	Количество в группе, N
А1	0-3 лет	51,5±*18.6*	21
А2	3,1-7 лет	42,0±*17,7*	21
А3	8,0-13 лет	63,6±*21,0*	20
А4	14-18 лет	54,6±*22,5*	20
А5	19-35 лет	65,8±*19,5*	20
А6	35-45,0 лет	63,4±*23,2*	21
			Всего: 123

В следующей таблице представлены данные распределения индекса тяжести в группах, сформированных по полу (табл.2)

Табл.2
Степень тяжести в группах, сформированных по половому признаку

Фактор B	Степень тяжести АтД, SCORAD ($M \pm SE$)	Количество в группах, n
В1	60,4±*20,8*	62
В2	53,0±*22,2*	61

В табл. 3 представлены данные по распределению степени тяжести АтД у пациентов в группах, различных по составу микрофлоры поражённой кожи.

Табл.3
Состав микрофлоры поражённой кожи и тяжесть в группах

Фактор C	Степень тяжести АтД, SCORAD ($M \pm SE$)	Количество в группах, n
С1	68,5±*24,2*	24

Staphylococcus aureus $10^4 - 10^5$ КОЕ/см^2		
C2 Staphylococcus epidermidis $10^4 - 10^5$ КОЕ/см^2	53,4±*21,7*	26
C3 Staphylococcus aureus + Staphylococcus epidermidis $10^4 - 10^5$ КОЕ/см^2	53,7±*19,9*	25
C4 КОС, кроме S/epidermidis $10^3 - 10^5$ КОЕ/см^2	54,3±*19,3*	24
C5 Стафилококкои в ассоциации с грибами Candida albicans	53,9±*21,2*	24

В результате анализа данных установлено, что факторы А, В и С, а также взаимодействие факторов В×С оказывают значимое влияние на дисперсию фактора F, характеризующего тяжесть АтД по шкале SCORAD.

Оценка степени влияния факторов на тяжесть АтД представлены в табл.4.

Табл.4

Степень влияния факторов на тяжесть атопического дерматита по данным трёхфакторного дисперсионного анализа

Факторы	SS	K$_j$	p
Постоянные Возрастной фактор (A)	8796,8	15,0%	*0,0002*
Гендерный фактор (B)	1670,0	2,0%	*0,024*
Микробный фактор (C)	4168,3	7,0%	*0,015*
Взаимодействие факторов: (B×C)	6840,1	11,0%	*0,001*
(A×B)	2128,1	3,0%	0,25
(A×C)	6815,3	11,0%	0,37
(A× B× C)	7975,4	13,0%	0,22
Другие постоянные факторы внутри	19533,4	33,0%	

групп			
Ошибки		1653,4	2,0%	
Все факторы		57927,5	100,0%	

Установлено, что дисперсия результирующего признака F (тяжесть АтД по шкале SCORAD) на 35,0%, p<0,05, зависит от трёх постоянных факторов и их взаимодействия. Достоверное влияние на тяжесть АтД оказывают по убыванию степени влияния, следующие факторы: возрастной (15,0%, p=0,0002), микробный (7,0%, p=0,01), гендерный (2,0%, p=0,024). Взаимодействие возрастного и микробного факторов существенно увеличивает степень влияния, которая составляет 11,0%, p=001.

Были определены (рис.1,2,3) достоверные различия в степени тяжести АтД между некоторыми возрастными группами пациентов.

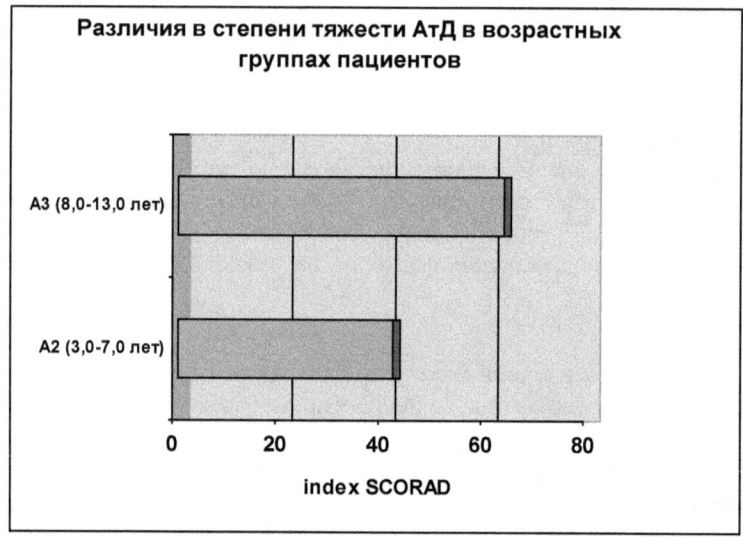

Рис. 1. Различия в степени тяжести по шкале SCORAD между возрастными группами детей 8-13 лет и 3-7 лет составляют 21,7 (95% CI 3,0-40,3) бал (p=0,012 по критерию Шеффе; p=0,002 по критерию Бонферрони; p=0,0001 по критерию Фишера).

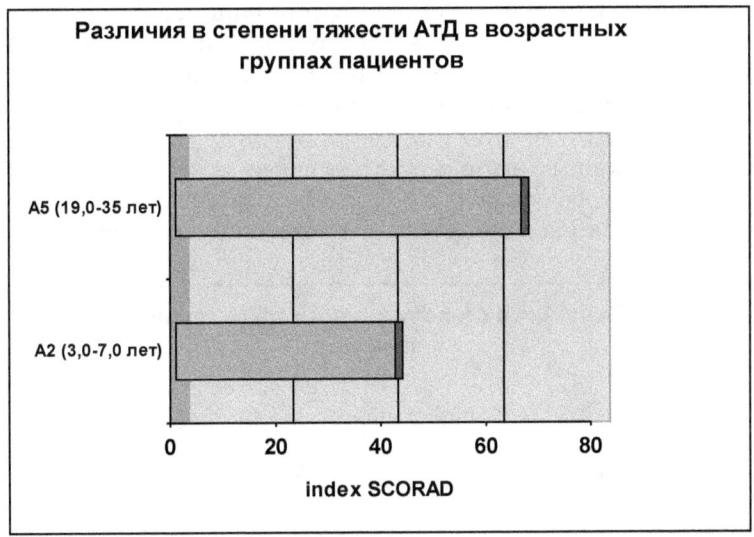

Рис.2. Различия в степени тяжести по шкале SCORAD между возрастными группами детей и взрослых 19-35 лет, составляют 23,9 (95%CI 5,2-42,5) бала (p=0,003 по критерию Шеффе; p=0,0005 по критерию Бонферрони; p=0,0001 по критерию Фишера).

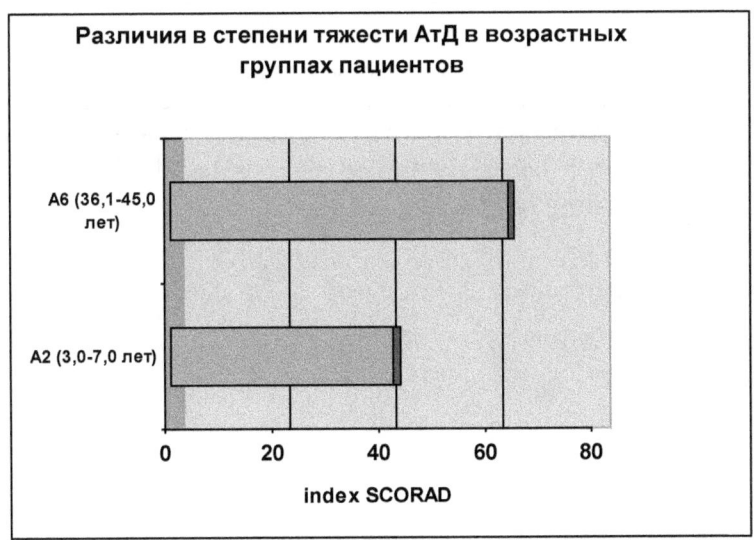

Рис.3. Различия в степени тяжести по шкале SCORAD между возрастными группами детей и взрослых (36,1-45 лет) составляет 21,5 (95% CI 3,1-39,9) бала (p=0,01 по критерию Шеффе; p=0,002 по критерию Бонферрони; p=0,0001 по критерию Фишера).

Определены также достоверные различия в тяжести АтД в группах с различной структурой микробного фактора поражённой кожи, при этом установлены достоверные различия в следующих группах (рис.4,5,6).

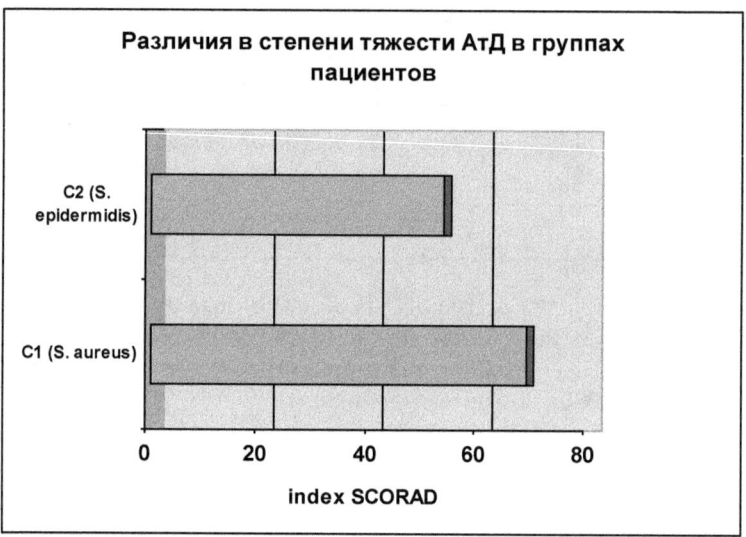

Рис. 4. Различия в степени тяжести АтД в группах пациентов, с различным микробным составом поражённой кожи составила 15,1 (95%CI 0,8-29,3) балов (p=0,03 по Бонферрони).

Рис. ДА5 Различия в степени тяжести АтД в группах пациентов, с различным микробным составом поражённой кожи составила 14,8 (95%CI 0,4-29,2) балов (р=0,04 по Бонферрони).

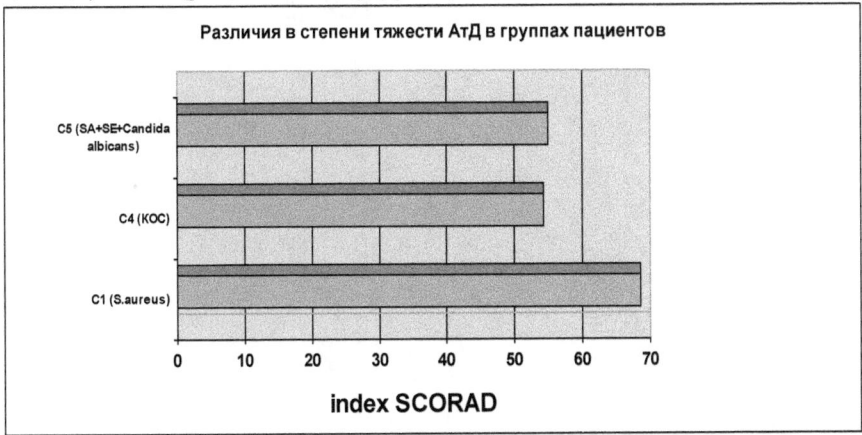

Рис. ДА5 Различия в степени тяжести АтД в группах пациентов, с различным микробным составом поражённой кожи составил: между С1 и С4 - 14,2 балов (р=0,006 по Фишеру) и между С1 и С5 – 14,5 баллов (р=0,005 по Фишеру).

Выводы.

На степень тяжести проявлений атопического дерматита оказывают достоверное влияние возраст и состав бактериальной микрофлоры поражённой кожи пациентов различных возрастных групп. По степени влияния на тяжесть АтД после возрастного фактора из анализированных постоянных факторов приходится на сочетание микробного и гендерного фактора. У пациентов с поражённой кожи, которых выделяли бактерии вида S. aureus в монокультуре, индекс тяжести по шкале SCORSD на 15 (95%CI: 0,8-29,3) балов, выше, чем у пациентов с монокультурой *S. epidermidis* других бактериальных ассоциаций.

Литература

1. Гомберг М.А., Соловьев А.М., Аковбян М.А. Атопический дерматит //Русский медицинский журнал. 1998, 6., С.1328-1335.
2. Юхтина Н.В. Современные представления об атопическом дерматите у детей//Вопросы современной педиатрии 2003; 2(1)., С. 74-76.
3. Breuer K., Kapp A., Werfel T. Bacterial infections and atopic dermatitis //Allergy. 2001., Vol.56., P.1034-1041.
4. Коростовцев Д.С., Макарова И.В., Ревякина В.А., Горланов И.А. Индекс SCORAD - объективный и стандартизованный метод оценки поражения кожи при атопическом дерматите//Аллергология. 2000., №3. С.89-102..

Медицинские науки

Фейсханова Л.И.
кандидат медицинских наук, ассистент кафедры госпитальной терапии Казанского государственного медицинского института

ljuts@rambler.ru

ДИАГНОСТИЧЕСКАЯ ЭФФЕКТИВНОСТЬ КОРОНАРОГРАФИИ В УСЛОВИЯХ КАРДИОЛОГИЧЕСКОГО ОТДЕЛЕНИЯ РЕСПУБЛИКАНСКОЙ КЛИНИЧЕСКОЙ БОЛЬНИЦЫ РЕСПУБЛИКИ ТАТАРСТАН

В последние годы успешное лечение ишемической болезни сердца трудно представить без такой диагностической процедуры, как коронароангиография. Это исследование проводится как в экстренном, так и плановом порядке. В кардиологическом отделении РКБ МЗ Республики Татарстан оно проводится последние 3 года, однако лишь в последний год стало возможным назначение коронарографии всем пациентам, которым она показана, не оглядываясь на технические возможности и оснащение стационара. Это были пациенты после успешной сердечно-легочной реанимации, когда имели место основания подозревать ИБС; с желудочковыми нарушениями ритма, возникающими при физической нагрузке; с ранней постинфарктной стенокардией; с атипичными болями за грудиной, когда ЭКГ или радиоизотопные исследования позволяли подозревать ИБС; со стенокардией при неадекватном эффекте трехкомпонентной медикаментозной терапии; с острым коронарным синдромом и тп [3].

Нами проанализированы результаты, выявленные в ходе коронарографии в условиях кардиологического отделения за 2013 год, и представлены в таблице 1.

Как видно по таблице 1, около трети поступивших пациентов были подвергнуты коронароангиографии (КАГ). Последние четыре столбца таблицы демонстрируют соотношение пациентов следующих групп:

1. с мультифокальным гемодинамически значимым поражением коронарных сосудов (МФП);
2. с проведенной ЧТКАС (чрескожная транслюминальная коронарная ангиопластика со стентированием);
3. с гемодинамически незначимыми стенозами (ГНС);
4. с интактными сосудами.

Все пациенты с выявленным мультифокальным поражением в дальнейшем были направлены на аортокоронарное или маммарокоронарное шунтирование.

Обнаружение гемодинамически незначимых стенозов позволило врачу и пациенту в известной степени выиграть время и провести вторичную профилактику инфаркта миокарда и других фатальных сосудистых катастроф.

Таблица 1. Результаты коронароангиографии за 11 месяцев 2013 года.

Месяц, 2013 год	Общее число пациентов	Пациенты с КАГ, %	Пациенты с различной степенью поражения коронарных сосудов, % от общего числа пациентов с КАГ			
			МФП	ЧТКАС	ГНС	Интактные сосуды
январь	67	26,9	11,1	11,1	33,3	44,5
февраль	119	17,6	19	9,5	28,6	42,9
март	108	17,6	21,1	21,1	31,6	26,2
апрель	133	39,8	15,1	34	30,2	20,7
май	118	36,4	27,9	41,9	27,9	2,3
июнь	146	46,6	23,5	38,2	20,6	17,7
июль	146	39,7	41,4	27,6	17,2	13,8
август	145	37,2	44,4	33,3	18,5	3,8
сентябрь	134	29,9	35	42,5	15	7,5
октябрь	136	27,9	15,8	44,7	5,3	34,2
ноябрь	135	35,6	29,2	54,2	4,2	12,4

Доля пациентов, которым была проведена коронарография и у которых сосуды оказались интактными, составила от 2,3 до 44,5% в течение года, в среднем составив 20,5%. Эта цифра соответствует научнолитературным данным, по которым доля пациентов с интактными сосудами среди лиц, имевших показания к коронарографии, составляет 15-20% [1;2].

Таким образом, проведение коронароангиографии в первые 11 месяцев 2013 года в условиях кардиологического отделения Республиканской клинической больницы Минздрава Республики Татарстан показало свою диагностическую и клиническую эффективность, позволяя в большинстве случаев направить пациента на хирургическое лечение ИБС либо провести профилактику фатальных сердечнососудистых осложнений. При этом доля пациентов, у которых коронарография не обнаружила признаков атеросклероза венечных артерий, не превышала общепринятой в научной литературе. Это косвенно свидетельствует и об экономической эффективности коронарографии.

Литература:

1. www.cardioweb.ru/effectiveness_diagnostic_coronary_angiography
2. www.critical.ru/CardioSchool/index.php
3. www.MedicInform.net/cardio/cardio_pop24.htm

Абатурова И.В.
д.г-м.н., доцент ФГБОУ ВПО УГГУ
Мартыненко М.С.
соискатель ученой степени ФГБОУ ВПО УГГУ
Стороженко Л.А.
к.г-м.н., доцент ФГБОУ ВПО УГГУ

АНАЛИЗ ИНЖЕНЕРНО-ГЕОЛОГИЧЕСКИХ УСЛОВИЙ ХРОМИТОВЫХ МЕСТОРОЖДЕНИЙ ПОЛЯРНОГО УРАЛА

Острая необходимость развития и освоения на современном уровне минерально-сырьевой базы РФ требует введения в строй новых месторождений, эффективность и безопасность разработки которых определяется в первую очередь, степенью изученности и оценки инженерно-геологических условий (ИГУ). Особенностью МПИ Полярного Урала являются различное геолого-тектоническое строение, состав, генезис, возраст пород, различная степень выветрелости, наличие многолетней мерзлоты. Проектирование шахт и карьеров при разной степени сложности ИГУ является задачей более ответственной, чем любых других сооружений, поэтому изучение ИГУ месторождений полезных ископаемых (МПИ) имеет свои особенности [1].

Рассматриваемый массив Рай-Из входит в крупнейший Полярно-Уральский пояс ультрабазитовых массивов (Сыум-Кеу, Рай-Из и Войкаро-Сынинский), протянувшийся вдоль Главного Уральского глубинного разлома (ГУГР). Массив расположен в сложном тектоническом районе на сочленении Центрально-Уральской и Восточно-Уральской мегазон. На севере Войкарской МПЗ Тагильской металогенической зоны, в пределах массива Рай-Из, сложенного породами дунит-гарцбургитовой ассоциации, расположены следующие хромитовые месторождения: Центральное, Западное и Енгайское.

По геолого-структурному строению, степени и характеру тектонической нарушенности месторождения значительно отличаются друг от друга. Месторождение Центральное характеризуется широким развитием крупных разломов, месторождение Западное располагается в тектоническом блоке, месторождение Енгайское делится Енгайским разрывом на два блока (Западный и Восточный).

В строении массива пород выделены следующие генетические типы трещин: первичные контракционные, тектонические, экзогенные, а также сложного генезиса. Развиты как открытые, так и закрытые трещины. По механизму образования открытые трещины сколовые и скольжения. Закрытые трещины залечены серпентинитом, образуют на отдельных участках сетчатую структуру прожилков. В массиве пород месторождений выделяется три основных типа заполнителя: тальк-серпентинитовый, серпентинитовый и глинистый.

Массив пород рассматриваемых месторождений представлен преимущественно скальными горными породами. Скальные породы сложены вмещающими породами и хромитовыми рудами.

Вмещающие породы представлены дунитами от темно-зеленого до черного цвета, массивной текстуры, крупно-гигантозернистой, иногда средне-мелкозернистой структуры, состоящими из высокомагнезиального оливина (60–80 %), серпентина (20–70 %), хромшпинелида (1–3 %) и редких (доли %) зерен моноклинного пироксена, а также нерасчлененными дунитами и гарцбургитами с содержанием дунитов до 10 %, 10–30 %, 30–70 % и свыше 70 %. Гарцбургиты в той или иной степени серпентинизированы, отальклованы, амфиболитизированы.

Хромитовые руды по содержанию Cr_2O_3 делятся на сплошные, густо-, средне- и убоговкрапленные. Преобладающим типом руд являются средне-, густовкрапленные с содержанием 35–45 % Cr_2O_3. В цементе преобладают оливин, дунит, кеммерерит.

Анализ изменения показателей физико-механических свойств дунит-гарцбургитового комплекса пород показал, что в пределах месторождения они имеют «стационарный» тип изменчивости.

Дуниты, гарцбургиты относятся к группе прочных пород, предел прочности ($R_c^в$) изменяется от 60 до 127 МПа. Породы неразмягчаемые. Значения ρ пород колеблются в пределах 2,77–3,21 г/см³ (табл. 1). На участках, где породы интенсивно серпентинизированы и отальклованы, значения ρ падают до 2,50–2,57 г/см³, уменьшаются и величины прочностных характеристик до R_c^c=46 МПа.

Установлено, что после ряда циклов замораживания породы происходит потеря прочности, которая составляет 9–13 %.

Хромитовые руды относятся к классу прочных пород, их отличительная особенность – высокие значения плотности (от 2,82 до 4,25 г/см³), величина которой определяется типом руд, и невысокие значения прочности (табл. 2). Такой набор свойств определяется присутствием в составе руд слабого по прочности цемента.

Таким образом, массив пород, слагающий месторождения Центральное, Западное, Енгайское, представлен преимущественно классом прочных пород с $R_c^в$=50–120 МПа, это дуниты, гарцбургиты, хромитовые руды, нормативные значения которых приведены в табл. 1. Среди группы прочных пород отмечаются участки пород малопрочных – это зоны интенсивной серпентинизации и отальклования, где значения $R_c^в$ составляют 2–3 МПа.

Инженерно-геологический анализ позволил установить следующие закономерности: более трещиноватым является массив пород месторождения Центральное, где на долю сильнотрещиноватых и раздробленных пород приходится 15 и 30 % соответственно; менее трещиноватыми являются породы месторождения Западное – здесь сильнотрещиноватые и раздробленные породы составляют 2 и 2 % соответственно; промежуточное положение занимает месторождение Енгайское.

Таблица 1
Физико-механические свойства дунитов и гарцбургитов

Показатели	n	Месторождение					
		Центральное		Западное		Енгайское	
		$\bar{x}$	σ	$\bar{x}$	σ	$\bar{x}$	σ
Плотность, г/см³	117	3,04	0,18	2,92	0,02	2,96	0,39
Коэффициент крепости, д.ед.	83	4	1	7	2	8	2
Пределы прочности при растяжении, МПа:							
- в сухом состоянии	115	11	3	8	6	7	0,5
- в водонасыщенном состоянии	68	10	3	6	0,5	6	0,2
Пределы прочности при сжатии, МПа:							
- в сухом состоянии	115	103	72	97	37	81	10
- в водонасыщенном состоянии	83	85	15	89	192	79	9
Коэффициент размягчаемости, д.ед.	68	0,82	0,03	0,90	0,01	0,99	0,05
Уд. сцепление, МПа:							
- в сухом состоянии	115	19	3	20	16	18	2
- в водонасыщенном состоянии	68	-	-	18	5	17	1
Угол внутреннего трения, град.:							
- в сухом состоянии	115	46	2	53	42	52	2
- в водонасыщенном состоянии	68	-	-	55	4	53	2
Скорость упругой волны, м/с:							
- в стержне	68	5499	501	5350	1024	4707	215
- поперечной	83	3564	455	3752	3072	2938	151
Модуль упругости, динамический, ГПа:	83	82	99	83	103	66	120
Коэффициент Пуассона, д.ед.	83	0,27	0,01	0,28	0,02	0,30	0,02

Таблица 2

Средние значения показателей физико-механических свойств хромитовых руд

Месторождение	Тип руды	ρ, г/см³	$R_c^в$, МПа	$R_p^в$, МПа	$f_{кр}$, д.ед.
Центральное	Сплошные	3,47	55	6	6
	Средне- и убоговкрапленные	2,82	80	7	4
Западное	Сплошные	4,05	86	7	6
	Средне- и убоговкрапленные	2,88	90	8	7
Енгайское	Сплошные	3,50	75	7	5
	Средне- и убоговкрапленные	2,90	86	7	6

Месторождения расположены в зоне развития сплошной мерзлоты. Нижняя граница толщ ММП, установленная по термометрическим данным, составляет для месторождений: Центральное – 473 м (абс. отм. 245 м), Западное – 450 м (абс. отм. 218,96 м), Енгайское – 120 м (абс. отм. 244 м).

Значения температур ниже подошвы слоя годовых теплооборотов (6–10 м) составляют в среднем от (–1,5) до 0,5 °С.

Таким образом, полученные материалы могут являться основанием для прогноза инженерно-геологических условий и оценки интегрального параметра устойчивости горного массива на стадиях разведки, строительства и эксплуатации горнодобывающих сооружений.

Список литературы

1. Абатурова И.В. Оценка и прогноз инженерно-геологических условий месторождений твердых полезных ископаемых горно-складчатых областей. – Екатеринбург: типография «Уральский центр академического обслуживания». / науч. редактор О.Н. Грязнов – 2011. – 320 с. (монография).

Левченкова Т.В.
кандидат педагогических наук, доцент РГУФКСМиТ
e-mail:profleva11@gmail.com
Новицкий В.С.
аспирант РГУФКСМиТ, e-mail:vep111@mail.ru

О ЗНАЧЕНИИ ДОПОЛНИТЕЛЬНОГО ПРОФЕССИОНАЛЬНОГО ОБРАЗОВАНИЯ ДЕТСКИХ ТРЕНЕРОВ

Вопросу о том, каким должен быть современный педагог, посвящено огромное количество книг, статей, очерков(А.К. Маркова, Н.В. Кузьмина, И.А. Зимняя и др.)[1, 263; 2, 77; 3, 113]. Все эти мнения разносторонни и каждые по-своему интересны. Но главное - педагог - не только профессия, суть которой передавать для подрастающего поколения знания и опыт, а высокая миссия формирования личности, соответствующей современным требованиям общества.[4,57]

Особую важность представляет профессиональная деятельность детских тренеров, которые работают в различных типах образовательных учреждений и решают задачи не только подготовки высококвалифицированного резерва, но и формирования гармонично развитой личности, человека с активной жизненной позицией, способным быть адаптированным и конкурентоспособным в современном динамично развивающемся мире.

Возможности педагога на сегодняшний день обеспечиваются его личностно-профессиональной позицией, способностями, опытом профессиональной деятельности.

Рассмотрим подробнее, в чем же нуждается детский тренер по баскетболу в процессе получения опыта профессиональной деятельности? У тренера в своей профессиональной деятельности в определенный момент появляется потребность в новых знаниях. Поэтому в настоящее время получение дополнительного профессионального образования необходимо каждому тренеру-преподавателю на различных этапах профессионального становления. Новая, актуальная информация - главный стратегический ресурс тренера. Тренеру нужно стремиться к созданию многоаспектного информационного обеспечения своей деятельности.[5, 454]

В пилотном исследовании мы предполагали определить: насколько тренеры, работающие с группами начальной подготовки баскетболистов нуждаются в новой информации и сколько по времени они готовы затратить на ее получение.

Мы провели анкетирование детских тренеров по баскетболу на одном из семинарских занятий в СДЮСШОР №49 ТРИНТА им. Ю. Я. Равинского. Целью анкетирования было выявления мнения тренеров-преподавателей о повышении уровня профессионального образования.

Всего приняли участие 30 детских тренеров по баскетболу. Анкета состояла из 12 вопросов. Обработав результаты анкетирования можно подвести некоторые итоги.

Мы выяснили, что 95% опрошенных являются тренерами групп начальной подготовки и 5% тренеры учебно-тренировочных групп. Т.е. основной контингент, с которыми работают опрошенные тренеры - это дети 8-10 лет. Также определено, что 95% педагогов имеют высшее образование и 5% - неоконченное высшее, т.е. студенты, которые еще продолжают обучение в ВУЗе. Среди опрошенных тренеров 60% получили физкультурное образование, 30% с педагогическим образованием и 10% техническое образование.

В ходе проведения опроса, мы выяснили стаж работы детских тренеров. Аудитория в этом вопросе разделилась и показала интересные варианты ответов. Первая часть 55% опрошенных имеют профессиональный стаж от 1 года до 8 лет и вторая часть 45% с большим стажем работы от 15 лет и свыше 20. Сразу видно, что отсутствует такая часть тренеров, которая с опытом работы от 8 до 15 лет. Также в анкете тренеры указывали свои тренерские категории. И оказалось, что 50% педагогов это молодые специалисты, им присвоена вторая тренерская категория. 15% тренеров 2 категории и 30% высшей категории, а также 5% заслуженный тренер России. В анкете мы поставили вопрос о уровне вашей личной квалификации в качестве игрока. Тренеры ответили, что большая часть 75% - КМС, т.е. те кто сами принимал непосредственное участие в жизни своей команды. Первый взрослый разряд имеют 10% опрошенных тренеров. Выделяются 10% - мастер спорта и 5% мастер спорта международного класса, это люди которые и в качестве игрока добились высоких результатов, что позволило получить данный уровень личной квалификации.

В нашей анкете к середине опроса уже хорошо просматривается, что аудитория разделяется на 2 части. Первая часть это молодые специалисты с небольшим стажем профессиональной деятельности, имеют 2 тренерскую категорию и в основном с личной квалификацией КМС и часть 1 разряда. Для этой категории тренеров еще "свежи" общетеоретические знания, полученные при обучении в ВУЗе. Наиболее интересными разделами повышения квалификации для них являются краткосрочные практические семинары. Они позволяют быстрее адаптировать имеющиеся теоретические знания к практической профессиональной деятельности. Вторая часть это тренеры со стажем работы свыше 15 лет, имеют в основном высшую тренерскую категорию и являются как КМС, так и МС, а также МСМК. Опрошенные этой группы указали на необходимость получения новой практической информации и обмене практическим опытом с коллегами. Для них это наиболее важный аспект повышения уровня профессионального педагогического мастерства. Нами выявлены профессиональные достижения опрошенных тренеров, и здесь заметна та же тенденция разделения на две части аудитории. Стоял вопрос, какое итоговое положение Ваша команда занимала на протяжении последних 3 лет? 45% опрошенных ответили, что итоговое положение их команды 1-2 место, а вторая часть 55% указали на вариант "другое", т.е. не имеют команды, потому что недавно работают в качестве тренера-преподавателя, либо не занимали место выше 10. Это обстоятельство необходимо учитывать при разработке программ повышения квалификации детских тренеров. Результаты показали, что с контингентом детей от 8 до 10 лет могут работать как начинающие специалисты, так и уже имеющий достаточно большой опыт профессиональной деятельности, но по разным причинам работающие с группами начальной подготовки.

Заключение.

Тренеры, принимающие участие в пилотном опросе ответили, что получать новые знания в процессе профессиональной деятельности необходимо, т.к. молодым специалистам новая информация нужна для того, чтобы привязать уже полученные в университете знания к профессиональной деятельности, а тренерам со стажем для разучивания новых методик ведения спортивной тренировки. Также в вопросе о степени необходимости прослушивания курсов для вашего личного и профессионального совершенствования, тренеры единогласно 100% указали, что дополнительное образование необходимо для повышения профессионального мастерства, а также для ознакомления с новыми методиками тренировочного процесса. Подводя итог нашего анкетирования, тренеры указали на то, что 50% из них на таких семинарских занятиях получают совсем новую для них информацию, снова предполагая, что это молодые специалисты и 50% тренеров отметили, что получают конкретно интересующую их информацию, склоняясь на опытных тренеров. Отметим, что 80% тренеров посещают курсы дополнительного профессионального образования 1 в 6 месяцев, но комментариях отмечают необходимость проведения краткосрочных практических семинаров (от 2 до 6 часов) примерно 1-2 раза в квартал.

СПИСОК ЛИТЕРАТУРЫ:

1. Зимняя И. А. Педагогическая психология: изд. второе, доп., испр. и перераб. / И. А. Зимняя. – М. : Логос, 2008. – 383 с.
2. Кузьмина Н. В. Профессионализм личности преподавателя и мастера производственного обучения. - М.: высш. шк., 1990. – 96 с.
3. Маркова А. К. Психология профессионализма. – М., 1996.
4. Портнов Ю. М. БАСКЕТБОЛ: учеб. для вузов физ. культуры / Ю. М. Портнов. – М. : Астра семь, 1997. – 479 с.
5. Сластенин В. А. Педагогика: учеб. пособие для студ. высш. пед. учеб. заведений / В. А. Сластенин, И. Ф. Исаев, Е. Н. Шиянов ; под ред. В. А. Сластенина. – М.: Академия, 2002. – 576 с.

Педагогические науки

Булгакова Е.Т.
кандидат педагогических наук, доцент,
Северо-Кавказский федеральный университет
e-mail: etb2007@yandex.ru

РАБОТА С ОДАРЕННЫМИ ДЕТЬМИ В УСЛОВИЯХ НАУЧНО-ОБРАЗОВАТЕЛЬНОГО КОМПЛЕКСА «ЛИЦЕЙ-УНИВЕРСИТЕТ»

Талантливые, одаренные люди являются мощным ресурсом общественного развития, способным раскрыть перед страной перспективы социально-экономического, культурного и духовно-нравственного преображения. Поэтому забота об одаренных детях сегодня – это забота о развитии науки, культуры и социальной жизни России в будущем.

Научно-образовательный комплекс «Лицей-университет» выступает одним из факторов закрепления молодежи в сфере науки и образования и нацелен на развитие исследовательской работы у учащихся, предоставления им возможности самых прямых контактов с преподавателями кафедр университета в рамках исследовательских лабораторий и пр. Здесь взаимодействие выражается как процесс и результат совместной работы разноуровневых субъектов образовательного процесса, благодаря чему удается согласовывать многообразные интересы и цели, организовать систему их деятельности в виде общей образовательной программы.

В рамках сложившейся специфики образовательной системы ФГАОУ ВПО «Северо-Кавказский федеральный университет» создан механизм эффективного и динамичного функционирования непрерывного образования на основе Лицея СКФУ для одаренных детей (далее – Лицей). Его деятельность направлена на создание оптимальных условий для целостного развития личности, на помощь лицеистам в профессиональном и личностном самоопределении, в построении и реализации жизненных планов. Лицей позволяет осуществлять поиск и опережающую подготовку будущих научных, научно-инженерных кадров, составляет основу формирования интеллектуальной элиты университета, выступает фактором сохранения и развития традиций научных школ и направлений университета.

«Лицей-университет» является традиционной моделью взаимодействия высшего профессионального и общего образования. Однако направленность данного взаимодействия на развитие одаренности у детей и придает этому процессу новое эмерджентное качество, выражающееся в способности модели обеспечить всем субъектам образовательного процесса систему возможностей для эффективного личностного саморазвития. Тесное взаимодействие Лицея как общеобразовательного учреждения с университетом, непосредственное

Педагогические науки

участие вузовских преподавателей, ученых и специалистов в учебно-воспитательном процессе ведет к повышению качества образования для каждого ребенка и предоставляет возможности формирования индивидуальной образовательной траектории для одаренных детей [1, с. 61].

Уникальность данного взаимодействия в СКФУ состоит в том, что оно создает условия для расширения «поля зрения» будущего специалиста, его адаптации в профессиональном и научном сообществе с первых шагов профессионализации. Это обеспечивается рядом особенностей педагогической системы, которые заключаются в следующем:

– правовой статус Лицея, являющегося структурным подразделением университета. Это позволяет мобилизовать финансовые и кадровые ресурсы вуза в организации образовательного процесса, создает условия для соединения обучения с исследованием;

– вариативность учебного плана Лицея, содержание образования обогащено элективными курсами, которые преподаются доцентами и профессорами вуза. Это позволяет знакомить учащихся с наиболее значимыми достижениями в разрабатываемой коллективом научной области, обеспечивает их предметную адаптацию в научном сообществе;

– включение лицеистов в исследовательскую деятельность. В русле реализации университетского компонента учебного плана учащиеся уже со второго полугодия 10 класса включаются в исследовательские программы научных коллективов университета, что создает уникальное субъект-субъектное взаимодействие с учеными вуза и обеспечивает социальную адаптацию в научной среде. Это является фактором, обеспечивающим развитие познавательной мотивации, раннюю интериоризацию профессиональных норм научного сообщества и основополагающих ценностей его интеллектуальной культуры;

– организация службы психологического сопровождения, цель которой состоит в обеспечении психологических условий реализации интеллектуального и личностного потенциала учащихся. В числе приоритетных задач Службы – выявление и развитие тех параметров личности, которые обеспечивают ее успешность в профессиональном и социальном планах [2].

В основе организации образовательного-развивающего процесса Лицея лежит система ведущих идей, задающих основные параметры его деятельности. Только реализация всей совокупности идей позволяет Лицею функционировать как образовательной системе высокого уровня целостности.

В настоящее время Лицей представляет собой интегрированный научно-инновационный образовательный комплекс «Лицей-университет», в рамках которого ведется отработка следующих направлений деятельности: проектирование и апробация технологий непрерывного индивидуально-творческого развития личности в разнообразных видах деятельности; апробация системы психологического сопровождения, выявления, отбора и поддержки одаренных лицеистов и студентов; разработка интерактивных технологий опережающей подготовки кадров к работе с одаренными лицеистами и студентами.

В контексте реализации личностно-ориентированного подхода к обучению в Лицее разработана и реализуется вариативная часть учебного плана, которая обеспечивает непрерывность образования и создает организационно-содержательные условия для интеграции научной и образовательной деятельности.

Эффективным средством такой интеграции является университетский компонент, который проектируется и реализуется на базе ведущих научных школ и направлений СКФУ: «Математика и математическое моделирование», «Физика», «Микроэлектроника и нанотехнологии», «Пищевые биотехнологии», «Информационные системы и технологии», «Экономика», «Психология», «Лингвистика и межкультурная коммуникация» и пр.

Задачи университетского компонента: создание условий для удовлетворения интересов лицеистов к научно-исследовательской деятельности; создание оптимальных условий для ранней профориентации лицеистов; обучение лицеистов навыкам самостоятельности в научно-исследовательской деятельности; создание условий для творческой деятельности лицеистов под руководством научно-преподавательского состава университета и специалистов в различных отраслях науки и техники; популяризация современных достижений науки и техники; подготовка научно-исследовательской базы для дальнейшей разработки научной темы во время обучения в университете [1, с. 63].

Структура и содержание университетского компонента:

1. Университетский компонент является дополнением к учебному плану лицея и оформляется отдельным учебным планом по дополнительному образованию детей (до 20 часов в неделю), который предполагает обязательные занятия по выбору, индивидуальную работу с учащимися.

2. Университетский компонент представляется направлениями, которые способствуют раскрытию основного профильного учебного плана и делятся на компоненты: научно-исследовательская деятельность, подготовка к олимпиадам, консультации и индивидуально-групповые занятия.

3. Каждый профильный класс в рамках университетского компонента изучает предмет «Технология личностного роста и успешности», который направлен на формирование самоопределения, психологической поддержки лицеистов, развитие личности, выявлению

особенности мыслительной деятельности личности, формированию ее личностных качеств.

Литература:

1. Булгакова Е.Т. Реализация университетского компонента в образовательном процессе Лицея для одаренных детей Северо-Кавказского федерального университета // Формування компетентностей обдарованоі особистості в системі освіти // Матеріали Міждународноі науково-практичноі конференціі. – Кіев: Інститут обдарованоі дитини, 2013. – 390 с. – С. 60-68
2. Игропуло И.Ф., Клушина Н.П. Лицей-университет – система научного образования // Высшее образование в России. – 2006. - №5.

Лисицына Т.Н.
кандидат педагогических наук, доцент
Мурманский государственный гуманитарный университет
lisistyna@rambler.ru

INTERNATIONAL PROJECT AS A TOOL OF DEVELOPMENT BORDERLAND COOPERATION IN HIGHER EDUCATION

Nowadays when information technologies change ways of thinking and erase boundaries in human minds as well as geographical borders, we are beginning to witness a totally new perception of the world and of all the processes in a contemporary society.

The modern world is a globalized community of people of different nations, races, religions. Up to the 1950s it was quite possible to live a happy life in one's own country without a thought for the outside world. In fact, there are quite a few people who insist that this is still possible [1]. In the XXI century people are involved in international professional projects, they participate in international conferences and make presentations, scientists make their researches and exchange their ideas. In everyday life people travel all over the world: they visit different countries and places for pleasure and for fun when they are on holidays, they meet each other, fall in love and lots of international families have been born recently (there are a great number of them in Murmansk, because we live in the borderland area, and in Norway and Finland as well too). Thus, people communicate in personal and professional spheres. We are experiencing the epoch of cultural diversity which is vital for reflecting the multicolor but integrated palette of the world. In the broadest sense cultural diversity form intercultural awareness and facilitate peaceful coexistence between nations.

Nowhere else in Europe has regional co-operation become so profound and intense as in the Barents Region. The Euro Arctic Barents Region established in 1993 has created opportunities for a new type of international collaboration and allowed to reconstruct traditional bonds of the neighboring countries. The development of the modern world brings new demands and perspectives in all spheres of our life and education (learning and teaching) is not an exception.

Educational, business, tourist contacts have already been put on a regular basis. On the one hand numerous projects highlighted a number of problems which hamper the effective collaboration within the Barents Region. One of these problems is that partners are unaware of cultural differences between them. It results in misunderstanding of other people's intentions, lack of tolerance towards other cultures, prejudices behavior and conflicts. Thus, long-term collaboration in the Barents Region demonstrates a growing need for specialists possessing the ability to realize their own cultural beliefs, values and practices, to understand those of others and to establish the positive relationship between the partners in the course of intercultural communication.

But international projects can also help us to overcome intercultural differences, because people learn effective communication and at the same time we form intercultural competence and multicultural literacy, which are the parts of our globalized world.

Now I focus on the Norwegian-Russian project which was held in the borderlands (Murmansk region, Russia, and Sør-Varanger Kommune, Norway) in 2010-2012. The name of this project was **"English in the Borderland Schools"**.

The **target groups** were:
- primary school pupils of Zapolyarny and Sør-Varanger;
- teachers who teach English in the same municipalities (10 English teachers from Zapolyarny, Russia, and 10 English teachers from Sør-Varanger Kommune, Norway);
- English teachers at Murmansk State Humanities University (Russia) and University College of Bodø (Norway).

The **main objectives** were:
- to provide teachers and pupils with better command of English, as an important linguistic tool for international cooperation;
- to develop foreign language didactics through training, practice and experience sharing.

The **curriculum** of the project was to contain the following elements besides the linguistics:
- foreign language didactics;
- theory of learning based on different traditions;
- communication across the borders;
- use of digital media and tools.

Thus, "English in the Borderland Schools" was a 30 credit English Program for Norwegian and Russian teachers of English. The course combined teaching resources from Bodø University College (Norway) and Murmansk State Humanities University (Russia). The teaching of this course was divided between the Russian and the Norwegian teacher educators, and both institutions were represented at the seminars. The course aimed at giving in-service teachers increased competence in teaching English as a school subject focusing on basic skills like speaking and writing. The project also included one-day exchanges of students and teachers to visit each others' schools. The study was aimed at practical teaching, main focus on foreign language didactics and communication. This project was financed by the International Barents Secretariat.

To conclude, I am sure, that an international project as an effective tool of intercultural cooperation helps us not only to build competences in a frame of the European Language Portfolio and Bologna Process but form intercultural literacy.

The teacher educators were: Dr. Jessica Allen Hanssen, Dr. Ken Runar Hanssen, Ms. Maja Henriette Jensvoll (Bodø University College, Norway) and Dr. Elena Kvasyuk, Dr. Tatyana Lisitsyna (Murmansk State Humanities University, Russia).

The developed materials of this project were presented on the following websites:
- www.borderschools.com
- www.hibo.no
- http://fronter.com/hibo
- www.hibo.no/fronter

References:

1). Jong W. Open Frontiers. Teaching English in an Intercultural Context. Heinemann.1996.
2). Lisitsyna, T. Cross-Cultural Awareness in the Epoch of Globalisation/ T.Lisitsyna //Living in the Barents Region: Learning modules on history, peoples and culture, economy and politics in the Norwegian-Russian Barents region. Editor: Bjorn Sagdal. Finnmark University College, Murmansk State humanities University.2013. P.117-137.
3). BEAC official web-site: http://www.beac.st/in_English/Barents_Euro-Arctic_Council/Introduction.iw3.
4). Theis, W. Language, Culture and Symbolic Forms/ W.Theis //Cultural Diversity in the Epoch of Globalization. Language, Culture, Society: Virtual International Scientific Conference. 1 February 2010 – 31 March 2010. P.113-117.

Sidorova Y.A. - student
Pastushenko T.A. - senior teacher
Buketov Karaganda State University

INTERDISCIPLINARY APPROACH TO TEACHING ENGLISH

In the modern world, a foreign language is increasingly seen as an integrated discipline that generates significant professional skills of students, as well as discloses their creativity and enhances a communication culture.

What concerns the problem of language in today's Kazakh society is most clearly seen in the "New Kazakhstan in the new world" of President Nursultan Nazarbayev of the Republic of Kazakhstan. It proposed a phased implementation of the cultural project "Trinity of languages", according to which, we need to develop three languages: Kazakh as the state language, Russian as a language of international communication and English as the language of successful integration into the global economy.

Creating a new school model is necessary for a person to have a sensible and real perception of the world as well as knowing the possibility of self-realization through foreign language.

The main task of an interdisciplinary approach, in the initial stage, is to find and to generate the methods and educational programs, which together would be able to realize the goals in the development of multilingual education.

The basis for constructing the interdisciplinary approach to teaching a foreign language in the school is an integrated approach that involves close interaction of related disciplines: such as foreign language and native language, foreign language and literature. It also involves the integration of the language with the cycle of the natural science disciplines.

The purpose of an interdisciplinary approach to teaching a foreign language is the formation of personality that has the ability to use scientific knowledge in the Liberal Arts. Such a personality would also manage the methods and theories of Arts and Sciences in the implementation of expert and analytical work, and is ready to cooperate in interdisciplinary projects and work in related fields.

Considering the complicated linguistic situation in the modern educational system of the Republic of Kazakhstan, this approach to teaching can be most effective for the development of multilingual education. Currently Kazakh secondary schools are only in the initial stage of implementation and development of methods and approaches to teaching a foreign language through several training disciplines. The only example in our country is the Nazarbayev Intellectual Schools, with their integrated educational program.

An interdisciplinary approach has many advantages, such as the possibility of developing a theoretical and a scientific base, and some additional tools to identify and to develop talented children. And also the participation of teachers in realization of this approach acts to raise their professional level, as this approach stipulates a non-traditional teaching of their subject.

Sources:

1. Dissertacija «Teoretiko-metodologicheskie osnovy polijazychnogo obrazovanija» B. A. Zhetpisbaeva, 2009.
2. Obshhaja pedagogika : Ucheb. posobie dlja stud. vyssh. ucheb. zavedenij: V 2ch. Ch. 1 / V. A. Slastjonin, I. F. Isaev, E. N. Shijanov. – M. : VLADOS, 2003.
3. Maksimova, V. N. Mezhpredmetnye svjazi v processe obuchenija / V. N. Maksimova. – M.: Prosveshhenie, 1988.

Педагогические науки

Лизунов П.В.

ПОДГОТОВКА СПЕЦИАЛИСТОВ В СОВРЕМЕННОЙ ПРОФЕССИОНАЛЬНОЙ ОРГАНИЗАЦИИ

После окончания профессиональной образовательной организации (ПОО), выпускники попадают в постоянно растущее и обновляющееся производство, в котором систематически обновляется оборудование, совершенствуются технологии и, конечно же, растет потребность в рабочих кадрах, специалистах новой формации. На сегодняшний день очень остро ощущается дефицит высококвалифицированных рабочих и техников на предприятиях и организациях. Ни для кого не секрет, что средний возраст рабочих и специалистов далёк от среднего возраста, при котором производство испытывает экономический рост и высокую отдачу. Так, возраст работников всех стратегических отраслей промышленности страны составляет 55-57 лет, из них доля работников старше 60 лет превышает 30%. Дефицит инженеров-технологов в отрасли около 17%, инженеров-конструкторов – 22%, рабочих различных специальностей – 40%. А многих из этих специалистов готовят техникумы и колледжи.

Сегодня век высоких технологий и динамичных перемен, и как никогда становится актуальна оптимизация образовательной сферы, которая в свою очередь является одним из основных критериев эффективности социальной системы. Все выпускники техникумов включаются в процесс профессиональной социализации, механизм которого включает в себя анализ, «прогнозирование профессионального способа деятельности и создание положительного имиджа» [2], что способствует повышению конкурентоспособности выпускника. Но, несмотря на меры, предпринимаемые в образовательной сфере, дисбаланс между требованиями работодателей и компетенциями выпускника профессиональных образовательных организаций продолжает увеличиваться.

Компетентностный подход является реакцией профессионального образования на изменившиеся социально-экономические условия. При этом в процессе профессиональной подготовки выпускника ПОО большое внимание уделяется профессиональной коммуникативной компетенции, являющейся ключевым фактором эффективного общения в профессиональных ситуациях. Опираясь на дефиницию Е.А.Гнатышиной [3] определим компетенции как «…интегральные внутриличностные свойства, включающие знания, умения, навыки, способы действий, совокупность которых обеспечивает успешность выполнения конкретных видов профессионального труда». Компетентность как и компетенция, является интегральной характеристикой личности. И то и другое – приобретённые качества.

Педагогические науки

Компетенция представляет сферу отношений, существующих между знанием и действием. Без знаний нет компетенции, но не всякое знание и не во всякой ситуации проявляет себя как компетенция. (4, с.7)

Профессиональные образовательные организации должны постоянно отслеживать изменения происходящие на рынке труда и производстве совместно с предприятиями и по мере необходимости корректировать свои действия при подготовке специалистов, отражая изменения в программах подготовки.

По мнению многих профессиональных образовательных организаций, а также их производственных партнёров необходимо со школьной скамьи закладывать у будущих выпускников школ любовь к профессии, чтобы школьники осознано выбирали направление подготовки, которое в будущем помогло бы им занять достойное место в обществе. При переходе на компетентностную парадигму обучения всё более актуальным становится проблема «формирования сообщества социальных партнеров» [3]: союза между образовательной организацией, предприятием, Центром занятости населения (ЦЗН) и администрацией города. Системообразующим элементом в данном союзе является образовательная организация, которая ежегодно проводит мониторинг рынка труда и на основе анализа осуществляет приём обучающихся. Кроме этого, в процессе сотрудничества возникают новые формы взаимодействия, такие как:

- производственная стажировка преподавателей и мастеров производственного обучения ПОО на предприятиях отрасли;

- согласование с работодателями учебных программ;

- привлечение специалистов с предприятий на преподавательскую деятельность по совместительству;

- выполнение выпускных квалификационных проектов, приближенных к реальным производственным условиям;

- привлечение представителей работодателя в комиссии для проведения итоговой государственной аттестации.

Данные формы взаимодействия оказывают положительное влияние на формирование профессиональной компетентности выпускника, которого ждёт работодатель на производстве.

На протяжении уже нескольких лет в Усть-Катавском профессиональном техникуме ведётся работа по обучению дополнительной профессии, которую обучающийся получает по своему желанию. Приобретение выпускниками дополнительной рабочей квалификации делает их более востребованными на рынке труда, о чём свидетельствуют последние данные ЦЗН, где число обратившихся в 2013 году составляет 9 человек из 154 выпускников. Имея дополнительные компетенции, выпускник более адаптирован к производству и более востребован работодателем, так как работодателю приходится меньше тратить времени и средств на переподготовку специалиста необходимого производству.

Данная модель подготовки выпускника есть сложная технология, состоящая многих взаимосвязанных элементов: содержания обучения, его методического обеспечения, оценки результатов и многих других составляющих. Возможность приобретения дополнительных компетенций стала реальной в связи с открытием на базе техникума Ресурсного центра (РЦ), где установлено оборудование, соответствующее высоким требованиям современного производства. Хорошая материально-техническая база РЦ не раз отмечалась и работодателями.

В качестве примера можно привести профессию НПО «Автомеханик», которую техникум готовит на протяжении многих лет. Данная профессия среди выпускников школ и их родителей пользуется огромной популярностью за свою практичность и востребованность в условиях современной экономики. На сегодняшний день производственными партнёрами по данной профессии являются такие крупные в масштабе города предприятия и организации как: ФГУП УКВЗ, АТП, ООО «Автосервис», МУП СМУ-1 и индивидуальные предприниматели. Производственная практика проходит на производственных участках, полигонах наших социальных партнеров, где выпускники закрепляют свои знания, полученные во время теоретического обучения и учебной практики. Естественно, что у каждого предприятия, организации есть свои профессиональные особенности, специфика производства. Техникум, благодаря оборудованию, имеющемуся в РЦ по данной профессии, создает условия, приближенные к производству, что в последующем качественно сказывается на прохождении производственной практики в организациях. Работодатели неоднократно обращали внимание на хорошую подготовку обучающихся в техникуме. В свою очередь, будущие выпускники по данной профессии после прохождения практики в мастерских техникума, более охотно и качественно овладевают всей спецификой производства каждого из предприятий. Все рабочие программы по данной профессии согласовываются с предприятиями. На итоговой аттестации по данной профессии всегда присутствует представитель предприятия, который в свою очередь, контролирует качество подготовки. Проводятся конкурсы профмастерства среди обучающихся и мастеров производственного обучения. Проведением конкурсов профмастерства мы популяризируем данную профессию и закрепляем получаемые компетенции, необходимые выпускникам на производстве.

Выпускники по данной профессии привлекательны для работодателя тем, что область их профессиональной деятельности довольно велика и специфична – это техническое обслуживание и ремонт транспорта, управление автомобильным транспортом, заправка транспортных средств горючими и смазочными материалами, и кроме основного вида деятельности выпускника, предусмотренного образовательным стандартом, наши обучающиеся получают еще любую дополнительную (по выбору) профессию: слесарь-ремонтник, электромонтер, сварщик, которые востребованы на производстве.

Набор компетенций у выпускника по данной профессии дает им возможность быть более востребованным на рынке труда. Но, тем не менее следует отметить, что, несмотря на все требования, предусмотренные образовательными стандартами, не всегда выпускник полностью удовлетворяет требования работодателя. Работодатель хочет сегодня видеть в выпускнике не только профессионала, а личность с набором таких качеств, которые позволяют спрогнозировать его поведение на предприятии. К таким качествам, на наш взгляд, относятся:

- способность к обучению. Это качество позволяет быстрее освоить процессы происходящие на предприятии и приемы выполнения работы, а также является базой для дальнейшего совершенствования и развития навыков будущего работника:
- умение слушать (а главное слышать), что является залогом качественного восприятия информации и влечет за собой действия, направленные на процветание производства;
- коммуникабельность и культура речи. Форма труда на предприятии коллективная, а результат труда представляет собой конечный результат усилий каждого из работников, поэтому руководитель обращает внимание на умение «вжиться» в новый коллектив.
- культура поведения – является обязательным требованием со стороны работодателя, обеспечивая трудовую дисциплину и соответственно результаты работы;
- умение работать с информацией, знание нормативно-правовых актов, регламентирующих профессиональную деятельность.

Недостаток профессиональных личностных качеств выпускника не конечная проблема. Работодатель при согласовании рабочих программ не раз обращал внимание, на недостаточное количество часов, отведённых на учебную и производственную практику, которые заложены в образовательных стандартах. Наши производственные партнёры твёрдо уверены, что увеличение часов на практику и создание центра трудоустройства позволит выпускникам ПОО быть более приспособленными к производству и привлекательными для работодателя.

И в заключение хотелось бы вспомнить слова М. Твена: «Труд-это тот станок, на котором ткутся самые тонкие человеческие отношения и формируются глубинные личностные качества: инициатива и находчивость, активная творческая позиция, упорство в достижении цели. Кто ясно не видит цели, очень удивляется, придя не туда».

Литература

1. В.В Ветров, директор ПЛ №4. Функциональная модель управления ресурсным центром профессионального образования, с. Сампур, Тамбовская область. Профессиональное образование №4 2004

2. Гаврилова О.Е. Формирование профессиональных компетенций студентов – будущих специалистов швейного производства в условиях образовательного кластера: дис … канд. пед. наук. Казань, 2011

3. Гнатышина, Е.А. Компетентностно ориентированное управление подготовкой педагогов профессионального обучения: монография / Е.А.Гнатышина – СПб. : Кн. Дом, 2008. – 410 с.

4. Зеер Э.Ф. Практика формирования компетенций: методологический аспект. Формирование компетенций в практике преподавания общих и специальных дисциплин в учреждениях среднего профессионального образования: сб. Всерос. науч. – практ. конф., 5 мая 2011 г. Екатеринбург; Березовский, 2011.

Радионова Н.Ф.
д. пед.н., профессор РГПУ им. А.И.Герцена

РАЗВИВАЮЩЕЕ И РАЗВИВАЮЩЕЕСЯ ВЗАИМОДЕЙСТВИЕ В ПЕДАГОГИЧЕСКОМ ПРОЦЕССЕ КАК ОБЪЕКТ НАУЧНЫХ ИССЛЕДОВАНИЙ

Различные аспекты проблемы взаимодействия педагогов и обучающихся, воспитателей и воспитанников, как показало наше исследование разрабатывались и разрабатываются в педагогической науке достаточно обстоятельно [2, 3, 4, 5, 7, 10], но вместе с тем фактически не изучено влияние на учащихся взаимодействия как некоей целостности, развивавшейся «во времени» и «в пространстве».

Именно эти аспекты находят свое отражение в концепции развивающего и развивающегося педагогического взаимодействия [7]. В этой концепции подчеркивается, что взаимодействие педагогов и обучающихся может быть рассмотрено как взаимосвязь их действий, которая предполагает, что действие одной стороны порождает действие другой, а те, в свою очередь, опять действия первой.

Взаимодействие педагогов и обучающихся может быть представлено и как взаимосвязь их деятельностей. Эта взаимосвязь может быть опосредована результатами различных деятельностей; продуктом деятельности одной стороны, когда он становится предметом деятельности для другой деятельности, к которому стороны обращаются, не вступая в непосредственное взаимодействие друг с другом. Во всех этих случаях имеет место «обмен» деятельностями между педагогами и обучающимися и значительно слабее представлен непосредственный «обмен» между ними самими по поводу этих деятельностей. Возможен и другой тип взаимосвязи деятельностей, при котором педагоги направляют свои усилия на непосредственную организацию взаимодействия обучающихся с предметом деятельности. Сами же они включаются во взаимодействие с этим предметом опосредованно - через деятельность воспитанников.

Если педагоги и обучающиеся вступают в непосредственное взаимодействие как с предметом деятельности, так и друг с другом по поводу этой деятельности (обсуждают цели, программу действий, разделение функций, координируют средства реализации целей, анализируют результаты), то имеет место взаимосвязь типа «совместная деятельность». В свою очередь, совместная деятельность может быть осуществлена как по принципу «разделения труда»; так и по принципу «сотрудничества», т.е. одновременного воздействия сторон на предмет деятельности.

Каждый из рассмотренных типов взаимосвязей деятельностей объективно обладает немалыми возможностями влияния и на обучающихся, и на педагогов. Опосредованно взаимосвязанные деятельности как бы расширяют пространство деятельности каждой стороны и этим самым создают дополнительные условия не только для проявления, но и для развития личности. Непосредственно взаимосвязанная деятельность существенно стимулирует общение педагогов и обучающихся в связи с ее реализацией, а совместная деятельность требует не только делового, но и межличностного общения, что также создает дополнительные возможности. Правомерно говорить и о взаимодействии педагогов и обучающихся как взаимосвязи их позиций: функционально-ролевых и личностных. Взаимосвязь функционально-ролевых позиций - «обучающий - обучающиеся», «педагоги - воспитанники» предполагает, что одна из сторон взаимодействия - ведущая, а другая - ведомая. Как развивающиеся личности, субъекты собственной жизнедеятельности, сотрудники совместной деятельности педагоги и обучающиеся находятся в других отношениях, которые подчеркивают определенное их «равенство», «партнерство». Во взаимодействии педагогов с обучающимися может быть выделен и еще один тип взаимосвязи, когда в роли «ведущего», «главного» оказываются обучающиеся, а педагоги временно занимают роль «ведомых». Указанные типы взаимодействия реализуются в разнообразных формах, которые различаются по количественному составу субъектов (один педагог, группа педагогов, весь коллектив педагогов и аналогично относительно обучающихся), по вариантам связей между ними (педагог - воспитанник, педагог - группа воспитанников, педагог - коллектив воспитанников, группа педагогов - группа воспитанников и т.п), по степени их взаимосвязанности (от «молчаливого присутствия» до «влияния и взаимовлияния» и до «действенной взаимной зависимости»).

Взаимодействие педагогов и обучающихся есть не только особый тип их взаимосвязи, но и специфический процесс «обмена» между ними, который характеризуется определенным содержанием и формами его реализации. По содержанию «обмен» может быть практическим, духовно-информационным практически-духовным.

Основными способами «обмена» педагогов и обучающихся выступают их деятельность и общение, которые находятся в сложных отношениях друг с другом. Общение как необходимая сторона, атрибут их деятельности опосредуется ее целями, содержанием, условиями осуществления. В результате такого общения формируется полное или неполное понимание и педагогами, и учащимися самой деятельности и друг друга; устанавливаются определенные отношения к этой деятельности, между самими взаимодействующими; осуществляется их влияние друг на друга, происходят их взаимные изменения; складывается определенный тип взаимных действий. Одновременно с этим в рамках конкретной деятельности и вне ее может возникнуть общение, мотивированное потребностью педагогов и обучающихся друг в друге. Это общение как потребность в другом человеке, в отличие от функционально-ролевого, реализуется как межличностное, в процессе которого происходит «обмен» их личностными фондами, устанавливается (или не устанавливается) между ними взаимопонимание, формируются определенные взаимоотношения.

Таким образом, в рамках рассматриваемой концепции взаимодействие субъектов педагогического процесса исследуется как некая развивающаяся целостность, которая за счет своей открытости и гибкости позволяет решать различные педагогические проблемы.

Литература

1. Взаимодействие субъектов образовательного процесса: результаты диссертационных исследований. – СПб.: Изд-во «Лема», 2011. – 294 с.
2. *Иванов И.П.* Два подхода к воспитанию и проблема воспитательных отношений // Актуальные проблемы коммунистического воспитания школьников / Под ред. Т.Н.Мальковской. – М.: АПН СССР, 1980. С. 18-31.
3. *Кондратьева С.В.* Учитель – ученик. М.: Педагогика, 1984. – 80 с.
4. *Лийметс Х.Й.* Взаимодействие как категория педагогики // Взаимодействие коллектива и личности в коммунистическом воспитании. – Таллин, 1979. – с.16-21
5. *Мальковская Т.Н.* Учитель-ученик. – М.: Знание, 1977. – 64 с.
6. Особенности взаимодействия преподавателей и студентов в многоуровневом высшем педагогическом образовании: Коллективная монография. – СПб.: Изд-во «СОЮЗ», 2001. – 198 с.
7. *Радионова Н.Ф.* Педагогические основы взаимодействия педагогов и старших школьников в учебно-воспитательном процессе: Дис. ... докт.пед.наук. – Л., 1991. – 470 с.
8. *Ривкина С.В.* Развивающееся взаимодействие преподавателей и студентов как условие подготовки будущих педагогов к решению общепрофессиональных задач // Педагогическое образование в переходный период: результаты исследований 2009 года: Сборник статей по материалам внутривузовской конференции 3 марта 2010 года. - СПб.: Изд-во РГПУ им. А.И.Герцена, 2010. - 0,4 п.л
9. Федеральная целевая программа развития образования на 2011-2015 гг. URL: http://www.fcpro.ru/
10. *Шацкий С.Т.* Школа для детей или дети для школы. – Пед. соч. в 4-х т. – М.: Педагогика, 1964. Т.2. С. 80-133.

Ривкина С.В.
кандидат педагогических наук, РГПУ им.А.И.Герцена

ПОДГОТОВКА СТУДЕНТОВ К РЕШЕНИЮ ОБЩЕПРОФЕССИОНАЛЬНЫХ ЗАДАЧ ПЕДАГОГИЧЕСКОЙ ДЕЯТЕЛЬНОСТИ: ХАРАКТЕРИСТИКА ЭТАПОВ

На современном этапе перед школой поставлены новые задачи, сформулированные в национальной образовательной инициативе «Наша новая школа» [1], которые связаны с поддержкой талантливых школьников, с сопровождением детей, различающихся по своим способностям, с сохранением здоровья детей, с переходом на новые стандарты, с обновлением кадрового потенциала.

Новые задачи школы требуют соответствующей готовности всех педагогов к их решению, а значит и существенного обновления подготовки будущих педагогов, независимо от их профиля.

Особое место среди профессиональных задач педагогической деятельности занимают общепрофессиональные задачи, поскольку являются обязательными для всех видов педагогической деятельности на различных ступенях образования и в различных предметных областях.

Анализ исследований, обращенных к рассмотрению сущности понятий «задача», «учебная задача», «профессиональная задача» [3;4;5;6;7 и др.] позволил рассматривать общепрофессональную задачу, как любую другую задачу, как систему, в которой выделяются предмет задачи, находящийся в исходном состоянии, и модель требуемого состояния предмета задачи. Решить общепрофессиональную задачу – это значит осуществить переход из исходного состояния в требуемое.

Общепрофессиональные задачи, как и любые другие задачи, носят объективно-субъективный характер. Объективность этих задач определяется особенностями самой профессиональной педагогической деятельности и требованиями времени к ней, которые отражаются в квалификационных требованиях к этой деятельности. Субъективный характер этих задач проявляется в том, что они решаются педагогами, которые понимают их и относятся к ним по-разному.

Общепрофессиональные задачи педагогической деятельности дифференцируются по разным основаниям: по своей направленности (на субъектов педагогического процесса, на их взаимодействие, на педагогический процесс и образовательную среду, в которой этот процесс разворачивается), по содержанию (педагогическая диагностика, педагогическое проектирование, педагогическое сопровождение, организация деятельности, общения и отношений), по способам и формам решения.

Подготовка студентов, будущих педагогов, к решению общепрофессиональных задач педагогической деятельности осуществляется через учебные задачи, которые решаются в процессе теоретического обучения, педагогической практики, самостоятельной и исследовательской работы студентов. Серьезный вклад в подготовку студентов к решению этих задач может вносить учебная дисциплина «Педагогика».

В ходе исследования, посвященного подготовке студентов к решению общепрофессиональных задач педагогической деятельности была зафиксирована определенная этапность в овладении студентами этими задачами. При этом на каждом этапе подготовки в центре внимания оказывается достижение определенных целей, вносящих свой вклад в общую подготовку к решению задач.

Так на первом этапе в центре внимания - стимулирование положительного отношения студентов к профессиональной педагогической деятельности с учетом результатов педагогической диагностики их готовности к решению задач этой деятельности. Можно выделить, по крайней мере, два пути достижения этой цели: во-первых, - через расширение представлений студентов о современной педагогической деятельности, ее миссии, ее задачах, о современных педагогах и педагогах прошлого. Во-вторых, - через включение студентов в решение учебных задач и учебных заданий. На этом этапе студенты учатся: выбирать индивидуальные задачи из предложенного списка, уточнять их содержание, подбирать необходимую информацию для их решения, оформлять решение, представлять в письменном виде преподавателю и при необходимости уточнять решение.

Второй этап связан с развитием научно-педагогических знаний студентов как основы для решения современных общепрофессиональных задач педагогической деятельности. Осуществляться это может, во-первых, - через изучение различных педагогических теорий и концепций. Во-вторых, - через включение студентов в решение письменных учебных задач, связанных с использованием приобретенных теоретических знаний. В-третьих, - через включение в решение разнообразных по содержанию, способам и формам представления учебных задач. Студентов на этом этапе необходимо включить в выбор учебных задач (индивидуальных или групповых), анализ и конкретизацию условий задачи, подбор необходимой научной литературы, ее анализ, использование полученных знаний для обоснования решения задачи, оформление и обсуждение предлагаемых решений.

На третьем этапе основным становится развитие умений студентов решать общепрофессиональные задачи педагогической деятельности в имитационных условиях. Этому могут способствовать: имеющиеся у студентов научно-педагогические знания и их дальнейшая систематизация в ходе теоретического обучения; опора на положительное отношение студентов к профессиональной педагогической деятельности; опыт решения студентами учебных задач, связанных с содержанием педагогической деятельности. Включение студентов в решение задач на этом этапе может осуществляться различными путями: через решение задач, предлагаемых преподавателем в унифицированном виде; через формулирование и решение задач в ходе педагогического проектирования фрагментов педагогического процесса, в результате чего происходит накапливание педагогической продукции; через решение задач в созданных имитационных условиях.

Студентам могут быть предложены задачи, связанные с выявлением с помощью методов педагогических исследований достижений и проблем конкретных детей и проектированием на основе этого их индивидуальных образовательных маршрутов; проектированием и реализацией фрагментов педагогического процесса на основе знаний о педагогическом процессе, педагогическом проектировании, педагогической диагностике и др.; проектированием и реализацией различных форм взаимодействия с подростками, старшими школьниками, родителями, общественностью.

Таким образом, этапность в подготовке студентов к решению общепрофессиональных задач педагогической деятельности может быть раскрыта следующим образом: от стимулирования отношения студентов к современной профессиональной педагогической деятельности к обогащению научно-педагогическими знаниями, а от них – к развитию умений решать общепрофессиональные задачи в имитационных условиях.

Библиографический список:

1. Национальная образовательная инициатива "Наша новая школа". URL: http://минобрнауки.рф/документы/1450
2. Балл Г.А. Теория учебных задач: психолого-педагогический аспект. М., 1990.
3. Зимняя И.А. Педагогическая психология. Ростов-на-Дону: Феникс,1997.
4. Новиков А.М. Учебная задача как дидактическая категория. Журнал «Мир образования – образование в мире», 2006, №1.
5. Компетентностный подход в педагогическом образовании: Коллективная монография /Под ред. В.А.Козырева, Н.Ф.Радионовой, А.П.Тряпицыной. СПб.: Изд-во РГПУ им. А.И.Герцена, 2005.
6. Исследование процесса становления профессиональной компетентности будущих педагогов: Коллективная монография /Под ред. Г.А.Бордовского, Н.Ф.Радионовой, А.В.Тряпицына. – СПб.: Изд-во «Лема», 2011.

Барановская Л.А.
д.п.н., доцент
Игнатова В.В.
д.п.н., профессор
ФГБОУ ВПО «Сибирский государственный технологический университет» (г. Красноярск)

СИНЕРГЕТИЧЕСКИЕ ОСНОВАНИЯ ФОРМИРОВАНИЯ СОЦИАЛЬНОЙ ОТВЕТСТВЕННОСТИ

В данной статье представлены ключевые идеи синергетики, положенные в основу интегративной концепции формирования социальной ответственности студента в социокультурном образовательном пространстве.

В современном глобализированном обществе социальная ответственность становится тем качеством личности, которое в своем интегрированном проявлении определяет, по мнению Е.А. Ямбурга, главную «образовательную и воспитательную задачу на ближайшую и отдаленную перспективу – координированный рост свободы и ответственности личности. Только свободный, творческий человек способен остановить подступающий хаос, не искушаясь простыми окончательными решениями, чреватыми срывами в тоталитаризм» [1].

Формирование социальной ответственности – сложный, многоуровневый процесс, требующий рассмотрения с разных позиций. В этой связи теоретико-методологическое обоснование исследуемой проблемы, ее ценностное осмысление и теоретическое исследование феномена социального выбора являются той исходной точкой построения педагогической концепции, в которой раскрываются перспективные пути осуществления данного процесса за счет поиска значимых педагогических стратегий.

Необходимо отметить, что изучение синергетических оснований формирования социальной ответственности не входило в задачи нашего исследования, но в связи с научным осмыслением интеграции выделенных принципов, познания закономерностей исследуемого процесса мы логически обратились к данному научному направлению.

Идеи синергетики как науки об общих принципах и закономерностях, управляющих процессами сотрудничества, кооперации в любых системах, по мнению Т.С. Назаровой и В.С. Шаповаленко, еще слабо адаптированы к сфере образования, что связано с их недостаточным методологическим осмыслением в педагогической науке. Главным условием приобщения к идеям синергетики и принципиальной возможности использовать синергетические принципы в широкой педагогической практике, считают авторы, является преодоление «линейного мышления» [2]. Вместе с тем, в современных педагогических публикациях, как отмечают Е.В. Бондаревская и В.С. Кульневич, можно встретить «синергетические» приемы и способы познания и преобразования педагогической действительности [3].

Согласно синергетическому видению мира, большинство существующих в природе систем – системы открытого типа. Между ними постоянно происходит обмен энергией, веществом, информацией. Поэтому для сложноорганизованных систем открытого типа характерна постоянная изменчивость – стохастичность. С понятием стохастичности тесно связаны явления бифуркации и флуктуации, то есть случайных отклонений и раздвоений (точек возникновения новых структур). С позиций синергетики все системы содержат подсистемы, которые постоянно изменяются, флуктуируют. Иногда флуктуация может быть настолько сильной, что существующая прежде организация не выдерживает и разрушается. В этот переломный момент, обозначаемый как точка бифуркации, принципиально невозможно предсказать, в каком направлении будет происходить дальнейшее развитие: в сторону еще большего хаоса и система прекратит свое существование или она перейдет на новый, более высокий уровень организации, который называют диссипативной структурой. Если данные идеи синергетики соотнести с исследуемым нами процессом, то становится ясно, что формирование социальной ответственности относится именно к такой системе: результативность процесса определяется влиянием многих факторов. В этой связи необходимо в большей степени ориентироваться на факторы стратегического характера.

Исходя из вышесказанного, очевидно, что обоснованные нами педагогические принципы формирования социальной ответственности (культурообусловленности, антропологизма, аксиологической ориентированности, согласованности традиций и новаций, компетентностной деятельностной определенности) связаны с синергетическим эффектом (возрастание результативности деятельности за счет интеграции, слияния отдельных частей в единую систему), который обеспечивает повышение результативности исследуемого процесса за счет взаимосвязи и взаимоусиления различных стратегий и тактик. На высоком уровне развития данная система становится самоорганизуемой. То есть процесс формирования социальной ответственности студентов постепенно приобретет новое качество, для которого более характерны признаки становления. Однако о становлении социальной ответственности студента как процессе индивидуализированном можно говорить только в том случае, если социальная ответственность выражена устойчивыми признаками и их направленность четко отражается в согласованности ответственностей «за» и «перед». При этом синергетическая трактовка процессов самоорганизации социальной ответственности студентов позволяет более четко осмыслить данные модальности.

Конкретизируя формирование как педагогический процесс, опираемся на точку зрения А.Н. Леонтьева, который отмечал, что формирование предполагает развитие действий субъекта, которые, все более обогащаясь, как бы перерастают в круг деятельностей. Он подчеркивал, что формирование личности представляет собой процесс непрерывный, состоящий из ряда последовательно сменяющихся стадий, качественные особенности которых зависят от конкретных условий и обстоятельств. Поэтому, прослеживая последовательное его течение, мы замечаем лишь отдельные сдвиги. Но если взглянуть на него как бы с некоторого удаления, то переход, знаменующий собой подлинное рождение личности, выступает как событие, изменяющее ход всего последующего психического развития» [4]. То есть формирование – процесс, направленный на определенные изменения в человеке и ведущий к завершенному результату.

С учетом вышесказанного считаем, что формирование социальной ответственности студента – процесс, который в социокультурном образовательном пространстве осуществляется как нелинейный синергетический процесс, направленный на определенные изменения в уровне социальной ответственности на основе свободного выбора студентом системы ценностей, определенных социальных идеалов, смысложизненных установок и другое. Следовательно, это сложный, многоуровневый процесс.

Таким образом, опираясь на основные идеи синергетики при разработке концепции формирования социальной ответственности студента, учитывали следующее:

во-первых, формирование социальной ответственности зависит от множества факторов и условий, существенно влияющих на этот процесс. Невозможно регламентировать их многочисленные социальные или асоциальные влияния на студента в процессе формирования у него социальной ответственности в социокультурном образовательном пространстве;

во-вторых, процесс формирования социальной ответственности студентов всегда будет нелинейным и асимметричным в силу постоянно меняющихся обстоятельств (преобладание одной из модальностей «ответственность за» – «ответственность перед» или их гармония);

в-третьих, соотношение управляемости и спонтанности процесса формирования социальной ответственности наиболее результативно поддерживается через педагогические стратегии, где роль наставника определяется как духовное содействие своим ученикам в их самоопределении как социальных личностей, то есть в свободном социальном выборе каждым такой иерархии ценностей, которая отвечает потребностям человечества в нынешней, острокритической фазе его развития. Это подтверждается словами М.С. Кагана: «Если культура человечества в XXI веке хочет сохранить такое свое великое завоевание, как личность, педагогика должна в корне изменить свое представление о роли учителя входящих в жизнь поколений – она должна определить ее как духовное содействие своим ученикам в их самоопределении как личностей, т.е. в свободном выборе каждым такой иерархии ценностей, которая отвечала бы потребностям человечества в нынешней, острокритической фазе его развития. А для этого учитель должен отчетливо понимать сам и суметь это донести до своих учеников, что выработка системы ценностей – это <…> нелинейный синергетический процесс свободного выбора определенных идеалов, смысложизненных установок, "моделей потребного будущего", предметов, как некогда говорили, "веры, надежды, любви" и что достижение этой цели нуждается в иной "технологии" педагогической деятельности, чем преподавание основ наук» [5,224].

Процесс формирования социальной ответственности студента на этапе его обучения в вузе не завершается, поскольку последующая его жизнь являет собой непрерывный социальный выбор. Следовательно, в качестве педагогической стратегии как фактора, который не нарушает самоорганизационной доминанты исследуемого процесса, выступает стратегия «содействие». При этом обращает на себя внимание тот факт, что термин "синергетика" (термин нем. физика Германа Хакена, 1971 [6]) имеет несколько переводов: от греч. synergos – совместно действующий; от греч. synergeia – сотрудничество, содействие, соучастие; от греч. synergia – сотрудничество, содействие [7] и в своем смысловом значении указывает на «содействие»;

в-четвертых, формирование социальной ответственности студента закономерно связано с педагогической стратегией «содействие», которая в своем этимологическом значении может быть представлена как «со-действие», в котором отражена социальность педагогической деятельности. В этом смысле «со-действие» согласуется с формированием социальной ответственности как социального качества личности в социокультурном образовательном пространстве – пространстве взаимодействия его субъектов. Данная стратегия способствует обогащению социокультурного образовательного пространства диалоговыми приемами и методами педагогического взаимодействия, что обеспечивает результативность исследуемого процесса.

Литература

1. Ямбург Е.А. Конца света не Конца света не видно. Мартовские тезисы. «Заметки российского педагога» (Евгений Александрович Ямбург). [Электронный ресурс]. Режим доступа: http://1001.ru/arc/yamburg/ (дата обращения: 22.02.2012).

2. Назарова Т.С., Шаповаленко В.С. «Синергетический синдром» в педагогике // Педагогика. 2001. № 1. С. 25 – 33.
3. Александрова Е.А. Педагогическое сопровождение старшеклассников в процессе разработки и реализации индивидуальных образовательных траекторий: автореф. дисс. ... д-ра пед. наук. Тюмень, 2006. 42 с.
4. Леонтьев А.Н. Деятельность. Сознание. Личность. 2-е изд. М.: Политиздат, 1981. 304 с.
5. Каган М.С. Формирование личности как синергетический процесс // Синергетическая парадигма. Человек и общество в условиях нестабильности. М.: Прогресс-Традиция, 2003. С. 212 – 227.
6. Хакен Г. Синергетика. М.: Мир, 1980. 404 с.
7. Большой толковый психологический словарь. Пер. с англ. / Роббер Артур: в 2 т. Т. 2. М., 2001. 560 с.

Гридасова О.И.
доцент, кандидат пед. наук, ГБОУ СОШ №1308 г. Москвы
ДИДАКТИЧЕСКИЕ ОСНОВЫ ИНТЕГРИРОВАННОГО ЭЛЕКТИВНОГО КУРСА ПО НЕМЕЦКОМУ ЯЗЫКУ «MEINE HEIMATSTADT»

Языковая культура является неотъемлемой и существенной частью культуры человека в целом. Неоспоримым является тот факт, что иноязычное образование на сегодняшний день приобретает коммуникативный характер, и это очень хорошо, так как главной целью изучения языка является умение пользоваться им в речи. Однако нельзя не заметить, что практически весь материал, необходимый для изучения согласно стандартам, основан на различного рода информации о стране изучаемого языка. При этом материалы о родной стране, и тем более, о родном городе, практически отсутствуют. Поэтому выбор тематики для предлагаемого курса был неслучаен.

Известно, что краеведческий материал приближает иноязычную коммуникацию к личному опыту учащихся, позволяет им оперировать в учебной беседе такими фактами и сведениями, с которыми они сталкиваются в повседневной жизни. Знакомясь с иноязычной культурой, учащиеся постоянно сравнивают ее с родной культурой

На уроках иностранного языка используется в основном материал географического характера (природа, достопримечательности, внешний вид города и т.д.). Материалы, связанные с историческими, экономическими, социальными фактами, находят применение, к сожалению, гораздо реже. На самом деле, в старших классах учащиеся уже обладают достаточной массой гуманитарных и социокультурных знаний, что позволяет им, во-первых, устанавливать и применять различные межъязыковые и межпредметные связи, используя свои знания и опыт; а во-вторых, переходить от простого усвоения учебного материала, предлагаемого или рекомендуемого учителем, к активному приобретению знаний, к самостоятельному определению своих языковых потребностей и целенаправленному поиску необходимого материала.

Именно самостоятельность в учении является важным образовательным фактором в условиях современной модернизации образования, а использование краеведческих материалов и ситуативность обучения являются непременным фактором постоянной мотивации учащихся к свободному общению.

Предлагаемый элективный курс «Meine Heimatstadt» рассчитан на учащихся старших классов и содержит материалы, не входящие в базовую учебную программу. Для проведения данного курса используются как традиционные средства обучения (различные пособия, сборники игр и упражнений, таблицы, карточки, картинки и др.), так и современные:

материалы из Интернета, мультимедиа-презентации, музыкальные записи, отрывки из романов, аутентичные тексты, материалы из газет и журналов. Используются такие формы занятий, как беседа, обсуждение, интервью, выступления с докладами.

Основная цель: дальнейшее развитие иноязычной коммуникативной компетенции (речевой, языковой, социокультурной, и учебно-познавательной).

Предлагаемый курс состоит из восьми занятий, семь из которых являются интегрированными уроками (следует уточнить, что тематика уроков может быть адаптирована для любого города/региона нашей страны):
1. Немецкий язык + история «Die Geschichte unserer Stadt»
2. Немецкий язык + география «Unsere Stadt: geographische Lage und Klima»
3. Немецкий язык + биология «Tier- und Pflanzenwelt unserer Region»
4. Немецкий язык + литература «Bekannte russische Dichter und Schriftsteller aus unserer Region»
5. Немецкий язык + музыка «Musik in der Stadt, die Stadt in der Musik»
6. Немецкий язык + экономика «Industrie und Landwirtschaft in unserer Region»
7. Немецкий язык + социология «Soziale Probleme unseres Landes/unserer Region»

В конце элективного курса предлагается отправиться на экскурсию, где каждый из учащихся может попробовать себя в роли экскурсовода. Данное занятие лучше проводить в городе, а не в классной комнате, хотя при невозможности организации такого занятия можно провести и «воображаемую» экскурсию, используя современные технические средства.

Тематическое планирование элективного курса «Meine Heimatstadt»:

Тема занятия	Количество часов		Виды деятельности
	теор.	практ.	
Die Geschichte unserer Stadt	1	1	Аудирование Работа с фотографиями Практикум Беседа
Unsere Stadt: geographische Lage und Klima	1	1	Работа с графиками и диаграммами
Tier- und Pflanzenwelt unserer Region	1	1	Чтение с полным пониманием прочитанного Обсуждение
Bekannte russische Dichter und Schriftsteller aus unserer Region	1	2	Работа со словарем Перевод Выразительное чтение
Musik in der Stadt, die Stadt in	1	1	Беседа

der Musik			Избирательное чтение Обсуждение
Industrie und Landwirtschaft in unserer Region	1	1	Просмотр видеофрагмента Обсуждение Работа с рисунками
Soziale Probleme unseres Landes/unserer Region	1	2	Глобальное чтение Работа в группах Дискуссия
Wir machen einen Stadtrundgang	-	1	Самостоятельная работа Коллажирование

По окончании элективного курса учащиеся должны продемонстрировать:
а) осведомлённость о
- географическом положении и климате своего региона,
- символах и достопримечательностях города,
- культурной жизни города,
- различного рода проблемах страны и региона.
б) умения и навыки:
- уметь работать со справочной страноведческой литературой на русском и немецком языках,
- собирать, систематизировать информацию при чтении, аудировании или говорении, используя материалы из газет, журналов, учебную страноведческую литературу, а также ресурсы Интернета на немецком и русском языках,
- готовить устные выступления по темам элективного курса на русском и немецком языках,
- участвовать в устных презентациях и защите своих коллажей на определенную тему.
в) социокультурные способности:
- любознательность (при работе с печатными источниками информации),
- наблюдательность (при чтении и прослушивании иноязычного материала), распознавая страноведческие языковые реалии в тексте, обращаясь к справочной литературе,
- активность (при поиске необходимой информации, участии в беседах и дискуссиях, работе над проектами).

Данный элективный курс позволяет проводить занятия в режиме учитель - ученик, учитель - класс, ученик - ученик, что способствует формированию коммуникативной компетенции в разных ситуациях общения: беседа, спор, дискуссия, обмен мнениями.

Все это, в свою очередь, способствует как расширению кругозора учащихся и повышению мотивации к изучению языка, так и лучшей ориентации в современном мире с его передовыми технологиями, развитой промышленностью и все еще существующими социальными проблемами.

Пожарская А.В.
учитель изобразительного искусства МБОУ СОШ №1
г. Камышин, Волгоградская область
ВОСПИТАТЕЛЬНАЯ ПАЛИТРА ШКОЛЬНОГО ПРЕДМЕТА «ИЗОБРАЗИТЕЛЬНОЕ ИСКУССТВО»

«Как только я слышу рассуждения педагогов об индивидуальном подходе, о развитии творчества, системе воспитания, сразу вспоминаю музыку при жертвоприношении людоедов». Это слова из книги «Век ребенка», написанной в 1900 году шведской журналисткой Эллен Кей. Она очень надеялась, что новое столетие станет веком ребенка. Увы, наступило третье тысячелетие, а ее мечта так и осталась мечтой.

В последнее время в средствах массовой информации снова активно обсуждается падение нравов в обществе, вопросы нравственности и морали. В России не осталось ни одного человека, кто бы не обратил внимание на моральную деградацию подрастающего поколения. В настоящее время внесены изменения в законы об образовании, о культуре, о средствах массовой информации и приняты другие законодательные акты, направленные на решение проблемы. Социальную значимость и актуальность данной проблемы для России на современном этапе, подтверждает президент В.В.Путин в своем послании Федеральному Собранию 12 декабря 2013 года: «Сегодня Россия испытывает дефицит духовности. Духовность - то, чем мы всегда гордились, то, что помогало России в течение всей ее истории. Мы должны всецело поддержать институты, которые являются носителями традиционных ценностей…» [19]. Общеобразовательная школа, являясь одним из институтов, который активно оказывает влияние на становление мировоззрения человека, осуществляет его планомерное духовное воспитание, несомненно, нуждается во внимании и поддержке со стороны государства. Школа - огромная сила. Через нее проходит 100% молодежи, то есть все граждане страны. Можно предположить, что и от вектора направленности тех самых огромных сил самой школы зависит конечный результат. Следует отметить, что несмотря на признание проблемы на всех уровнях: от политического до личностного, уровень духовности и нравственности современных школьников остается далек от идеала. В чем причина? Данная проблема современного школьного образования приводит к необходимости активного поиска действенных вариантов ее решения.

Для решения поставленной задачи нам необходимо определиться в понимании самого понятия «духовность». На современном этапе развития науки имеется большое количество исследований, посвященных изучению понятия «духовность». Нельзя сказать, что понятие «духовность» является отработанной категорией в философском или педагогическом плане. Так, в трактовке Т.И. Петраковой духовность —

«это - то самое высокое, конечное, высшее, к чему стремится «личность» [13, с.23]. В Толковом словаре русского языка С.И. Ожегова и Н.Ю. Шведовой «духовность» определяется как «свойство души, состоящее в преобладании духовных, нравственных и интеллектуальных интересов над материальными».

В гуманитарной педагогической парадигме аналогом «духовности» выступает субъектность. У Н.М. Борытко под субъектностью понимается «неизменная основа «самости» человека, ее уникального, личностно-экзистенциального ядра, способность человека к творческой самореализации в предметной и непредметной деятельности» [1, с.180].

Л.М. Лузина определяет «духовность» как «собственно человеческое в человеке» [5, с.24].

Н.Н. Никитина дает сущностную характеристику духовности, наиболее близкую нам: «Духовность есть не что иное, как система высших потребностей, интересов, ценностных ориентации человека, в которых выражено его отношение к миру и самому себе» [9, с.46].

В общем виде в педагогике чаще всего духовность характеризуется как проявление «человеческого в человеке».

Важными характеристиками духовности можно считать наличие ценностных жизненных ориентаций, потребность в осмыслении своего предназначения, соотнесения себя с окружающим миром, способность чувствовать и выражать свои чувства. Показателями высокой духовности будут выступать доброта, любовь сострадание, милосердие, терпимость, миролюбие, честность, справедливость, совесть, потребность в дружбе, свободе, счастье.

Многие философы (Н.Бердяев, А.Ф.Лосев, В.Соловьев, А.С.Хомяков, П.Флоренский) считают, что духовность – процесс и результат развития человека. Развитие, в свою очередь, определяется как восхождение к высшему уровню духовности в условиях организованного целенаправленного взаимодействия личности, ее внутреннего мира с внешним. Такое взаимодействие обеспечивает воспитательный процесс. Из этого следует, что духовное воспитание – это становление личности, одна из форм ее развития при условии организованного взаимодействия учащегося и педагога.

Содержание духовного развития личности рассматривалось еще Я.А.Коменским, В.А. Сухомлинским, К.Д. Ушинским и определялось как воспитание души и самосознания.

О духовном воспитании достаточно много говорилось в трудах В.И.Андреева, Е.В. Бондаревской, Н.Д. Никандрова и других исследователей.

В современных концепциях педагогического образования вопросы воспитания духовности в своих исследованиях отражали: А.К. Бесова, Н.М. Борытко, Е.В. Веселова, Т.И. Власова, Л.М. Донченко, А.В.

Нестеренко, Никитина Н.Н., Л.А. Орлова, Н.А. Пархоменко, Т.И. Петракова, С.И. Самойлова, А.Н. Сергеев, О.А. Смагина, И.А. Соловцова, Ю.В. Тарасова, Н.Л. Шеховская, А.Г. Яковлева и другие.

Возможности воспитания отдельных духовных и нравственных качеств у учащихся образовательных учреждений в учебно-воспитательном процессе раскрыты в исследованиях О.Е. Кучеровой, Е.А. Новиковой, Н.М.Савченко, В.В. Скядневой и др.

Неоценимый вклад в раскрытие проблемы воспитания духовности средствами художественной культуры и художественной деятельности внесли следующие учёные: Г.И. Беленький, И.С. Збарский, В.Я. Коровина, Т.Ф. Курдюмова, Н.Я. Мещерякова, Т.Я. Шпикалова, Е.В. Шорохов и др.

Многими учеными (В.С. Кузиным, Б.М. Неменским, Б.П.Юсовым и др.) и практиками (Д.Л.Зрелых, Т.Г. Русаковой, Н.М. Сокольниковой) было определено, что процесс художественного творчества на уроках изобразительного искусства способствует изменению внутреннего мира человека, побуждает личность к духовному росту.

Такие ученые, как Л. С. Выготский, Е. И. Игнатьев, В. И. Киреенко, В. С. Кузин, Б. М. Неменский, Н. Е. Румянцева, Н. Н. Ростовцев, Н. П. Саккулина, Е. В. Шорохов, Т. Я. Шпикалова, В. С. Щербаков и др. отмечают важную роль изобразительного искусства в воспитательном процессе. Таким образом, основываясь на анализе литературы и собственном педагогическом опыте можно сделать вывод о том, что изобразительное искусство, воплощающее высшие ценности человеческой цивилизации, обладает мощнейшим воспитательным потенциалом и сильнейшими средствами воздействия на эмоциональную сферу человека. Изобразительное искусство может и должно формировать «зоркость души ребенка», строить эмоционально-ценностное, то есть духовное, отношение человека к миру. Далее рассмотрим проблемы, которые препятствуют реализовать в должной мере весь воспитательный потенциал предмета «изобразительное искусство» в школе.

Первая причина, это очевидно, что в большинстве российских школ господствует наукоцентризм и учебные часы на изобразительное искусство выделяются по минимуму. В данной ситуации нам представляется весьма затруднительным выполнение заказа государства и общества: создание школы российской идентичности, школы русского мира, которая сможет воспитать духовно-нравственного человека, поскольку школу русского мира невозможно представить без духовного наполнения, без литературы, музыки, изобразительного искусства. И если искусство сегодня, как и раньше, остается духовной пищей человека, то становится понятно, почему современные школьники испытывают духовный голод. Итак, если дирекция школы поймет, что искусство может сделать то, на что не способна наука, то вероятно найдутся и дополнительные часы на предметы искусства.

Педагогические науки

Другая проблема - профессионализм учителя. Зачастую уроки изобразительного искусства в школе ведут люди далекие от искусства, или специалисты не совсем понимающие цель художественного образования в школе. Тогда в лучшем случае уроки изобразительного искусства превращаются в рационализированный и вербализированный процесс научения знаниям, умениям, навыкам, лишённые аффективно-эмоционального содержания, а в худшем – пустым, бесцельным времяпровождением. Таким образом, от уровня профессионализма учителя и уровня его культуры напрямую зависит успешность реализации воспитательного потенциала изобразительного искусства.

Проблема выбора образовательной программы по изобразительному искусству, из великого множества, стоит перед каждым учителем. Здесь нет единого мнения. Но все же, многие педагоги отдают предпочтение программе Бориса Михайловича Неменского «Изобразительное искусство и художественный труд». Думается, такой выбор не случаен, т.к. целью программы является духовно-нравственное развитие ребенка, т.е. формирование у него качеств, отвечающих представлениям об истинной человечности, о доброте и культурной полноценности в восприятии мира [11,5]. Далее рассмотрим, каким образом происходит процесс формирования духовно-нравственноых качеств личности ребенка на уроках изобразительного искусства.

Исходя из цели программы, учитель изобразительного искусства решает две первостепенные задачи. Первая, это создание атмосферы увлеченности на уроках. Вторая - приобщение учащихся к художественной культуре [11,5]. Учитель решает задачи через содержание искусства, организацию творческой деятельности детей, через овладение языком искусства. Программа Б.М. Неменского дает возможность ребенку получить помимо знаний и умений по предмету, опыт творчества и опыт эмоционально-ценностного отношения, без которых невозможна передача целостного человеческого опыта [10,13]. На уроке дети не просто рисуют, а проживают содержание искусства, прикасаясь к очень важным, содержательным, значимым темам, можно сказать «Вечным ценностям человечества». На уроках искусства происходит поиск ответов на вопросы: Что такое добро и зло; Что есть счастье, душа? В чем красота человека?; Зачем в искусстве нужно изображение страдания?; Что значит для человека Родина?; В чем ценность красоты земли нашей? Есть ли радость труда? О чем рассказывает картина? Зачем художники пишут портреты? Какая народная игрушка лучше? Что дает человеку изобразительное искусство?... Эти вопросы побуждают детей задуматься над такими философскими проблемами, как смысл жизни человека, над поступками и нравственными качествами человека, своими поступками, что есть хорошо и что есть плохо? Итогом этих размышлений являются индивидуальные и коллективные работы детей, эссе, мини-сочинения, проекты и выставки. В них дети выражают свои мысли, чувства, впечатления, надежды и мечты, выражают свое отношение к миру. Далее рассмотрим, как и какими способами создается атмосфера увлеченности на уроках. При решении данной задачи в первую очередь отметим важность увлеченности искусством самого педагога и наличие у него необходимых для решения поставленной задачи качеств. Это, прежде всего гуманитарная направленность педагога, эмпатия, понимание, сопереживание, безусловное позитивное отношение к детям, искренность (конгруэнтность) [5, 43]. Немаловажно наличие отношения педагога к ребенку как к главной цели педагогического процесса, как к равноправному партнеру по учебно-воспитательной деятельности. Атмосферу сотворчества и увлеченности учитель выстраивает через доверительное, диалогическое общение с воспитанниками. Он уважительно относится к жизненному опыту детей, их мировоззренческим установкам. Вся совместная деятельность детей, при скоординированном влиянии педагога, направлена на то, чтобы пробудить в ребенке самые лучшие нравственные и духовные качества. Необходимо отметить, что создать «градус» творческой атмосферы можно только тогда, если ученику не будет скучно на уроках. Как этого достичь? Это, прежде всего различные формы организации творческой деятельности школьников на уроках, например: групповые работы, творческая деятельность в паре, игры, конкурсы, экскурсии, выставки, пленеры, встречи с художниками, мастерами ДПИ, совместные акции, флешмобы. На таких уроках дети увлеченно изображают, украшают, строят, пробуют новые художественные материалы, техники, примеряют на себя роли художников, зрителей, мастеров постройки, художников-оформителей, знатоков - искусствоведов... Нельзя не отметить важность уроков коллективного творчества для решения воспитательных задач. Отличительная особенность таких занятий – на них никогда не бывает неудач, ведь каждый ученик выбирает себе работу по силам, а вместе получается – единое произведение! Если нет неудач, то значит, есть радость! Радость сотворчества. Зачастую результат совместного творчества превосходит ожидания детей и тогда такие работы дают взрывной эффект, скачок в развитии. Формируется способность не только понимать творческие замыслы друг друга, создавая единое произведение, но и действовать сообща, помогая друг другу. Бывает так, что во время создания коллективных работ дети успевают столько обсудить, поговорить: о дружбе, о семье, любви, своих мечтах, о смысле жизни, о других проблемах которые их волнуют. Много ли детям удается пережить радость общения, совместного переживания на других уроках в школе? Учитель выстраивает работу таким образом, что дети знают - плоды их творчества значимы, приносят радость еще и другим людям: учителям, родителям, друзьям. Например, открытки к 9 мая дети лично вручают ветеранам на праздник. Поделки от всей души дарятся мамам, дедушкам и бабушкам, просто пожилым людям к дате, учителям на праздники. Рукописные книги читают в группе продленного дня. Коллективные панно, творческие работы украшают класс, школу, картинную галерею города, Дома детского творчества. Лучшие работы отправляются на конкурсы, где становятся победителями.

В результате целенаправленной воспитательной работы мы видим, как постепенно, «по кирпичику» происходят внутренние изменения в самом ребенке: изменяется отношение к искусству, к обучению, людям, самому себе, миру, формируется потребность делать добрые дела, совершать нравственные поступки. Думается, что это и есть тот самый главный результат педагогического труда учителя.

Резюмируя предшествующие рассуждения, можно сделать выводы о том, что степень успешности в реализации целей духовно-нравственного воспитания школьников посредством изобразительного искусства зависит от многих факторов: от позитивного отношения к духовно-нравственному воспитанию со стороны государственных структур; от гуманитарной направленности, профессионализма и личностных качеств педагогов; от выбора программы по изобразительному искусству; от того, какие технологии, методы и формы организации педагогической деятельности используют педагоги в своей работе.

В заключении отметим, что искусство можно сравнить с особой ниточкой чувств, связывающей отдельно взятого человека и других людей с реальностью. Эта ниточка ему подсказывает: что ему (человеку), именно ему любить, что ненавидеть, чем восхищаться, возмущаться, к чему чувствовать нежность или брезгливость. И ненавязчиво, как бы незаметно передавать любовь или ненависть, заражать опытом живших до нас людей, живущих сегодня, людей, способных быть вместилищем движений чувств и отношений своих современников. Наверное, искусство воспитания в том и заключается, чтобы не разорвать эту тончайшую нить. Завершить статью хотелось бы словами: воспитание искусством происходит только тогда, когда присутствует искусство воспитания.

Литература

1. Борытко, Н.М. Пространство воспитания: образ бытия. Волгоград, 2000.
2. Донченко, Л.М. Традиции русского воспитания // Долг служения Отечеству. – М., Самшит – издат, 2003.
3. Концепция художественного образования в Российской Федерации //Искусство в школе. – 2002. – № 2.
4. Лебедева, Л.Д. Практика арт-терапии: подходы, диагностика, система занятий. – СПб.: Речь, 2005.
5. Лопатин А.Р. Встречные усилия, успех-неуспех в образовательном процессе / А.Р. Лопатин // Педагогика. – 2003. – № 8. – С. 41-46.

6. Лузина Л.М. Теория воспитания: философско-антропологический подход. Псков, 2000.
7. Махмутов, М.И. Педагогические технологии развития мышления / М. И. Махмутов, Г. И. Ибрагимов. — Казань, 1993. — С. 5.
8. Методика воспитательной работы: Учеб. Пособие для студ. высш. пед. учеб. Заведений/ Л.А. Байкова, Л.К. Гребенкина, О.В. Еремкина и др.; Под ред. В.А. Сластенина.- М.: Издательский центр «Академия», 2004.
9. Милютина, Н. Р. Художественно-творческая подготовка будущих специалистов к работе с клиентами социальной службы в Сборнике научных статей и методических материалов /под ред. Т.Ю. Андрущенко и В.С. Торохтия. - Волгоград: ООО РА «Фортес», 2007.
10. Неменский Б.М. Педагогика искусства. Видеть, ведать и творить. М., — Просвещение, 2012.
11. Неменский Б.М. Полякова И.Б. Сапожникова Т.Б. Особенности обучения школьников по программе Б.М.Неменского., М.Педагогический университет «Первое сентября» - 2007
12. Никитина, Н.Н. Социально-педагогические основы ценностного самоопределения в ранней юности: Методическое пособие / Н.Н. Никитина, В.Г. Балашова, Н.М. Новичкова. – Ульяновск: УлГПУ, 2006.
13. Петракова, Т.И. Духовные основы нравственного воспитания — М Импэто, 1997.
14. Русакова, Т.Г. Формирование духовного опыта личности в младшем школьном возрасте. / Педагогическое образование. – 2009. - №2. – С.21-26.
15. Сериков, В.В. Образование и личность. Теория и практика проектирования педагогических систем / В. В. Сериков. — М., 1999. — С. 175.
16. Соловцова, И.А. Духовное воспитание в православной и светской педагогике: методология, теория, технологии. Волгоград: Перемена, 2006. 248 с.
17. Соловцова, И.А. Законы духовной жизни человека как основа духовного воспитания / И.А. Соловцова // Проблемы духовного воспитания: Гуманитарно-целостный подход: Материалы «круглого стола», 20 октября 2005 г. / Сост. И.А. Соловцова; под ред. Н.М. Борытко. – Волгоград: ТЦ «ОПТИМ», 2006. – С. 5-10.
18. Щуркова, Н.Е. Педагогическая технология. 2-е изд., доп. / Н. Е. Щуркова. — М.: Педагогическое общество России, 2005. — С. 26.
19. http://maxpark.com/community/politic/content/1705513

Конохова Е.С.
магистр педагогики, аспирант кафедры дошкольной педагогики Института детства Российского государственного педагогического университета имени А.И. Герцена.

ОСОБЕННОСТИ НРАВСТВЕННОЙ ВОСПИТАННОСТИ ДЕТЕЙ СТАРШЕГО ДОШКОЛЬНОГО ВОЗРАСТА

Реформы последнего десятилетия затронули все стороны жизни общества, в том числе и систему образования, и вместе с позитивными результатами преобразований появились и многие негативные явления, среди которых заметное ухудшение нравственного состояния подрастающего поколения. Все чаще у детей наблюдается повышенная агрессивность, эмоциональная глухота, замкнутость на себе и собственных интересах.

Проблема нравственного воспитания широко представлена в психолого-педагогических исследованиях (А.В. Запорожец, С.В. Петерина, С.А. Козлова, И.В. Сушкова, Н.А. Холина, Г.И. Морева, Ф.В. Изотова, Т.И. Бабаева и многие другие). Несмотря на множественность подходов к исследованию проблемы нравственного воспитания детей, особенности нравственной воспитанности современных детей старшего дошкольного возраста остаются недостаточно изученными. Именно это стало одной из задач нашего исследования.

Нравственная воспитанность как результат нравственного воспитания, предполагает освоение знаний и представлений о нравственных качествах, нормах и правилах, воспитание эмоционально-ценностного отношения к ним и нравственного поведения.

Нас интересовало, какие нравственные качества значимы для самих дошкольников. Поэтому мы спросили «Каким должен быть человек, чтобы с ним хотели дружить дети? Что значит быть хорошим человеком?». Затем, с целью выявления знаний и представлений дошкольников о нравственных качествах, мы попросили объяснить, что значит быть честным, вежливым, аккуратным, отзывчивым и щедрым человеком и оценить эти качества как положительные или отрицательные.

Хороший человек, по мнению детей, должен обладать такими качествами как доброта, честность, вежливость, смелость. Описывают человека, с которым они хотели бы вступить в контакт, подружиться старшие дошкольники в основном поведенческими характеристиками: «всем помогает», «честно все говорит и делает», «не дерётся», «не обижает», «делает добрые дела». Это говорит о том, что дети в целом обладают достаточными знаниями и представлениями о том, какие нравственные качества являются положительными и как проявляются в поведении, но не всегда могут объединить, обобщить поведенческие характеристики в определённое нравственное качество. Особенно привлекает детей способность «честно играть», «не жульничать, когда вместе играешь», «не обманывать, если что-то натворил», имеет значение внешний вид и отношение к вещам «вещи аккуратно кладет, убирает игрушки», «не портит вещи и постройки», «всегда причесанный, руки моет», а также проявления щедрости «всем делится», «дает свои игрушки», «не жадничает».

Анализируя, данные детьми, характеристики конкретных нравственных качеств мы пришли к выводу, что знания о нравственных качествах и их проявлениях в поведении человека у старших дошкольников сформированы достаточно хорошо. Лучше всего детям знакомо понятие аккуратности. Наибольшие затруднения вызвали у детей понятия щедрости и отзывчивости. Умение делиться с другими является значимым для детей качеством, однако само понятие «щедрость» им не знакомо, поскольку большинство детей, на вопрос «что такое щедрость?» ответили: «Не знаю, что это». Объясняя понятие отзывчивости, многие опирались на звучание слова: «отзывчивость – всегда отзывается и сразу приходит», «всегда убегает и приходится звать», «отзывается, если гулять зовут», «звучит, как будто обзывается». Но звучание слова не всегда совпадает с его смыслом, или это совпадение не является очевидным, отсюда значительное количество ошибок. В целом, знания о предложенных нами нравственных качествах у детей есть, но они требуют обогащения, уточнения и обобщения.

Правильную эмоциональную оценку с позиций нравственности данным нравственным качествам дали почти все дети. Анализ ответов показывает, что неправильная оценка всегда совпадает с неправильным объяснением понятия или отсутствием объяснения: «отзывчивость – плохо, значит, всегда обзывается, говорит плохие слова». Однако нужно отметить, что многие дети, даже не зная, что означает то или иное нравственное качество или, имея ошибочное представление о нем, смогли верно оценить их как положительные.

Самим себе большинство детей дали положительную оценку с позиции предложенных нравственных качеств. Не зависимо от того, правильно или не правильно они объяснили само понятие, на вопрос: «А ты сам честный? Вежливый? Аккуратный? Отзывчивый? Щедрый?» практически все дети ответили: «я честный», «я аккуратный», «я вежливый» и так далее. Но пояснить свою самооценку конкретным поступком большинство детей не смогли, ограничившись простой констатацией или общими проявлениями ребенком заботы о ближних и дружескими качествами: «Я всегда делюсь игрушками», «Я помогаю друзьям что-нибудь делать», «Я забочусь о маме, помогаю ей в делах», «Я люблю животных, забочусь о них». То есть, даже если ребенку не знакомо определение нравственного качества, он интуитивно оценивает его как положительное и позиционирует себя как обладателя данного качества.

Чтобы определить уровень сформированности представлений о нравственных нормах и правилах поведения и общения мы предложили детям решить несколько проблемных ситуаций, в которых им нужно было спрогнозировать поведение персонажа. Анализ ответов показал, что в контексте знакомой ситуации дошкольники хорошо распознают нравственную норму или правило поведения и предлагают правильное решение ситуации. Однако мотивировать свое решение дети чаще либо не могут, либо поясняют его внешними причинами. Например, прогнозируя ситуацию «Таня с маленькой сестренкой играла в комнате в мячик и случайно разбила вазу. Пришла мама и сердито спросила: «Что произошло? Кто разбил вазу?»», большинство детей предположили, что девочка признается, что это она разбила вазу. При этом большинство детей, мотивировали свой ответ внешними причинами, а не собственно нравственной нормой «потому что мама все равно узнает», «если признаться, то ругать не сильно будут», «потому что так надо делать, чтобы не ругали», «мама говорит, что нельзя обманывать» или не смогли пояснить свой ответ «не знаю почему» или «просто так думаю». Все это говорит о том, что в целом, знания и представления о нравственных нормах у детей хорошо сформированы, но формально, поскольку собственное эмоционально-ценностное отношение, понимание значимости той или иной нравственной нормы для себя или окружающих отсутствует. То есть дети знают как поступать, но не понимают почему поступать нужно именно так.

С целью выявления особенностей поведения ребенка в реальной ситуации нравственного выбора мы организовали проблемную ситуацию «Что делать?» и в процессе наблюдения фиксировали правильность выбора, сделанного ребенком, его эмоциональное состояние в процессе принятия решения и мотивацию решения. Мы предложили ребенку организовать чаепитие с конфетами для нескольких гостей (кукол), но конфет приготовили на одну меньше чем количество участников ситуации. Ребенку нужно было принять сложное решение: раздать угощение гостям и самому остаться без конфеты или взять конфету себе, но оставить без угощения одного из гостей. Анализ поведения старших дошкольников в реальной ситуации показал, что большинство из них хорошо знакомы с правилами гостеприимства, понимают, что о гостях нужно заботиться, приготовить для них угощение, даже если самому хозяину ничего не достанется. Поэтому большинство детей либо сразу, либо после некоторых колебаний приняли правильное решение и разложили конфеты «гостям». Однако, несмотря на то, что большинство детей знает как правильно поступить в такой ситуации и действует согласно правилу, мотивируют свой поступок большинство детей внешними причинами, а не нравственной нормой: «Нельзя обижать гостей, а то они потом тебя к себе не пригласят», «А мне потом мама еще больше купит», «Они же подарки принесли». Эмоциональное отношение к ситуации соответствовало мотивации: большинство детей не испытывали положительных эмоций, принимая правильное решение, они были явно расстроены или недовольны. Положительные эмоции дети продемонстрировали только в тех случаях, когда мотивация выбора соответствовала нравственной норме, и у ребенка не возникало чувства протеста в связи с тем, что ему не достанется угощения, либо в тех случаях, когда дети понимали какую выгоду в виде подарков, ответных приглашений, или поощрения от взрослых им принесет правильное решение.

Таким образом, наше исследование помогло выявить некоторые особенности нравственной воспитанности детей старшего дошкольного возраста: дети в целом обладают достаточными знаниями и представлениями о том, какие нравственные качества являются положительными и их проявлениях в поведении, но не всегда могут объединить отдельные поведенческие характеристики в определённое нравственное качество, поэтому их знания требуют уточнения, обогащения и обобщения; дети понимают, какие нравственные качества являются ценными, положительными и одобряются взрослыми, поэтому дают им адекватную эмоциональную оценку и позиционируют самих себя, как обладателей данных качеств, даже если не могут правильно объяснить понятие; в контексте знакомой ситуации дети достаточно легко их распознают нравственную норму или правило и предлагают правильное решение, но эти знания формальны, поскольку собственное эмоционально-ценностное отношение, понимание значимости той или иной нравственной нормы для себя или окружающих отсутствует; в реальной ситуации дети часто принимают правильное решение в расчете на последующую награду, похвалу, боясь негативных последствий или просто потому что «так надо», не понимая, на самом деле, почему нужно поступать именно так, какое значение имеет правильный поступок для окружающих и не испытывая положительных эмоций от правильного решения, если оно не сулит какой-либо выгоды. Дети проявляли явный интерес к обсуждению нравственных качеств, нравственных поступков, были эмоциональны. Это дает основания заключить, что тема нравственного поведения интересна детям, возможность высказать оценочное суждение в отношении каких-либо поступков привлекает дошкольников.

Все выделенные нами особенности легли в основу разработки нашей методики нравственного воспитания, которая позволит построить взаимодействие с ребенком в нескучной, интересной игровой форме, сделать процесс нравственного становления эффективным и естественным, постепенно вводя ребенка в такую сложную нравственную сферу как человеческие отношения.

Ботагариев Т.А., Кубиева С.С., Шоканов Р.А.,
Утепбергенов А.Я., Есмагамбетов М.К.

д.п.н., профессор, к.п.н. Актюбинский региональный государственный университет им.К.Жубанова
Атырауский институт нефти и газа
E-mail.ru Botagariev_1959@mail.ru

МЕТОДИКА ИСПОЛЬЗОВАНИЯ КРУГОВОГО МЕТОДА ТРЕНИРОВКИ В ПРОФЕССИОНАЛЬНО-ПРИКЛАДНОЙ ФИЗИЧЕСКОЙ ПОДГОТОВКЕ СТУДЕНТОВ

Введение. На современном этапе развития общества идет процесс интенсификации учебного процесса. В связи с этим возрастают требования к профессионально-физической подготовленности студентов [1,2]. *Проблема исследования* заключается в противоречии между низким уровнем профессионально-прикладной физической подготовленности (ППФП) студентов и недостаточной реализацией активных методов обучения с целью оптимизации их ППФП.

Цель исследования. Разработать и обосновать возможности реализации кругового метода тренировки в ППФП студентов-биологов.

Задачи исследования:

1. Определить научно-теоретические предпосылки проблемы кругового метода тренировки и его применения в практике физического воспитания студентов. 2. Исследовать особенности характера и содержания учебной деятельности студентов-биологов. 3. Изучить особенности построения учебного процесса по физическому воспитанию студентов-биологов. 4. Выявить уровень физической, психологической подготовленности студентов-биологов. 5. Разработать методику реализации «кругового метода тренировки» в профессионально-прикладной физической подготовке студентов- биологов.

Методы и организация исследования. Для решения поставленных задач использовались следующие *методы исследования*: анализ научно-методической литературы, анализ документальных материалов, педагогическое наблюдение, контрольные испытания, педагогический эксперимент, методы математической статистики.

Результаты исследования. В соответствии с характером и содержанием профессиональной деятельности специалиста-биолога необходимо развивать следующие физические качества и двигательные умения и навыки: статическая вынос-ливость (держание груза в статическом положении); ловкость (пространственное расположение частей тела, в частности, верхних конечностей в зависимости от цели деятельности); сила; острота зрения, быстрота мышления, внимание (его объем, концентрация), зрительная память, оперативная память.

В постановке учебного процесса по физическому воспитанию студентов-биологов нами выявлены определенные противоречия, которые заключаются в следующем: в связи с непогодными условиями при переходе в спортивный зал не соблюдается взаимозаменяемость средств и методов, в результате чего не реализуются поставленные задачи, которые необходимо решать при прохождении таких разделов «бег на средние и длинные дистанции». Следствием этого является низкий уровень развития выносливости студентов. Большая загруженность спортивного зала приводит к невысокой моторной плотности, в результате чего куммулятивный эффект от проведенных занятий снижается и динамика уровня физического потенциала студентов снижается. Также нарушается «эффект последействия» физических нагрузок. Преподавателями почти не применяется метод круговой тренировки в профессионально-прикладной физической подготовке студентов, и они недостаточно владеют знаниями по его реализации в учебном процессе по физическому воспитанию.

Анализ результатов выявления исходного уровня физической подготовленности студентов-биологов 1 курса на основе сопоставления с требованиями типовой программы по предмету «физическая культура» показал следующее. В беге на 100 м (скоростные качества) девушки контрольной и экспериментальной группы показали результаты на оценку «удовлетворительно» (17,6 и 17,5 сек соответственно, р>0,05). В беге на 1000 м (выносливость) девушки контрольной группы показали результаты, соответствующие оценке «неудовлетворительно» (5мин 48 сек), а контрольной группы – «удовлетворительно» (5 мин. 14 сек.). По прыжку в длину с места (скоростно-силовые качества) результаты студенток обеих групп были адекватны оценке «удовлетворительно» (165,3 см и 164,2 см) при низкой их вариации внутри групп (8,04 % и 7,42%). У юношей наблюдалась аналогичная тенденция с незначительными своими особенностями. По быстроте мышления девушки контрольной и экспериментальной групп показали относительно низкие результаты, чем их однокурсники-юноши. Так, если у юношей контрольной и экспериментальной группы значения данного показателя равнялись 5,16 и 5,20 баллов, то у девушек обеих групп – 5,02 и 4,98 баллов. (р>0,05). Сопоставление значений зрительной и оперативной памяти показало, что зрительная память развита лучше у девушек, а оперативная – у юношей. Так, значения оперативной памяти у юношей контрольной и экспериментальной групп соответствовало 4,50 и 4,57 баллам, а девушек – 4,10 и 4,17 баллам (р>0,05).

Учитывая вышеотмеченные особенности учебной и будущей производственной деятельности биологов, была предложена следующая методика реализации метода «круговой тренировки» на занятиях со студентами.

После прохождения элементов легкой атлетики, баскетбола, волейбола, гимнастики студенты разучивали упражнения, имеющиеся в предложенных им станционных плакатах. При этом со студентами проводилось испытание на определение максимального числа повторений (МТ) и каждый получал стандартную дозировку $\frac{MT}{4}$ или $\frac{MT}{2}$.

Упражнения на каждой станции и переход между ними выполняются в свободном темпе, без учета времени.

г) после выполнения каждой станции студентами подсчитывался пульс (за 10 секунд).

д) при выполнении данного варианта круговой тренировки мы следили за достижением четкого выполнения упражнений в среднем. При этом мы ссылались на рекомендации специалистов [4]. Таким образом, студенты адаптировались к выполнению комплексов круговой тренировки.

ВЫВОДЫ

1. Профессиональная деятельность биологов требует от студентов максимальной мобилизации функциональных систем организма. В связи с этим, струкура и содержание ППФП должны быть направлены на рациональное обеспечение их реализации.

2. При внедрении «кругового метода» тренировки необходимо предварительно изучить требования профессиограммы к специалисту; методы, реализуемые при этом (непрерывно-поточный и др.); какие качества и с помощью каких средств можно их развивать. При этом вводимые в комплекс упражнения должны быть предварительно изучены, а занимающиеся иметь фундамент физической подготовленности для выполнения предложенных станций.

Литература

1 Жаксылыков М.Ф. Организационно-педагогическое обоснование профессионально-прикладной физической подготовки в вузе: Автореф. дис. канд. – Алматы, 1997. – 25 с.

2 Иванов Г.Д. Физическое воспитание в вузе. //Учебное пособие. - Алматы, 1995. – 207 с.

3. Горанько М.И., Кульназаров А.К., Канагатов Е.Б., Кошаев М.Н. Президентские тесты физической подготовленности – основа оздоровления населения Республики Казахстан //Учебно-методическое пособие. – Алматы, 2006. – 68 с.

4 Романенко В.А., Максимович В.А. Круговая тренировка при массовых занятиях физической культуры. – Минск., 1986. – 143 с.

Психологические науки

Менщикова И.А.
Южно-уральский государственный университет (НИУ)
mirazdanie@gmail.com

ПРОФЕССИОНАЛЬНОЕ САМООПРЕДЕЛЕНИЕ СТУДЕНТОВ КАК СУБЪЕКТОВ ДЕЯТЕЛЬНОСТИ В ПЕРИОД СОЦИАЛЬНО-ЭКОНОМИЧЕСКИХ ИЗМЕНЕНИЙ

В условиях нестабильной социально-экономической и социально-политической ситуации в России, которая наблюдается в последнее время, выступает актуальным вопрос выбора человеком *позиции* по отношению к собственной жизни: быть пассивным и влекомым жизненными обстоятельствами или проявлять активность и быть «хозяином», *субъектом* собственной жизни, в том числе и своей профессиональной деятельности, так как она является одной из значимых компонент нашей жизни.

Одним из сензитивных периодов становления человека как субъекта профессиональной деятельности является период получения высшего образования в вузе, который, как правило, приходится на возрастной этап юности. Юношеский период характеризуется вхождением во взрослую жизнь, определением своего места в мире взрослых, формированием нравственного сознания, ценностных ориентаций и идеалов, выработкой мировоззрения и жизненной позиции. Психологическое содержание этого этапа связано с развитием самосознания, а также с решением задач *профессионального самоопределения* [4,166].

Профессиональное самоопределение является специфической формой профессиональной активности личности, которая обеспечивает становление и реализацию *субъекта* профессионализации. Оно характеризует способность человека самостоятельно и осознанно находить смыслы и ценности в профессиональной деятельности, что обеспечивает возможность реализации внутреннего потенциала человека [2; 3].

«Первичное» профессиональное самоопределение, связанное с поступлением в вуз, не всегда является полностью осознанным, тщательно проанализированным выбором профессии у современных студентов. Оно во многом вызвано второстепенными факторами, часто прагматического плана, но, как правило, основано на их задатках и способностях. Поэтому профессиональное самоопределение продолжается в процессе обучения и, заключается в «превращении» студентов из объекта образовательного процесса в субъекта будущей профессиональной деятельности. При этом данный процесс должен обеспечиваться, с одной стороны, наличием определенных условий, предоставляемых системой высшего профессионального образования, а с другой стороны, желанием самого студента стать субъектом собственной деятельности.

Но, так как в данный возрастной период личностные конструкты, обеспечивающие становления субъекта (например: развитая ценностно-смысловая сфера, рефлексивность, способность к самодетерминации и саморегуляции, целостность, стремление реализовать свой потенциал), только формируются, возникает закономерный вопрос: становятся ли студенты за время обучения в вузе субъектами будущей профессиональной деятельности, или, другими словами, самоопределяются ли они в профессиональном плане в результате окончания вуза или нет?

Профессиональное самоопределение также предполагает становление субъекта в *определенном типе* профессиональной деятельности. Как уже было отмечено выше, выбор специальности будущим студентом не всегда является тщательно осознанным процессом, но почти всегда основывается на задатках и способностях. Таким образом, в процессе обучения студентам еще предстоит утвердиться в своем первичном профессиональном выборе. При этом формирование устойчивой профессиональной ориентации по избранной специальности в процессе обучения будет свидетельствовать об успешном профессиональном самоопределении студентов, что является одним из основных компонентов профессиональной готовности.

Процесс профессионального самоопределения связан с конкретной культурно-исторической (социально-экономической) ситуацией [3,18]. Изменения социально-экономических и социально-политических условий во многом могут отразиться на профессиональном самоопределении студентов в процессе обучения в вузе. Прошедшие в 2008 и 2010 г. первая и вторая «волна» социально-экономического кризиса во многом изменила социальные условия для молодых специалистов. Так, например, одним из результатов данных социальных изменений стало массовое увольнение специалистов, и как следствие – перенасыщение рынка труда квалифицированными работниками, что, тем самым, создало ситуацию высокой конкуренции.

В связи с этим является актуальным вопрос: оказали ли влияние изменения социально-экономических условий, происходящие в период обучения студентов в вузе, на их профессиональное самоопределение? И каким образом?

В ключе поиска ответов на поставленные вопросы было проведено исследование профессионального самоопределения студентов университета как субъектов деятельности (в период социально-экономических изменений).

Данное исследование проводилось с 2009 по 2012 г. Эмпирической базой исследования стали студенты ФГБОУ «Южно-Уральского государственного университета» (г. Челябинск), обучающиеся на факультетах: приборостроительном, автотракторном, архитектурно-строительном (техническая направленность подготовки), журналистики, психологии, сервиса и туризма (гуманитарная направленность подготовки). В исследовании приняли участие 430 человек. Возраст респондентов составил от 18 до 22 лет. В зависимости от направленности подготовки, ступени обучения и уровня СА выборка была разделена на 12 подгрупп.

В результате структурного анализа по А.В. Карпову [1,87], примененного к матрицам интеркорреляций показателей пяти типов профессиональной деятельности с показателями самоактуализационных, рефлексивных и смысложизненных характеристик, было установлено следующие:

1. Среди студентов *младшей ступени обучения* (217 человек) лишь 11 % респондентов выступают в качестве субъектов деятельности (подгруппа студентов гуманитарной подготовки с низким уровнем СА). Полученный результат является вполне закономерным ввиду возрастных особенностей респондентов на данном этапе обучения (начало 3-го курса).

2. Среди студентов *старшей ступени обучения* (213 человек) только у 20 % респондентов сформирована субъектная позиция по отношению к своей будущей профессиональной деятельности (у подгруппы студентов старшей ступени обучения с высоким уровнем СА).

3. Лишь у 22 % студентов *технических специальностей* (47 человек) доминирующий тип профессиональной деятельности, в котором они находят для себя личностные смыслы и возможность профессионально самореализоваться («Человек-Знак»), соответствует направленности их профессиональной подготовки (подгруппа студентов младшей ступени обучения со средним уровнем СА). У другой части респондентов (168 человек) доминирующим типом профессий является «Человек-Человек», среди них 58% это студенты старшей ступени обучения.

4. Среди студентов *гуманитарной подготовки* (219 человек) 53 % респондентов ориентирована на тип профессий «Человек-Художественный образ», 35 % – на тип профессий «Человек-Знак», а 12 % не имеют выраженных профессиональных ориентаций (студенты старшей ступени обучения с низким уровнем СА).

Таким образом, было установлено, что к моменту окончания высшего учебного заведения только 1/5 студентов является субъектами будущей профессиональной деятельности, что характеризуется способностью самостоятельно и осознанно находят смыслы в выбранном ими типе профессиональной деятельности, рефлексией своих профессиональных перспектив, стремлением реализовать свой внутренний потенциал в рамках профессиональной деятельности, выраженной гуманистической направленностью личности и убеждением в том, то они способны контролировать профессиональную сферу своей жизни.

Также было установлено, что среди студентов гуманитарной специальности 88 % студентов ориентированы на типы профессий, соответствующие направленности их профессиональной подготовки, из них половина группы это студенты старшей ступени обучения. Это может свидетельствовать о том, что данная группа студентов вне зависимости от социально-экономических изменений обладает устойчивыми профессиональными ориентациями. В особенности данный результат является положительным относительно студентов старших курсов. При этом тип профессий «Человек-Человек», который является профильным для студентов *гуманитарной* подготовки (журналистов, психологов и т.д.), завершающих свое профессиональное обучение, не является значимым, в отличие от студентов старшей ступени *технической* подготовки. Можно предположить, что эти результаты отражают понимание студентами технических специальностей последствий тех социально-экономических изменений, которые происходили в обществе на момент обучения студентов на старших курсах университета в период 2009 – 2012 гг., в частности, закрытие многих технически ориентированных предприятий, заводов, сокращение рабочих мест и, как следствие, перенасыщение рынка труда квалифицированными техническими специалистами со стажем работы. Вероятно, именно на основании этого у студентов технических специальностей произошла переориентация на тип профессий, наиболее востребованный обществом – «Человек-Человек», в котором они видят возможность реализовать себя. В частности, в настоящее время наиболее востребованной на рынке труда является работа в должности менеджера по продажам, при отборе на которую работодатели наибольшее предпочтение отдают специалистам с высшим техническим образованием.

Литература:

1. Карпов, А.В. Психология профессиональной адаптации: монография / А.В. Карпов. – Ярославль: ЯрГУ, 2003. – 161 с.
2. Поваренков, Ю.П. Психологическое содержание профессионального становления человека / Ю.П. Поваренков. – М.: Изд-во «УРАО», 2002. – 160 с.
3. Пряжников, Н.С. Профессиональное и личностное самоопределение / Н.С. Пряжников. – М.: Институт практической психологии, 1996. – 256 с.
4. Солдатова, Е.Л. Психология развития и возрастная психология. Онтогенез и дизонтогенез / Е.Л. Солдатова, Г.Н. Лаврова. – Ростов н/Д: Феникс, 2004. – 384 с.

Павлова Е.В.[1], Баранская Л.Т.[2]

[1]клинический психолог, нейропсихолог, руководитель программы профессиональной переподготовки ЦПДО, Уральский Федеральный университет им. Первого Президента России Б.Н. Ельцина, Екатеринбург

[2] Доктор психол. н., доцент кафедры психиатрии ФПК и ПП, Уральский государственный медицинский университет, Екатеринбург

ВЛИЯНИЕ ВНУТРИСЕМЕЙНЫХ ОТНОШЕНИЙ НА ВОЗРАСТНУЮ ДИНАМИКУ ВЫСШИХ ПСИХИЧЕСКИХ ФУНКЦИЙ У МЛАДШИХ ШКОЛЬНИКОВ

Роль семьи в формировании уникальной для каждого ребенка ситуации социального, психологического и личностного развития общепризнанна. Исследователи выделяют три основные взаимосвязанные группы родительского влияния: объективный статус семьи, развитие личности самого ребенка, способы общения и взаимоотношений в семье [3].

В работах Ю.В. Микадзе высказано предположение о том, что «ведущей причиной отклонений в развитии психических функций у детей с иррегулярностью психического развития (отклонениями в формировании ВПФ) является ослабленное действие средовых, в частности, социальных факторов. ... неблагоприятная социальная ситуация развития может привести к закреплению и усугублению имеющихся отклонений» [2, 200].

Нейропсихологическая диагностика учащихся 1-2-х классов общеобразовательной школы, выполненная по программе Т.В. Ахутиной [1], в сочетании с оценкой поддерживающего семейного окружения по итогам беседы с родителями позволяет говорить о том, что существует взаимосвязь между наличием повышенного стрессового напряжения в семье и проявлением нейропсихологических нарушений у ребенка.

В качестве примера рассмотрим случай Кирилла Я., 6 лет 11 мес., ученика 1 класса гуманитарной гимназии.

Поводом обращения к нейропсихологической диагностике прослужили жалобы учительницы на невнимательность, расторможенность, а также трудности в учебе (особенно в чтении и письме).

Из анамнеза: ребенок от первой беременности, которая протекала на фоне умеренного гестоза. Роды в срок, вес и рост при рождении в норме, на протяжении младенческого периода все параметры развития соответствовали возрастным нормативам. Данные из медицинской карты: в выписке из роддома отмечена сочетанная гипоксия I ст., при осмотре невролога в 1 мес. диагностировано ПП ЦНС гипоксического генеза. По достижении 1 года ребенок снят с неврологического учета, в последующем неврологом не наблюдался, жалоб на здоровье не было.

Нейропсихологическая диагностика показала, что в целом картина развития высших психических функций соответствует представлениям о возрастной норме, но выявлена ослабленная нейродинамика протекания психических процессов, и, соответствующая ей недостаточность произвольной регуляции деятельности. Нейропсихологические пробы Кирилл принимался выполнять бодро и вполне успешно, но вскоре начинал отвлекаться, болтать ногами, разговаривать на посторонние темы, ошибаться при выполнении заданий, причем ошибки носили неспецифический характер и исчезали при повторении проб после динамической паузы.

Беседа с родителями прояснила актуальную семейную ситуацию. Начало обучения Кирилла в школе совпало с болезнью 4-летнего брата – у него был диагностирован инфекционный менингит, и ребенок вместе с мамой был госпитализирован. Из-за карантина общение с родственниками осуществлялось только по телефону. Эта ситуация породила серьезный семейный стресс. Папа погрузился с головой в работу, а Кирилла 1 сентября в школу повела бабушка, к которой он переехал на то время, пока мама с братом находились в больнице (бабушка живет в отдельной квартире в соседнем подъезде). Но и после их выписки мальчик «по решению семейного совета, ради его блага, ведь там у него есть своя отдельная комната» продолжал жить у бабушки, которая очень сильно переживала и нервничала из-за возложенной на нее ответственности и необходимости оперативно реагировать на жалобы и замечания учительницы.

Данный пример показывает, что выявленный нейропсихологический симптом носит сигнальный характер, словно загорелась «красная лампочка», которая предупреждает, что данная ситуация далее невыносима для мальчика. Особую важность в данном случае приобретает значение симптоматического поведения ребенка в контексте семейной ситуации. Пока мама с братом были в больнице, даже, несмотря на ответственный момент начала учебного года, было понимание временного характера разлуки – Кирилл «держался». Однако, когда определилась перспектива продолжения его отдельного от родительской семьи проживания, возникла реакция протеста, которую ребенок не мог выразить вербально. На словах Кирилл соглашался с взрослыми, что у бабушки для него условия жизни лучше, но появление его школьных трудностей свидетельствовало о призыве к родителям уделять ему гораздо больше внимания и активнее сопровождать его в начале школьного обучения.

В оценке симптоматического поведения ребенка, в том числе квалифицируемого как проявление недостаточной сформированности функциональной системы речи, только нейропсихологического подхода явно недостаточно.

Нейропсихологическая диагностика позволяет понять ограничения биологической базы, вследствие перенесенной перинатальной гипоксии и ориентирует на преодоление неспецифических речевых и поведенческих трудностей путем упорядочения режима нагрузок и отдыха, а также коррекционными занятиями, направленными на активизацию мозговой деятельности и укрепление произвольной саморегуляции.

Наряду с этим, реализация системного подхода требует рассмотрения симптоматического поведения ребенка, в том числе и с позиции скрытой парадоксальной коммуникации между людьми. Такое поведение несет в себе коммуникативную метафору и в то же время представлено в такой форме, которая не воспринимается другими членами семьи как послание.

В ходе обсуждения и интерпретации результатов нейропсихологической диагностики с мамой Кирилла у нее появилось осознавание скрытого ранее коммуникативного смысла симптоматики Кирилла. Это позволило наметить план по внесению психологической коррективы в внутрисемейные отношения. Потребовалось несколько консультаций родителей, направленных на эмоциональную поддержку мамы и более активное вовлечение папы в разрешение сложившейся ситуации, на активизацию дополнительных ресурсов семьи в переживании кризисного этапа жизни. Параллельно с этим процессом наметилось снижение остроты проблемы школьных трудностей Кирилла.

Таким образом, с одной стороны, существует определенный узкий запрос у родителей на нейропсихологическую диагностику и коррекцию ребенка, испытывающего проблемы в поведении и обучении, обусловленные неклиническими формами несформированности высших психических функций. С другой стороны, решение поставленной задачи исключительно на основе нейропсихологического подхода явно недостаточно. Рассмотренный случай отчетливо демонстрирует, что успехи нейропсихологической реабилитации ребенка существенно связаны с психологической коррекцией внутрисемейных отношений. В противном случае резистентное поведение родителей, обусловленное защитными механизмами, препятствует достижению значимых положительных результатов.

Представляется важным выработать систему эффективной практической психологической помощи родителям и исследовать возможные неблагоприятные внутрисемейные отношения, выступающие препятствием к развитию высших психических функций у младших школьников.

Литература
1. Ахутина Т.В., Пылаева Н.М. Преодоление трудностей учения: нейропсихологический подход. – СПб.: Питер, 2008.
2. Микадзе Ю.В. Нейропсихология детского возраста: Учебное пособие. – СПб.: Питер, 2008.
3. Павлова Е.В., Баранская Л.Т. Стресс школьной неуспеваемости: комплексный подход / Психология стресса и совладающего поведения. Кострома: Сб. III Межд. науч.-прак. конф., 2013. С.49-51.

Кочнева Е.М.
кандидат психологических наук, доцент кафедры социальной и организационной психологии НГПУ им. К. Минина
e-mail: e.m.kochneva@yandex.ru

Ширяева Л.О.
студентка 5 курса факультета Психологии и педагогики
НГПУ им. К. Минина
e-mail: lyubov17@bk.ru

ОСОЗНАНИЕ ПРОФЕССИОНАЛЬНОГО ВЫБОРА С ИСПОЛЬЗОВАНИЕМ РЕПЕРТУАРНЫХ РЕШЕТОК ДЖ. КЕЛЛИ

Проблема профессионального самоопределения изучена к настоящему времени достаточно полно. Широко известны работы, в которых:

✓ определено понятие «профессиональное самоопределение» (Б. С. Волков, Э.Ф. Зеер, Е.А. Климов, А.К. Маркова, Н.С. Пряжников и др.) и выделены уровни (типы) профессионального самоопределения (Э.Ф. Зеер, А.К. Маркова, Н.С. Пряжников и др.);

✓ изучены понятия «готовность к профессии» (А.В. Введенов, Я.М. Волкова, А.А. Дергач, Е.А. Климов, В.А. Крутецкий, В.А. Моляков, К.К. Платонов, А.М. Столяренко и др.), «психологическая готовность к профессии» (М.Л. Афанасьев, А.А. Дергач, М.И. Дьяченко, Л.А. Кандыбович, В.А. Крутецкий и др.), «мотивационная готовность к профессиональной деятельности» (А.Д. Глоточкин, И.В. Грабовский, Ю.М. Забродин, Е.М. Кочнева, О.М. Краснорядцева, К.К. Масюченко, Б.А. Сосновский и др.) как ключевые понятия профессионального самоопределения, определены их структуры и условия развития;

✓ разработаны теории построения профессиональных перспектив (Л.Н. Захарова, Э.Ф. Зеер, Е.А. Климов, А.К. Маркова, К.Е. Орлова и др.) и теории подготовки студентов к проектированию своего профессионального будущего (Е.В. Бурмистрова, Е.М. Кочнева, И.В. Перелыгина, Т.В. Черникова, К.М. Щербакова и др.) как необходимых предпосылок профессионального самоопределения;

✓ разработан многочисленный психодиагностический инструментарий, позволяющий определить профессиональные интересы, профессиональную направленность, профессиональную самооценку, профессионально-важные качества, профессиональные ценности и многое другое (Е.П. Ильин, А.В. Капцов, Е.А. Климов, Д.А. Леонтьев, А.А. Реан, И.Л. Соломин и др.).

Однако данная проблема по-прежнему привлекает ученых, так как в связи с модернизацией системы высшего профессионального образования многократно возросла личная ответственность обучающейся молодежи за выбор содержания, направленности профессионального развития и за качество освоения учебно-практического материала (постановка целей в отношении своего профессионального будущего; составление индивидуальных планов прохождения профессионального обучения; выбор дисциплин в соответствии с траекторией профессионального развития; самоконтроль успешности освоения избранных дисциплин в соответствии с установленными сроками и т.д.), что, в свою очередь позволяет обучающимся присвоить новый опыт.

Универсальными средствами присвоения нового опыта, в том числе и профессионального, по нашему мнению, служат адекватная обратная связь, предоставляемая в соответствии с принципом объективации (осознания) и рефлексия. Организация (наполнение содержанием и смыслом) процесса обучения в вузе и *замысел* (проектирование) будущего (как, где, в каком направлении и объеме, зачем и т.д.), т.е. собственной практической деятельности, позволяет субъекту:

— *во-первых*, получить неотчужденные знания и пользоваться ими в реальной жизни;

— *во-вторых*, преодолеть разрыв между теоретическими знаниями и практическими умениями;

— *в-третьих*, осознать дефицит необходимых ресурсов (информационных, навыковых и т.д.) и спланировать пути их восполнения;

— *в-четвертых*, замыслить (спроектировать) возможный результат на осознаваемую временную перспективу.

В качестве механизмов, запускающих рефлексивные процессы, мы использовали метод личных конструктов Дж. Келли, в рамках которого им была разработана техника «репертуарных решеток».

Методика репертуарных решеток имеет определенные преимущества, так как:

✓ сочетает в себе достоинства «стандартизированных методик, позволяющих сравнивать обследуемого с «нормативной личностью», и беседы, в которой легче понять индивидуальные особенности человека;

✓ отличается хорошей кросс-культурной валидностью (стимульный материал выявляется в ходе самого обследования);

✓ данная техника сочетает в себе психодиагностическую и психокоорекционную процедуры, в которой повышается адекватность восприятия личностью окружающих и самого себя.

Данная классификационная методика рассчитана на выявление того, что стоит за словом человека, его оценкой явлений, событий, других людей. Одним из важнейших достоинств данной методики, как указывает М.Ю. Кондратьев, является то, что он позволяет проникнуть за занавес широко употребляемых, «расхожих» вербальных понятий и застраховаться от неизбежных при использовании тестов и интервью расхождений и смешений в их индивидуальном истолковании [1].

Излагаемый нами вариант техники сбора информации строится на представлении о биполярном характере оценки: другими словами, на уверенности в том, что анализ любой ситуации осуществляется субъектом восприятия путем определения ее сходства и особенностей по сравнению с другими, уже известными ему ситуациями или явлениями. В качестве личных конструктов мы выбрали: «успешный психолог», «неуспешный психолог», «квалифицированный психолог», «неквалифицированный психолог» и «Я».

Мы, вслед за авторами (В.А. Бодров, М.В. Молоканов, В.Л. Марищук и др.) понимаем успешность профессиональной деятельности вообще и психолога в частности как некий личный конструкт, имеющий две взаимосвязные составляющие: объективную и субъективную. Объективная составляющая характеризуется продуктивностью профессиональной деятельности психолога и оценивается извне. Субъективная составляющая характеризуется внутренними переживаниями: самоотношением, самооценкой, уровнем саморазвития и т.д., связана с когнитивной сферой и оценивается изнутри. В идеале данный конструкт должен находиться в равновесии. Но в реальности, как указывал А.И. Пригожин, человек ставит адекватные своей внутренней сущности цели и тем самым находится в постоянном поиске [3].

Наряду с конструктом успешности мы выделили конструкт квалифицированности. В представлениях современных молодых людей, по нашим данным, успешный специалист и квалифицированный специалист – это разные понятия, причем квалифицированный психолог может быть неуспешным, а успешный психолог может быть неквалифицированным. Так считают большинство опрошенных нами студентов-психологов (64%) [2].

Сама методическая процедура не представляет собой особой сложности и осуществлялась нами в один экспериментальный этап. Респондентам предлагалось заполнить рефлексивную матрицу (таблица 1) в соответствии с инструкцией.

Инструкция: «Перед Вами представлена таблица, в столбцах которой расположены роли, а в строках обозначены триады (изображенные кружками в каждой строке). Вам необходимо по очереди разобрать каждую из триад, т.е. сравнивая роли, Вы определяете, чем две роли схожи между собой и чем отличаются от третьей. Кружки схожих ролей надо зачеркнуть и записать, что их объединяет в графу «сходство» данной триады; отличие третьей роли записать в графу «различие».

Такое использование методики Дж. Келли позволяет:
✓ выявить особенности профессионального сознания и самосознания;
✓ обозначить проблемные области еще на этапе профессионального обучения;

✓ наметить направления возможной корректировки будущих профессиональных перспектив.

Таблица 1 – Рефлексивная матрица

«Я»	«успешный психолог»	«неуспешный психолог»	Квалифицированный психолог	Неквалифицированный психолог	ФИО_____	
					Сходство	Различие
O	O	O				
O		O	O			
O			O	O		
O	O		O			
O		O		O		
O	O			O		

Литература

1. Кондратьев, М.Ю. Социальный психолог в общеобразовательном учреждении / М.Ю. Кондратьев – М.: ПЕР СЭ, 2006. – 224 с.
2. Кочнева, Е.М. Установка на успех современной молодежи: миф или реальность [Текст] /Е.М. Кочнева // Сборник статей по материалам Международ. науч.-практ. конф. – Ульяновск: Изд-во «Вектор-С», 2011. – 228 с.
3. Пригожин, А.И. Цели и ценности. Новые методы работы с будущим / А.И. Пригожин. – М.: Издательство «Дело» АНХ, 2010. – 432 с.

Макаров Ю.В.
кандидат психологических наук, доцент, РГПУ им. А.И. Герцена

ХАРАКТЕРИСТИКИ И ОСОБЕННОСТИ ТРЕНИНГОВЫХ ТЕХНОЛОГИЙ

В статье рассматриваются основные характеристики и особенности тренинговых технологий. Дается определение тренинговой технологии. Вводится понятие «технотренинг». Определяются основные принципы тренинговых технологий и раскрывается их содержание.

Ключевые слова: тренинговая технология, психологический тренинг, технотренинг, принципы тренинговой технологии.

Проблема тренинговых технологий не является новой для психологической науки, но в настоящее проходит этап накопления эмпирических данных, теоретических разработок и исследований.

«В последнее время резко возрос интерес к использованию тренинговых технологий в различных областях человеческой деятельности (в педагогике, бизнесе, политике и т.д.)» [5, 104]

Они – тренинговые технологии «… с доказанной эффективностью не только выступают условием качественной профессиональной подготовки специалистов разного профиля, но и становятся необходимыми для гармоничного развития личности…» [3, 5]

Среди ученых в трудах которых рассматриваются различные аспекты тренинговых технологий можно назвать В.Н. Алферову, П.А. Бавину, Г.Х. Бакирову, С.А. Беличеву, А.К. Быкова, И.В. Вачкова, И.Б. Гриншпуна, Г.С. Голышева, С.Д. Дерябо, Е.А. Леванову, Ю.В. Макарова, В.М. Максимову, А.П. Панфилову, В.А. Плешакова, Н.С. Пряжникова, Е.В. Сидоренко, А.Н. Соболеву и др.

В работе Е.А. Левановой и других представлена история становления и специфические черты тренинговых технологий. [3, 6-20]

Ю.В. Макаров раскрывает концептуальные основы психотренговых технологий. [4, 281-283]

В диссертации П.А. Бавиной исследуются проблемы формирования коммуникативной компетентности менеджеров средствами тренинговых технологий. [1]

В диссертационном исследовании В.М. Максимовой предлагается определение тренинговых технологий применительно к педагогической деятельности: «Тренинговые технологии – системы деятельности учащихся по отработке определенных алгоритмов решения типовых задач практики, в том числе с помощью ЭВМ».

Предложим следующее определение тренинговой технологии: «тренинговая технология – это совокупность последовательных научно обоснованных тренинговых модулей и процедур, направленных на оптимизацию процессов тренинга с целью повышения его эффективности».

Из данной формулировки вытекает:

1. Научная обоснованность тренинговых модулей и процедур. Этот критерий необходим для того, чтобы не допускать использование на тренингах методов и приемов не имеющих никакого отношения к наук, что, к сожалению бывает довольно часто, когда их проводят доморощенные «мастера». Такая практика проведения тренингов не только дискредитирует их, но и порой наносит непосредственный вред участникам.

2. Строгая последовательность тренинговых модулей и процедур. Данный критерий вытекает из дидактического принципа «от простого к сложному» и достигается выстраиванием тренинговых процедур в определенном порядке, что позволяет наращивать знания, исходя из достигнутого.

3. Оптимизация процессов тренинга с целью повышения его эффективности. Последний критерий определения выражает сущность и главное содержание любой тренинговой технологии.

Тренинг, проводимый на основе тренинговых технологий назовём технологическим тренингом (технотренинг). В таком случае:

- Социально-психологический тренинг (С.П.Т), проводимый на основе тренинговой технологии будет обозначен как Социально-психологический технотренинг (С.П.Т.Т.)

- Тренинг личностного роста (Т.Л.Р.) - Технотренинг личностного роста (Т.Т.Л.Р.)

- Бизнес-тренинг (Б.Т.) – Бизнес – технотренинг (Б.Т.Т.).

Основные принципы тренинговых технологий:

1. Принцип концептуальности.

Концептуальность тренинговой технологии предполагает, что каждой тренговой технологии должна быть присуща опора на определенную парадигму психологической концепции личности.

К основным парадигмам тренинговых технологий, можно отнести:
- психоаналитическая парадигма;
- бихевиоральная парадигма;
-гуманистическая парадигма;
-смешанная парадигма (Ю.М. – эклектическая, вобравшая в себя элементы всех казанных парадигм);

2. Принцип системности.

Этот принцип означает, что тренинговая технология обладает:
-целостностью, под которой понимается совпадения целей тренинговой технологии с достигнутыми результатами;

-структурностью, то есть наличием устойчивых и существенных связей между элементами (тренинговыми процедурами);
-взаимосвязью тренинговой технологии (как подсистемы) с внешней средой (под которой понимается технология всего тренинга, выступающего по отношению к тренинговой технологии как целая система);
-иерархичностью, субординацией, подчинённостью. Тренинговая процедура «подчиняется» модулю, тренинговый модуль «подчиняется» тренинговой технологии;
3. Принцип развития – тренинговая технология, развивается и совершенствуется на основе достижений теории и практики проведения тренингов.
4. Принцип выраженности социально-психологической сущности и природы тренинговых технологий, который означает принятие постулата о её социально-психологической сущности и природе, так как содержание любого тренинга заключается в единстве и взаимодействии личности и группы.
5. Принцип единства и последовательности обучающей, корректирующей и развивающей сторон тренинговой технологии – означает, что эффективность проведения тренинга может быть достигнута на основе единства и последовательности обучающего, корректирующего и развивающего воздействия на личность и группу в целом.
6. Принцип субъект-субъектного взаимодействия членов тренинговой группы в процессе проведения тренинговых технологий – предполагает направленность тренинговых модулей и процедур на воссоздание на тренинге отношений доброжелательности, открытости, конгруэнтности коммуникаций в группе.
7. Принцип диалектического единства стереотипного и творческого – суть его состоит в том, что с одной стороны - тренинговая технология представляет собой совокупность стандартизированных процедур и действий, с другой – выбор этих процедур и действий, осуществления их на практике есть творчество и степень его зависит от креативности и личностных особенностей как ведущего тренинговой группы, так и участников тренинга.
8. Принцип модульности – основным структурным элементом тренинговой технологии выступает модуль.

«На современном этапе развития науки, понятие модульности приобретает методологический смысл. Модульность выступает, как один из основных принципов системного подхода. Принцип модульности, наряду с такими важными принципами подхода, как принцип развития, определяет динамичность и мобильность функционирования системы». [2, 93]

Список литературы

1. Бавина П.А. Дисс. канд. Тренинговые технологии в формировании коммуникативной компетентности будущих менеджеров. Санкт-Петербург, 2006
2. Воронин В.Н. Докт. дисс. Интеграция эвристического и технологического подхода в проектировании дидактических комплексов в вузе. Тольятти, 1999
3. Леванова Е.А., Соболева А.Н., Плешаков В.А., Голышев Г.С. Игра в тренинге. Личный помощник тренера. СПб.: Питер. 2011
4. Макаров Ю.В. Концептуальные основы психотренинговых технологий // Материалы VI Ежегодной Всероссийской научно-практической конференции «Психология в школе: практический психолог – профессия нового века». СПб. ГП «Иматон», 2001
5. Харин С.С. Искусство психотренинга. Заверши свой гештальт. Мн.: Изд. В.П, Ильин, 1998

Соколовская С.А.
доцент, кандидат философских наук,
Российский государственный университет физической культуры,
спорта, молодёжи и туризма (ГЦОЛИФК)
Селиванов Л.И.
старший научный сотрудник, кандидат социологических наук

ПРОБЛЕМЫ И ПРИОРИТЕТЫ ИНФОРМАЦИОННОГО ОБЕСПЕЧЕНИЯ МОЛОДЕЖИ И ГОСУДАРСТВЕННОЙ МОЛОДЕЖНОЙ ПОЛИТИКИ В РОССИЙСКОЙ ФЕДЕРАЦИИ

Молодежь в силу своей мобильности и восприимчивости ко всему новому является основным субъектом развития информационных и коммуникационных технологий, активнее других возрастных групп участвует в их формировании и ощущает на себе как их положительные аспекты, так и отрицательные.

В молодом возрасте, ведущими компонентами психологического развития являются завершение формирования ценностно-смысловых ориентаций и самореализация молодого человека (решение задач жизненного выбора и достижения жизненных целей, построение личностных контактов со значимым социальным окружением), а также завершение формирования психологической базы социальной ответственности. Указанные психологические компоненты составляют основу мотивации социальной деятельности молодых людей в этом возрасте. Одновременно можно говорить об относительной зрелости, сформированности эмоционально-волевой и познавательной сфер личности. При этом данной группе в целом свойственна сравнительно высокая включенность в информационные медиапотоки.

Исследования последних десятилетий подтверждают, что медиапотоки оказывают информационно-психологическое воздействие на ценностно-смысловые ориентации личности молодежной аудитории, определяющие решение задач жизненного выбора. При этом чем выше уровень вовлеченности в медиапотоки, тем сильнее проявляются затруднения или относительная неэффективность решения задач жизненного выбора. Одновременно молодые люди переживают чувство и состояния ценностно-смысловой неопределенности жизненных ситуаций (субъективно это может выступать как безразличие к актуальным проблемам, как переживание противоречивого отношения к ним) и уклоняются от принятия на себя ответственности за решение жизненных проблем своих и (или) своих близких.

Можно утверждать, что основным механизмом информационно-психологического воздействия на эту аудиторию является моделирование поведения: молодым людям демонстрируют некоторые нормы поведения и дают понять, что следование этой норме вызовет положительную реакцию у референтных (уважаемых, значимых) личностей или групп. Данный механизм можно рассматривать как неконтролируемый (а поэтому насильственный) способ манипуляции молодой личностью, у которой не сформированы механизмы психологической самозащиты.

Диагностика ситуации в области информационно-психологической безопасности медиапотоков позволяет оценить ее как недостаточную. Значительная часть массовых медиапродуктов формируется и выпускается на рынок без учета требований информационно-психологической безопасности молодого поколения.

В формировании устойчивой и динамичной системы социализации молодого поколения важную роль играют средства массовой информации. Через них транслируются образцы поведения, стиль жизни, с их помощью формируются нравственные основы бытия. Между тем социологические исследования показали, что современные российские медиасистемы пренебрегают интересами этой аудиторной группы. Познавательный, социально значимый, гуманистически окрашенный контент, в котором нуждается молодежь, нередко подменяется содержанием, направленным на удовлетворение низменных сиюминутных потребностей, ориентирующим на легкое достижение карьерного роста и финансового благополучия, на развлечения, что естественно, приносит медиаиндустрии быстрый коммерческий успех.

Существующее в обществе информационное неравенство в отношении молодежи проявляется не только в том, что не удовлетворяются в полной мере потребности разных молодежных групп в информации, но и в том, что сами эти группы в определенной степени отчуждены от СМИ. Налицо противоречие между целями производителей и потребителей информации, рассогласованность механизмов их взаимодействия. Часто это сопровождается использованием в СМИ манипулятивных технологий.

Такое рассогласование интересов уже привело к тому, что в аудитории СМИ наблюдается интенсивный отток молодежи. Сегодня она существенно изменила свои медиапредпочтения и самостоятельно формирует собственную медиасреду, которая характеризуется использованием различных современных форм медиа. В их числе - блоги, форумы, Интернет-комментирование, виртуальные сообщества, самодеятельные газеты и журналы, фото-, аудио – и видеотворчество, SMS-сообщения, мобильные коммуникации и многое другое. По данным фонда «Общественное мнение», 25% авторов сообщений, циркулирующих в информационном пространстве, - люди в возрасте 16-20 лет.

Сегодня в практике СМИ нередко возникает новая ситуация, когда интересы журналистов и аудитории не пересекаются. Журналисты обслуживают интересы медиавладельцев, крупных рекламодателей, политических и экономических структур, пренебрегая при этом потребностями аудитории. По многим позициям представления журналистов и СМИ об информационных потребностях подростковой и молодежной аудитории не совпадают с реальными интересами этой целевой группы и, таким образом, возникает явление «разорванной коммуникации». Журналисты недооценивают интерес молодых людей к познавательной и другой жизненно важной для их социализации информации.

Этот факт подтверждается результатами многих социологических исследований, которые показывают, что предпочтения всех групп молодежи - на стороне электронных СМИ [1]. Подрастает поколение не читающее, а смотрящее. В целом в молодежной среде как источник информации лидирует телевидение (79,1%). Наименьший интерес представляют радио (27,6%) и печатные СМИ (20,5%). Печать занимает устойчивое последнее место среди всех видов средств массовой информации. Чем выше интеллектуальный уровень респондентов, тем чаще они предпочитают печатные СМИ (училище - 12,1%, техникум - 14,7%, вуз - 36,7%).

На второе место по популярности, потеснив традиционные средства массовой информации, вышел Интернет (35,2%). Более всего он популярен в молодежной среде, для которой виртуальный мир стал сначала предметом исследовательского интереса, затем - развлечением, потом - сферой общения, источником информации, и, наконец, площадкой для создания собственного контента. Чрезвычайно динамично осваивают виртуальное пространство школьники.

В стремлении привлечь молодежную аудиторию телевидение использует ее современные установки на легкий успех, развлечения, гламур, эротику. Многочисленные игры и конкурсы, рассчитанные на примитивного зрителя и дурной вкус, делающие ставку на стремление молодых людей выделиться любой ценой, эксплуатирующие тему сексуальных увлечений, видоизменяясь, вновь и вновь появляются на экране.

В Российской Федерации зарегистрировано свыше 350 периодических изданий для молодежи. Суммарный тираж этих изданий составляет до 3 млн. экземпляров ежемесячно.

На современном российском рынке печатных СМИ для молодежи доминируют издания развлекательного характера (их совокупный ежемесячный тираж составляет до 75 процентов от тиража всех типов юношеских и молодежных изданий).

Во всем спектре юношеской и молодежной прессы слабо представлены издания обучающего и познавательного характера. Среди подписных изданий в разделе «Детские и молодежные издания» молодежный сегмент представлен всего 5% газет и журналов.

Говоря о современной молодежной прессе, с сожалением приходится констатировать, что на рынке прессы для молодежи безраздельно властвуют российские или западные издания, адаптированные для молодежи СНГ, такие как «Cool», «Птюч», «YES», «Ровесник» и др., что еще раз наглядно подтверждает глобализацию информационного рынка. Подобные издания делают упор на развлекательную информацию (музыка, шоу-бизнес, секс, сплетни) и не стремятся поднимать культурный и образовательный уровень читателей.

На этом фоне можно говорить о слабой защищенности представителей молодежной аудитории от неблагоприятного информационного воздействия медиапотоков, причем как в социальном, так и в психологическом аспектах. В социальном аспекте – это необеспечение обществом и государством соответствия медиапродуктов требованиям информационно-психологической безопасности. В психологическом аспекте – неготовность (неспособность) молодежной аудитории реализовать механизмы психологической защиты от негативного информационного воздействия.

С позиций молодежной политики этим фактором обосновывается необходимость актуальных изменений в законодательстве (федеральные законы от 29.12.2010 № 436-ФЗ (ред. от 29.06.2013) "О защите детей от информации, причиняющей вред их здоровью и развитию" [2], от 24.07.2007 № 211-ФЗ "О внесении изменений в отдельные законодательные акты Российской Федерации в связи с совершенствованием государственного управления в области противодействия экстремизму" [3] и другие).

В таком случае даже социально-позитивные цели и содержание социальной рекламы не гарантируют положительного результата. Мало того, возможно «перенесение» негативных оценок, сформированных общим информационным контентом, на вопросы индивидуального и группового поведения.

Таким образом, основные проблемы в области распространения информационных технологий в молодежной среде можно состоят в следующем:

- разрозненность и отсутствие системы в распространении социально значимой информации в молодежной среде, что не позволяет молодым людям консолидированно и системно воспринимать и формировать информацию и в свою очередь определяет неадекватную реакцию на происходящие в обществе процессы и мешает им в полной мере использовать свой позитивный потенциал;

- неравенство доступа к информации, определяемое географическими, экономическими и социальными факторами, оставляет значительную часть молодых людей в стороне от процессов, происходящих в современном обществе;

- низкий уровень информационной культуры подростков и молодежи порождает искаженные представления о человеческих ценностях и неумение пользоваться в реальной жизни знаниями и навыками, полученными в информационной среде.

На российском телевидении абсолютное большинство проектов, направленных на молодежную аудиторию, – это реалити-шоу. Периодически на российских каналах появляются переводные комедийные мини-сериалы (Друзья – Friends, Сабрина – Sabrina the wish, Студенты, Солдаты и др.). Среди печатных изданий существуют стилевые проекты, направленные исключительно на молодежную аудиторию. Большой популярностью у аудитории 18–25 лет пользуются стилевые издания "для взрослых": Cosmopolitan, Glamour, Men's Health, а также их "юные клоны".

Правда, одновременно наблюдается (особенно в студенческой среде), и рост популярности более интеллектуально насыщенных молодежных изданий (РеАкция, Гаудеамус, Техника-Молодежи и т.д.).

В настоящее время особую актуальность приобретает медиапродукция, сделанная не столько для молодежи, сколько самой молодежью, прежде всего, в сети Интернет и в блогосфере. Такой формат медиапродукции не налагает каких-либо строгих ограничений и требований, касающихся хронометража, заданности какой-либо тематики и т.п. Это касается и молодежного интернет-телевидения.

Всегда интересен портал «ЮНПРЕСС», характеризуемый помимо информативности развитой системой «обратной связи» с юными пользователями, многие из которых фактически являются «соавторами» портала. Правда, это, как и раньше, влечет за собой информационную и визуальную перегруженность и десистематичность материалов, с чем вынуждены бороться администраторы портала.

Содержание информации остается на совести авторов, за исключением информации, несоответствующей законодательству, в том числе в части обеспечения авторских прав на информационный контент. Конечно, ни содержание, ни подача такой информации для молодежи не может напрямую регулироваться средствами молодежной политики.

Вместе с тем желательным направлением оптимизации "профессионально организованных" медиапроектов для молодежной аудитории может стать расширение их тематики, обеспечение ее социальной направленности. Кроме того, возможно включение прямой социальной рекламы в молодежные медиапроекты.

Одна из приоритетных задач в современной практике работы с молодежью как для государственных структур, так и заинтересованных общественных объединений - развитие тематических информационных ресурсов (прежде всего Интернет-порталов). Такие ресурсы позволяют удовлетворять как современные информационные запросы каждого представителя молодого поколения, так и тех, кто работает с молодежью, подростками. Решение вопросов гражданского и патриотического воспитания, международные молодежные обмены, реализация программ поддержки молодежного научного и художественного творчества, формирование банков данных о положении детей и молодежи, проведение мониторингов невозможны без актуального информационно-ресурсного обеспечения. Естественно, речь идет о "серьезных" порталах, выполняющих информационные, консультативные, просветительские, образовательные функции, но в то же время интересных обычному молодому пользователю [4].

В отличие от традиционных СМИ, ориентированных на молодежную аудиторию, информационные ресурсы, как правило, носят интерактивный характер, когда отклики и комментарии и просто количество посещений, "френдов" и т.д. часто более информативны, чем сами сообщения.

Применительно к целям доклада из числа всех "молодежных" сайтов целесообразно выделить государственные и независимые информационные ресурсы, выполняющие не развлекательные, но социально ориентированные функции и пользующиеся поддержкой государственных структур и общественных молодежных объединений. Информационные ресурсы в этой сфере значительно отличаются от, например, образовательных по целевым группам, задачам и даже технологиям наполнения и поддержки.

Существующие молодежные информационные ресурсы (порталы) различаются как по функциональному назначению, так и по принадлежности к государственным и общественным организациям (объединениям).

Можно привести несколько примеров.

На сайтах Минобрнауки России http://www.mon.gov.ru; Федерального агентства по делам молодежи: http://www.fadm.gov.ru содержится основная официальная информация по вопросам государственной молодежной политики на федеральном уровне.

Официальная информация в области развития "системных" политических инициатив молодежи содержится на сайтах молодежного парламентского движения.

По инициативе Министерства образования и науки Российской Федерации создан и развивается Всероссийский студенческий информационный портал vsip.mgopu.ru:

В рубрикаторах перечисленных порталов отражена специфика целевых групп, на которые они ориентированы. Если официальные сайты ориентированы на специалистов молодежной сферы, то студенческий портал создает прежде всего возможности для удовлетворения на государственном уровне конкретных интересов представителей студенчества как социально-профессиональной группы значимой части гражданского общества.

Поскольку работа с молодежью в нашей стране все более приобретает государственно-общественный характер, объяснима возрастающая популярность сайтов крупных молодежных и детских общественных объединений, таких, как, например:

портал www.youthrussia.ru Национального совета молодежных и детских объединений России, крупнейшего представительного органа молодежных и детских объединений в России, представляющего собой систему координации деятельности молодежных и детских организаций и консультаций между ними, в его рамках с 2005 г. действует Национальное агентство молодежной информации, благодаря которому указанный портал все более приобретает качества молодежного СМИ:

Показателен сайт Российского союза молодежи – крупнейшей молодежной общественной организации страны, имеющей отделения в большинстве регионов, структура ресурса которой трансформировалась за последний год из традиционной в интерактивный сетевой формат "В контакте":

Развиваются и специализированные общественные молодежные ресурсы, интересные для определенных групп, как, например, молодежный портал инвалидов по зрению.

В регионах также складываются собственные традиции в оформлении "официальных" и инициативных молодежных информационных ресурсов.

В последнее время наблюдается объяснимая тенденция – не только в инициативном порядке формируются молодежные информационные ресурсы и СМИ, но и потенциал традиционных сайтов общественных объединений и даже государственных организаций переводится в новый формат, прежде всего в вариантах "В контакте" (как сайт Российского союза молодежи) или "Твиттер".

Специфика современного информационного пространства такова, что часто существующий ресурс не прекращает существования, но, в лучшем случае, переходит в архивный формат.

Другую тенденцию можно обозначить как поляризацию в оформлении ресурсов: сайты традиционного содержания, прежде всего, официальные ресурсы органов государственной власти в сфере молодежной политики – Минобрнауки России, Росмолодежи, а также специализированные, нацеленные на определенные социально-профессиональные группы молодежи, например, молодых ученых, намеренно отвергают имеющийся богатый инструментарий web-дизайна, ограничиваясь традиционными ссылками и окнами.

Напротив, многие независимые, инициативные и интрерактивные ресурсы, прежде всего, позиционирующие себя, как СМИ, стремятся проявить себя в оригинальном стиле оформления.

Государственная молодежная политика сегодня все больше

ориентируется на создание (развитие) многофункциональных информационных центров, нацеленных, прежде всего, на оказание информационных услуг населению.

Фактически в последнее десятилетие в регионах сложились две модели молодежных информационных центров.

П е р в а я   м о д е л ь основана на комплексном подходе к работе с молодежью по максимальному спектру направлений – от обучения работе на компьютере до психологического консультирования подростков из групп риска. Так, например, работает Белгородский центр молодежных инициатив, где на одной территории сосредоточено много служб, работающих с молодежью. Этот подход весьма результативен, но требует значительных ресурсных затрат или самоокупаемости на основе платных услуг (н а п р и м е р, продажи билетов на посещение досуговых мероприятий – дискотеки, кино и т.д.).

В т о р а я   м о д е л ь основана на стремлении в условиях недостаточного ресурсного обеспечения объединить материальную базу учреждений, работающих с молодежью и подростками, независимо от ведомственной принадлежности. На такой основе, когда информационные и организационные ресурсы используются по взаимному согласованию, работают молодежные службы на территории Волгоградской области, принадлежащие к разным ведомствам, но взаимодополняющие друг друга в формировании молодежных информационных ресурсов, проведении спортивных соревнований и т.п.

В разных социально-экономических и правовых условиях руководители центров вправе выбирать эти и другие модели деятельности с учетом направления и эффективности их работы – удовлетворения информационных запросов молодежи и формирования молодежного информационного пространства [5].

Можно сделать вывод, что информирование молодежи становится ключевым инструментом обеспечения ее участия в общественной жизни, вовлечения молодых людей в созидательную социальную практику. В конечном счете именно информирование определяет возможность и степень участия молодых граждан во всех важнейших начинаниях российского государства и институтов гражданского общества.

Литература:

1. Жилавская И.В. Оптимизация взаимодействия СМИ и молодежной аудитории на основе медиаобразовательных стратегий и технологий – М. 2006.

2. Федеральный закон от 29.12.2010 № 436-ФЗ (ред. от 29.06.2013) "О защите детей от информации, причиняющей вред их здоровью и развитию".

3. Федеральный закон от 24.07.2007 № 211-ФЗ "О внесении изменений в отдельные законодательные акты Российской Федерации в связи с совершенствованием государственного управления в области противодействия экстремизму".

4. Молодежь на рубеже XXI века. Колл. монография/под ред. В.М. Филиппова. М., 2007.

5. Селиванов Л.И. Научно-информационное обеспечение молодежной политики\ Тезисы докладов международной научно-практической конференции «Будущее молодежи России» - М.: Институт социологии РАН, 2003.

Саушев А.В.
доцент, к.т.н., зав. Кафедрой
Бова Е.В.
ст. преп.,
Толокнова О.М.
ассистент
Троян Д.И.
аспирант
ГУМРФ имени адмирала С.О. Макарова, ep-gumrf@bk.ru

ФОРМИРОВАНИЕ КРИТЕРИЯ ОПТИМАЛЬНОСТИ ПРИ СИНТЕЗЕ ТЕХНИЧЕСКИХ СИСТЕМ

Для решения задач структурного и параметрического синтеза технических систем (ТС) одной из основных задач является задача формирования критерия оптимальности. Поскольку большинство технических систем характеризуются не одним, а несколькими показателями качества, которые являются противоречивыми (улучшение значений одних показателей приводит к ухудшению значений других показателей), то задача синтеза представляет собой задачу векторной или многокритериальной оптимизации.

Анализ многочисленных работ показывает, что трудности, имеющие место при решении векторных задач оптимизации, носят не столько вычислительный, сколько методологический характер. В большинстве работ вся методология постановки оптимизационных задач сводится к формированию обобщенного критерия оптимальности и выбору одного из методов математического программирования [1,37].

Рассмотрим аксиоматический принцип формирования критерия оптимальности и введем в рассмотрение постулаты, которые являются базисом предлагаемой методологии [2,61;3,65].

Постулат 1. Основополагающим постулатом методологии является констатация того факта, что любая ТС характеризуется двумя обобщенными параметрами – эффективностью (полезностью) и затратами (платой за полезность). Введенный постулат логически вытекает из фундаментального философского закона диалектического единства противоположных начал любого объекта познания. Следствиями постулата являются формулировки двух критериев оценки ТС – эффективности (Э) и цены (Ц). Критерий цены (КЦ) характеризует ТС значением параметра Ц при фиксированном значении параметра Э, а критерий эффективности (КЭ) – значением параметра Э при фиксированном значении параметра Ц.

Постулат 2. Обобщенные параметры ТС могут быть представлены в виде функциональных зависимостей от ее внешних (выходных) и ресурсных параметров: $Э = Э(Y_1,...,Y_j,...,Y_m)$, $Ц = Ц(\gamma_1,...,\gamma_j,...,\gamma_k)$. При этом под ресурсными параметрами понимаются такие параметры системы, которые характеризуют потребление различных ресурсов при ее создании и эксплуатации. Ресурсами являются материалы и средства, расходуемые при проектировании, изготовлении и эксплуатационном обслуживании ТС (конструкционные материалы, обрабатывающие механизмы, контрольно-диагностическая аппаратура), носители электроэнергии, рабочее время проектировщиков, изготовителей и обслуживающего персонала и т.п. Ресурсные параметры, т.е. количество потребленных ресурсов всех видов, определяют величину затрат на систему, обозначенных обобщенным параметром Ц.

Постулат 3. Два варианта решения задачи параметрического синтеза ТС полагаются равноэффективными ($Э' = Э''$) в том случае, когда равны попарно их соответствующие внешние параметры ($Y'_j = Y''_j$). На основе этого постулата функция $Э = Э(Y_1,...,Y_j,...,Y_m)$ конкретизируется в форме вектора.

Постулат 4. Ресурсы ТС тождественны товарам. Причем любой товар, как экономическая категория, принципиально имеет цену, и она может быть установлена. Следствием постулата является конкретизация функции $Ц = Ц(\gamma_1,...,\gamma_j,...,\gamma_k)$ в форме $Ц = \sum_{s=1}^{k} b_s \gamma_s$, где b_s – стоимость (цена) единицы ресурса (товара) γ_s.

Следует заметить, что полученная формула записи функции цены по своей сути принципиально отличается от похожей по форме аддитивной функции записи обобщенного показателя качества, которую вводят с целью скляризации векторной оценки системы.

Задача оптимизации критерия цены (ОКЦ) налагает на обобщенный параметр Э условие его постоянства: Э=const. Единственно возможным способом удовлетворить это требование является фиксирование всех выходных параметров ЭТС. При этом эффективность можно представить в следующей форме записи:

$$Э=(Y_j=\text{const}), \quad j = \overline{1,m}. \tag{1}$$

Задание фиксированных значений Y_j=const, $j = \overline{1,m}$ есть не что иное, как задание вполне определенных, фиксированных потребительских свойств системы. Таким образом, в (1) зафиксировано не что иное, как требования потребителя, преследуемая им цель. При этом выражение (1) и, следовательно, методология оптимизации, инвариантны относительно величины фиксированного значения цели системы и определяют лишь форму ее задания. Именно в логическом обосновании формы задания цели системы состоит истинный смысл и значение выражения (1). Тем самым запрещается любой произвол в этом отношении.

Задача оптимизации критерия эффективности (ОКЭ) предполагает нахождение его максимума. Но эффективность в виде Э представляет собой вектор, а операция оптимизации вектора не имеет смысла. Единственным логически возможным способом разрешения этого противоречия является фиксация всех компонент вектора, кроме одного, который и подлежит максимизации. В этом случае обобщенный параметр Э приобретает форму

$$Э = \left(Y_q, Y_j = \text{const}\right), j = \overline{1, m}, j \neq q, \qquad (2)$$

где q – нефиксированный выходной параметр ТС.

Заметим также, что выражение (2) накладывает на выходной параметр Y_j, $j \neq q$, только требование фиксированности, но оставляет полную свободу в выборе конкретных фиксированных значений. В частности, тем самым разрешается итерационный процесс оптимизации и его реализация в виде человеко-машинных диалоговых процедур.

Анализ литературных источников показывает, что для ТС одним из основных требований является требование высокой надежности. Применительно к большинству решаемых задач это означает, что в качестве параметра Y_q целесообразно выбрать вероятность безотказной работы или запас работоспособности системы.

Непосредственное использование важнейшего показателя параметрической надежности – вероятности безотказной работы в качестве целевой функции при оптимизации ТС не всегда эффективно вследствие его малой чувствительности вдали от границ области работоспособности и большой трудоемкости вычислений [3,61]. Кроме того, при отсутствии статистических данных о распределении параметров элементов ТС, вероятность безотказной работы принципиально не может быть использована в качестве критерия оптимальности (целевой функции).

В качестве целевой функцией предлагается выбрать запас работоспособности $\lambda(\mathbf{X})$ или минимальный запас работоспособности $\lambda_i(\mathbf{X})$, т.е. $\min \lambda_i(\mathbf{X})$. Эти критерии позволяют получать в отличие от других известных критериев оптимизации любое Парето-оптимальное решение . Примеры практического использования предлагаемого критерия оптимальности рассмотрены, например, в работах [3,210;4,295].

Литература

1. Саушев А. В. Методы управления состоянием электротехнических систем / А. В. Саушев. – СПб.: С.-Петерб. гос. ун-т водных коммуникаций, 2004. – 126 с

2. Саушев А. В. Параметрический синтез технических систем на основе линейной аппроксимации области работоспособности / А. В. Саушев // Автометрия. – 2013. – Т.49, № 1. – С. 61–67.

3. Саушев А.В. Параметрический синтез электротехнических устройств и систем / А. В. Саушев. – СПб.: ГУМРФ имени адмирала С. О. Макарова, 2013. – 315 с.

4. Саушев А. В. Области работоспособности электротехнических систем / А. В. Саушев. – СПб.: Политехника, 2013. – 412 с.

Есенгалиев Д.А. - магистр техники и технологии, Казахстан, г. Актобе, Актюбинский региональный государственный университет им.К.Жубанова,
Байсанов А.С. - к.т.н., Казахстан, г. Караганда, Химико-металлургический институт им. Ж.Абишева,
Султангазиев Р.Б. - магистр, Казахстан, г. Караганда, Химико-металлургический институт им. Ж.Абишева,
Жумагалиев Е.У. - к.т.н., Казахстан, г. Актобе, Актюбинский региональный государственный университет им.К.Жубанова,
Келаманов Б.С. - к.т.н., Казахстан, г. Актобе, Актюбинский региональный государственный университет им.К.Жубанова

ФАЗОВЫЙ СОСТАВ ШЛАКОВ ПРОИЗВОДСТВА РАФИНИРОВАННОГО ФЕРРОМАРГАНЦА

Особенностью силикотермического процесса выплавки рафинированного ферромарганца является возникновение большого количества отвального шлака с содержанием, %: 14,7 MnO; 28,84 SiO_2; 44,53 CaO; 2,42 Al_2O_3; 4,81 MgO, где кратность шлака достигает 2-2,2 единиц. Шлаки данного производства при охлаждении рассыпается на тонкодисперсный порошок, которыйне находят применения в производстве поэтому складируются, занимая большие площади и существенно ухудшая экологическую обстановку местности.Решением этой задачи является образование плотного не рассыпающегося отвального шлака, благодаря повышенному содержанию Al_2O_3 в шлаке, путем замены восстановителя силикомарганца (65%Mn; Si 15-20%; С2,5%; Р0,6%) на алюмосиликомарганец (40-60% Mn, 25-45%Si, 5-25%Al).

Обычно принято считать, что свойства шлаков рафинированного ферромарганца (плавкость, вязкость, электропроводность и т.д.) можно оценивать по диаграммам системы $MnO-CaO-Al_2O_3-SiO_2$. Фазовый состав шлака в каждом из этих тетраэдров может быть определен по следующему общего вида уравнения [1,82-83]:

$$Ф_i = a_i \cdot MnO + b_i \cdot CaO + c_i \cdot Al_2O_3 + d_i \cdot SiO_2$$

где $Ф_i$ – количества фазы, %; a_i; b_i; c_i; d_i – коэффициенты; MnO, CaO, Al_2O_3, SiO_2 – содержание оксидов в шлаке, %.

Процедура расчета фазового состава сводится к следующему. Состав шлака по указанным четырем оксидам приводится к 100% и затем подставляется в каждый тетраэдр. В сумме все фазы должны составить 100%. Поиск искомого тетраэдра и сам расчет фазового состава многокомпонентного шлака – математически довольно трудоемкая задача и поэтому для ПК создана программа. Компьютер автоматическом режиме ведет поиск необходимого тетраэдра и расчет фазового состава шлака, который ведется на экран или печать в массовых процентах. С помощью программы выполнен расчет фазового состава шлаков производства рафинированного ферромарганца с повышенным содержанием Al_2O_3 в шлаке, результаты которых приведены в таблице 1.

Шлаки под номерами 1-4 располагаются в фазовом четырехвершиннике: воллостонит (CS или $CaO \cdot SiO_2$), ларнит (или двухкальциевый силикат) (C_2S или $2CaO \cdot SiO_2$), геленит (C_2AS или $2CaO \cdot Al_2O_3 \cdot SiO_2$) и тефроит ($M_2S$ $2MnO \cdot SiO_2$). Доминирующими фазами являются геленит которую представляет собой твердый раствор. При повышении основности с 1,36 до 1,54 состав шлака перемещается в тетраэдр C_2S-C_2AS-M_2S-M которые характерны для шлаков под №5-8 и наблюдается снижение в них содержания тефроита. В результате протекания реакции образуется свободный оксид марганца и двухкальциевый силикат: $2MnO \cdot SiO_2 + 2CaO = 2MnO + 2CaO \cdot SiO_2$. Двухкальциевый силикат, как ведущая фаза в шлаках, определяет температурный уровень процесса. Его количество зависит не от основности, а от массового соотношения извести и кремнезема, определяемого расходами рудоизвесткового расплава и алюмосиликомарганца [2, 61].

Отслеживая динамику изменения фазового состава можно видеть, что увеличение основности способствует выделению в свободном виде MnO из тефроита и тем самым способствует улучшению условий восстановления марганца. Также можно отметить, что превалирует тугоплавкий геленит($t_{пл.}$ = 1593°C) что приводит к заметному росту температуры плавления шлаков [3,97-98].

Таблица 1 – Химический и фазовый состав шлаков производства

№ вып	Состав, %									
	Химический					Фазовый				
	MnO	SiO_2	CaO	Al_2O_3	CaO/SiO_2	CS	C_2S	C_2AS	M_2S	M
1	14,65	29,21	39,80	16,34	1,36	1,35	29,14	48,36	21,15	-
2	15,98	27,61	38,07	18,34	1,37	0,31	27,37	49,52	22,80	-
3	14,38	27,28	38,19	20,15	1,39	2,88	22,48	54,16	20,45	-
4	15,14	26,39	37,06	21,41	1,40	0,55	20,36	57,55	21,54	-
5	17,73	25,82	36,47	19,98	1,41	-	36,15	36,80	16,51	7,54
6	19,38	25,35	36,18	19,09	1,42	-	26,00	49,03	15,65	9,32
7	16,87	25,98	38,27	18,88	1,47	-	33,02	42,94	17,63	6,41
8	17,81	24,92	38,45	18,82	1,54	-	32,82	41,40	17,88	7,90

На основании изложенного можно заключить, что смещение состава шлака в сторону геленитовую структурупосредством введения в шихту восстановителя с повышенном содержанием алюминияотрицательно не влияет на технологию выплавки рафинированного ферромарганца. Шлаки данного производства могут проявлять как основное, так и кислое свойство одновременно за счет Al_2O_3 в шлаке. Следовательно, при установлении реальной основности в данных шлаках следует учесть этотфактор. Здесь весь глинозём связан с оксидами кальция и кремния.Однако в силу ограничениясодержания кремния в ферромарганце по ГОСТу(не более 2%Si)чрезмерное повышение содержания глинозема в шлаке нежелательно, поскольку это способствует более глубокому восстановлению кремния. Дляэтих целей планируется обработка большого массива данных работ болеепродолжительных полупромышленных условиях.

ЛИТЕРАТУРА

1. Акбердин А.А. Балансовый метод расчета фазового состава многокомпонентных систем // КИМС. – Алматы, 1995. – С.82-83.
2. Акбердин А.А. Избранные труды. – Караганда, ПК «Экожан», 2008. – С. 61.
3. Физико-химические свойства марганцевых шлаков / Габдуллин Т.Г., Такенов Т.Д., Байсанов С.О., Букетов Е.А. – Алма-ата: Наука, 1984. –С.97-98.

Патракеев Д.С.[1], Дербишер Е.В.[2], Дербишер В.Е.[3]
Волгоградский государственный технический университет
[1] аспирант, [2] к.х.н., доцент, [3] д.х.н., профессор

О ПРИМЕНЕНИИ ИСКУССТВЕННЫХ НЕЙРОННЫХ СЕТЕЙ ПРИ ПРОЕКТИРОВАНИИ ВЕЩЕСТВ С ЗАДАННЫМИ СВОЙСТВАМИ

Человечество в своём развитии на сегодняшний момент пришло к необходимости в скорейшем решении вставших перед ним глобальных проблем. В частности, которые требуют от нашей цивилизации бережного и рационального использования истощающихся ресурсов, а также решения ряда вопросов связанных с ухудшающейся экологической обстановкой. Эти две проблемы тесно связаны с поиском, созданием, производством, эксплуатацией и уничтожением искусственно созданных человеком веществ, которые представляют для него практическую ценность.

Научное сообщество прилагает значительные усилия и ресурсы для разрешения данных проблем, разрабатывая новые методы и решения, позволяющие уменьшить антропогенную нагрузку на окружающую среду. В последние пару десятков лет данные методы и решения всё больше связаны с бурно развивающимися информационными технологиями, которые позволяют реализовать сложный математический аппарат, ранее не доступный исследователям.

В частности, ярким примером является компьютерная химия, в рамках которой развивается такое направление как QSPR (англ. аббревиатура «quantitative structure–property relationships») – поиск количественных соотношений структура-свойство.

Поиск новых практически ценных веществ производится в пять этапов: сначала прогнозирование, по результатам которого выбираются перспективные объекты, после синтез этих объектов, с последующей их экспериментальной проверкой и принятием решения.

QSPR применяется при прогнозировании, и позволяет значительно сократить потребление ресурсов на этом этапе, становясь общепринятой практикой к сегодняшнему дню. Свою роль в этом играют бурно развивающиеся информационные технологии. Использование QSPR, и смежного с ним направления QSAR, использующегося в фармакологии, как отмечают аналитики, уже дало результат [1].

QSPR реализуется с помощью различных инструментов, таких как (наиболее их яркие представители):

1. программные пакеты и комплексы (CODESSA [2]);
2. web-ресурсы (ePhysChem [3]);
3. grid-системы (OpenMolGRID [4]).

При реализации QSPR для получения математических моделей зависимостей используются методы корреляционного и регрессионного анализов [5].

Однако модели регрессионного типа имеют ряд существенных ограничений и не всегда применимы. Поэтому всё чаще вместо них применяют модели корреляционного типа, которые в свою очередь получают с помощью дискриминантного и кластерного анализов. Так же для этих целей используются такие быстро развивающиеся инструменты как теория распознавания образов [5], теория нечётких множеств [6] и искусственные нейронные сети [7].

Из них выделяется такой инструмент как искусственные нейронные сети за счёт того, что они могут обучаться – в этом их преимущество перед традиционными алгоритмами.

Искусственные нейронные сети (ИНС) – это математические модели, а также их различные реализации, построенные по принципу организации и функционирования биологических нейронных сетей.

ИНС представляют собой систему соединённых и взаимодействующих между собой простых процессоров (искусственных нейронов). Каждый процессор подобной сети имеет дело только с сигналами, периодически получаемыми и посылаемыми другим процессорам, но объединение их в достаточно большую сеть с управляемым взаимодействием позволяет выполнять довольно сложные задачи [8].

Главное отличие ИНС – это возможность обучения, которое главным образом заключается в нахождении коэффициентов связей между нейронами. В процессе обучения нейронная сеть способна выявлять сложные зависимости между входными данными и выходными, а также выполнять обобщение. Что в случае успешного обучения позволяет получить верный результат на основании данных, которые отсутствовали в обучающей выборке, а также неполных или частично искаженных данных [8].

Использование ИНС в QSPR является перспективным быстро развивающимся направлением, которое уже сейчас успешно используется исследователя при поиске новых химических соединений.

Отметим в качестве яркого примера одну работу в данной области [7], а так же пару готовых коммерческих программных продуктов, позволяющих использовать ИНС в сфере QSPR [9; 10]. Как видно бурное развитие информационных технологий позволило использовать искусственные нейронные сети как инструмент для решения задач QSPR.

Таким образом, использование ИНС в QSPR является быстроразвивающимся актуальным направлением, в котором ещё многое предстоит сделать и которое прочно занимает своё место в арсенале инструментов научного сообщества.

Литература:

1. Pharma 2010: The threshold of innovation [Электронный ресурс] / IBM Business Consulting Services. – 2012. – 64 с. – Режим доступа : http://www-935.ibm.com/services/de/bcs/pdf/2006/pharma_2010.pdf (дата обращения: 18.12.2013)
2. CODESSA [Электронный ресурс]. – Режим доступа : http://www.semichem.com/codessa/default.php (дата обращения: 18.12.2013)
3. ePhysChem [Электронный ресурс]. – Режим доступа : http://www.eadmet.com/en/physprop.php (дата обращения: 18.12.2013)
4. OpenMolGRID [Электронный ресурс]. – Режим доступа : http://www.openmolgrid.org (дата обращения: 18.12.2013)
5. Гайдышев, Игорь. Анализ и обработка данных: специальный справочник / Игорь Гайдышев. – СПб. : Питер, 2001 – 752 с.
6. Гермашев, И. В. Анализ и синтез химических структур и органических веществ на основе теории нечетких множеств : автореферат диссертации на соискание ученой степени доктора технических наук / И. В. Гермашев. – Иваново, 2010. – 33 с.
7. Басков, И. И. Моделирование свойств химических соединений с использованием искусственных нейронных сетей и фрагментных дескрипторов : автореферат диссертации на соискание ученой степени доктора физико-математических наук / И. И. Басков. – Москва, 2009. – 49 с.
8. Хайкин, С. Нейронные сети: полный курс / Симон Хайкин. – М. : Вильямс, 2006. – 1104 с.
9. StatSoft STATISTICA Automated Neural Networks [Электронный ресурс]. – Режим доступа : http://www.statsoft.ru/ (дата обращения: 18.12.2013)
10. Платформа Deductor для создания прикладных аналитических решений [Электронный ресурс]. – Режим доступа : http://www.basegroup.ru/ (дата обращения: 18.12.2013)

УДК 339.9:621.3

Федорова Н.В.
доц., к.т.н., fedorovanv61@rambler.ru
Шафорост Д.А.
доц., к.т.н., nauka-enf@mail.ru
Коломийцева А.М.
aleksa_arisha@mail.ru
ФГБОУ ВПО «ЮРГПУ (НПИ) имени М.И. Платова»

О ФОРМИРОВАНИИ И СТРУКТУРЕ ТАРИФОВ НА ЭЛЕКТРИЧЕСКУЮ И ТЕПЛОВУЮ ЭНЕРГИИ В РОСТОВСКОЙ ОБЛАСТИ

Государственная политика в области регулирования тарифов реализуется посредством двухуровневой системы управления: федеральной и региональной.

На федеральном уровне тарифы и стоимость услуг естественных монополий регулирует Федеральная служба по тарифам, а на региональном – органы исполнительной власти субъекта Российской Федерации в области государственного регулирования тарифов.

Все механизмы тарифного регулирования строго регламентированы Федеральным законодательством. Основными нормативными актами, определяющими в настоящее время процесс формирования регулируемых тарифов в энергетике, являются:
– Федеральный закон РФ № 41-ФЗ от 14.04.1995 «О государственном регулировании тарифов на электрическую и тепловую энергию в Российской Федерации»;
– Федеральный закон РФ № 190-ФЗ от 27.07.2010 «О теплоснабжении»;
– Постановление Правительства РФ № 109 от 26.02.2004 «О ценообразовании в отношении электрической и тепловой энергии в Российской Федерации»;
– Приказ Федеральной службы по тарифам №20-э/2 от 06.08.2004 «Об утверждении методических указаний по расчету регулируемых тарифов и цен на электрическую (тепловую) энергию на розничном (потребительском) рынке»;
– Постановление Правительства РФ №20-э/2 от 22.10.2012 № 1075 «О ценообразовании в сфере теплоснабжения».

О предельных уровнях тарифов.

В соответствии с действующим законодательством тарифы на электрическую и тепловую энергии устанавливаются регулирующим органом в рамках предельных уровней, установленных Правительством Российской Федерации. Полномочия по утверждению предельных уровней тарифов Правительством РФ переданы Федеральной службе по тарифам

(ФСТ). В целях реализации данных полномочий ФСТ России ежегодно устанавливает предельные уровни тарифов по субъектам Российской Федерации, в том числе по Ростовской области.

Например, приказом Федеральной службы по тарифам № 185-э/1 от 11.10.2012 «О предельных уровнях тарифов на электрическую энергию (мощность) на 2014 год» установлены предельные минимальный и максимальный уровни тарифов на электрическую энергию, поставляемую населению области в размере 349–350 коп./кВт·ч (с учетом НДС) (в период с 01.01.2014 по 30.06.2014) и 364–365 коп./ кВт·ч (в период с 01.07.2014 по 31.12.2014) соответственно. Утвержденный на 2013 год одноставочный тариф для населения области составляет 323 коп./кВт·ч (в период 01.01.2013 по 30.06.2013) и 362 коп./кВт·ч (в период с 01.07.2013 по 31.12.2013).

Приказом Федеральной службы по тарифам № 191-э/2 от 15.10. 2013 «Об установлении предельных максимальных уровней тарифов на тепловую энергию (мощность), поставляемую теплоснабжающими организациями потребителям, в среднем по субъектам Российской Федерации на 2014 год» установлена максимальная величина роста тарифов на тепловую энергию в среднем по Ростовской области в размере 104,7%.

По итогам тарифного регулирования на 2012 год рост тарифов на электрическую энергию для населения в среднем по Ростовской области составил 2,5%, на тепловую энергию – 4,5%.

В соответствии с действующим законодательством в сфере регулирования тарифов и в рамках приказов ФСТ России о предельных уровнях тарифов комитетом государственного регулирования тарифов осуществлено тарифное регулирование на 2014 год.

При регулировании тарифов на 2014 год применялись метод экономически обоснованных расходов и метод доходности инвестированного капитала. При этом приоритетной задачей тарифного регулирования явилось ограничение темпов роста тарифов субъектов естественных монополий при сохранении надежности и качества снабжения потребителей услугами.

О формировании тарифов.

Регулирование тарифов осуществляется для энергоснабжающих организаций и представляет собой определение экономически обоснованной стоимости единицы товара энергоснабжающей организации (то есть единицы электрической (тепловой) энергии (мощности)).

Для определения размера тарифов энергоснабжающие организации представляют в регулирующий орган расчетные материалы, содержащие перечень и обоснование затрат, необходимых организации для осуществления регулируемого вида деятельности по соответствующим группам расходов.

Расходы, не учитываемые при определении налоговой базы налога на прибыль, могут включать капитальные вложения (инвестиции) на расширенное воспроизводство, в соответствии с утвержденными в установленном законодательством порядке инвестиционными программами. Кроме того, в необходимую валовую выручку включается сумма налога на прибыль организаций.

Определение состава расходов, включаемых в необходимую валовую выручк,у и оценка их экономической обоснованности производятся в соответствии с законодательством РФ и нормативными правовыми актами регулирующими отношения в сфере бухгалтерского учета. При определении расходов, регулирующие органы используют:

1) регулируемые государством тарифы (цены);

2) цены, установленные на основании договоров, заключенных в результате проведения конкурсов, торгов, аукционов и иных закупочных процедур, обеспечивающих целевое и эффективное расходование денежных средств;

3) официально опубликованные прогнозные рыночные цены и тарифы, установленные на расчетный период регулирования, в том числе фьючерсные биржевые цены на топливо и сырье.

При отсутствии указанных данных применяются прогнозные индексы изменения цен по отраслям промышленности, рекомендованные Правительством РФ. Официальные прогнозы изменения цен формируются и доводятся до регионов Минэкономразвития РФ ежегодно.

В среднем структура тарифа на тепловую энергию складывается следующим образом:
1) затраты на топливо – 58%;
2)-3) затраты на покупаемую электрическую энергию, в том числе на электроэнергию приобретаемую по нерегулируемым ценам – 12%;
4) затраты на сырье и материалы – 2%;
5) затраты на ремонт основных средств – 8%;
6) затраты на оплату труда и отчисления на социальные нужды – 13%;
7) затраты на амортизацию основных средств и нематериальных активов – 0,5%;
8) прочие расходы – 6,5%.

Основную часть затрат в структуре данного тарифа занимает топливная составляющая, расчет которой производится в соответствии с ценами на топливо, устанавливаемыми на федеральном уровне.

Тарифы на электрическую энергию (мощность) для конечных потребителей на розничном рынке складываются из:
– средневзвешенной стоимости единицы электрической энергии (мощности), производимой и (или) приобретаемой на оптовом и розничном рынках по регулируемым тарифам (ценам).

– суммы тарифов на услуги, оказание которых является неотъемлемой частью процесса снабжения электрической энергией потребителей, за исключением услуг по передаче электрической энергии;
– стоимости услуг по передаче единицы электрической энергии (мощности);
– сбытовой надбавки гарантирующего поставщика.

В соответствии с действующим законодательством структура тарифа на электрическую энергию для конечного потребителя складывается из:
– затрат на покупку энергии на оптовом рынке электрической энергии и системные услуги оптового рынка (НП АПС, ФСК), утверждаемые на федеральном уровне, ФСТ России – 80% тарифа;
– затрат региональных энергоснабжающих, сетевых и сбытовых организаций, расчет и установление которых осуществляется на региональном уровне комитетом государственного регулирования тарифов – 20%.

Перспективы совершенствования тарифного регулирования.
В развитых странах в настоящее время происходит демонополизация рынка энергии за счет развития распределенной малой энергетики. В Российской Федерации отсутствует законодательная база данного вида деятельности. Ликвидация естественной энергетической монополии позволит уменьшить отдельные тарифные составляющие (на социальные нужды, на услуги по передаче энергии, сбытовая надбавка).

Распределенная энергетика при наличии соответствующей юридической и экономической базы позволит продавать энергию непосредственно от производителя потребителю, минуя оптовый рынок и, тем самым, уменьшая сопутствующие издержки.

Ростовская область находится в зоне, благоприятной для развития нетрадиционной энергетики, такой как солнечная и ветровая. Но широкое применение этих видов энергоресурсов, в том числе в сфере ЖКХ, также сдерживается отсутствием законодательной базы и идет вразрез с интересами энергетических монополистов.

Высокая и непрерывно увеличивающаяся стоимость электрической и тепловой энергии закладывается в себестоимость промышленной продукции, ведет к росту тарифов в ЖКХ.

Таким образом, назрела необходимость законодательного оформления отношений производителей и потребителей энергии в малой и нетрадиционной энергетике.

Смотрова С.А. - к.т.н., ЦАГИ; **Смотров А.В.** - к.т.н., ЦАГИ; **Одинцев И.Н.** - к.т.н., ИМАШ РАН; **Кокуров А.М.** - ИМАШ РАН
andrey.smotrov@tsagi.ru; ino54@mail.ru

БЕСКОНТАКТНЫЕ ЧАСТОТНЫЕ ИСПЫТАНИЯ КОНСТРУКЦИИ, ИМЕЮЩЕЙ СЛОЖНУЮ ФОРМУ

Для отработки методики экспериментальных исследований динамических характеристик авиационных конструкций на основе бесконтактного съема информации были проведены частотные испытания (ЧИ) стальной широкохордной лопасти саблевидной формы с очень тонким аэродинамическим профилем. Штатно эта лопасть крепится во втулке конструктивно подобной модели воздушного многолопастного флюгерно-реверсивного винта-вентилятора, который планируется использовать в новом авиадвигателе с открытым ротором, однако, при выполнении ЧИ вал лопасти зажимался в токарном патроне, закрепленном на силовой плите (рис.1).

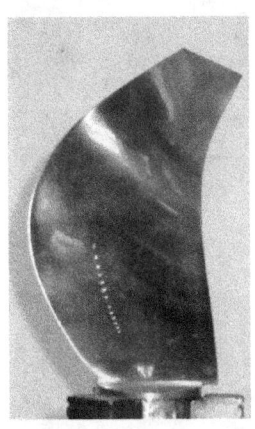

Рис. 1. Общий вид стальной широкохордной лопасти

Частотные испытания проводились с использованием оптических методов регистрации параметров собственных колебаний: голографическая интерферометрия и лазерная доплеровская виброметрия. По результатам испытаний уточнялась расчетная конечно-элементная модель конструкции.

При голографической интерферометрии (ГИ) возбуждение колебаний осуществлялось пьезоэлектрическим вибратором Дж.Маркса («пошаговый синус»), а при лазерной доплеровской виброметрии (ЛДВ) – силоизмерительным молотком (импульс).

Определение динамических характеристик с использованием ГИ было выполнено в ИМАШ РАН и включало два этапа: метод «живых» полос – измерение собственных частот, метод усреднения по времени – построение собственных форм колебаний, как линий равных амплитуд [1, 160-172], и определение логарифмических декрементов [2, 11].

Для голографических экспериментов был собран интерферометр по оптической схеме Лейта-Упатниекса, применялись оптический стол NEW-PORT, лазер с диодной накачкой марки LCS-DTL-317-50 (длина волны света λ = 532 нм), специализированные фотопластинки марки ВРП.

Для выполнения испытаний другим бесконтактным способом использовались сканирующий лазерный доплеровский виброметр Polytec PSV-400H4 и силоизмерительный молоток PCB 086C02. Здесь по совокупности данных о виброскоростях, измеренных в выбранных точках поверхности лопасти после импульсного возбуждения, прикладное программное обеспечение давало возможность анимировать формы собственных колебаний в различных видах и позволяло построить резонансные кривые.

На рис.2 представлены формы 4-х низших тонов собственных колебаний лопасти, экспериментально зарегистрированные на основе бесконтактного съема информации: на сером фоне – данные ЛДВ, картинки зеленого цвета – использование ГИ. На этом же рисунке приведены как значения собственных частот, вычисленные Шаранюком А.В. с применением метода конечных элементов, так и ранее зарегистрированные с использованием акселерометра PCB 352C22 массой 0,5 г (контактный метод).

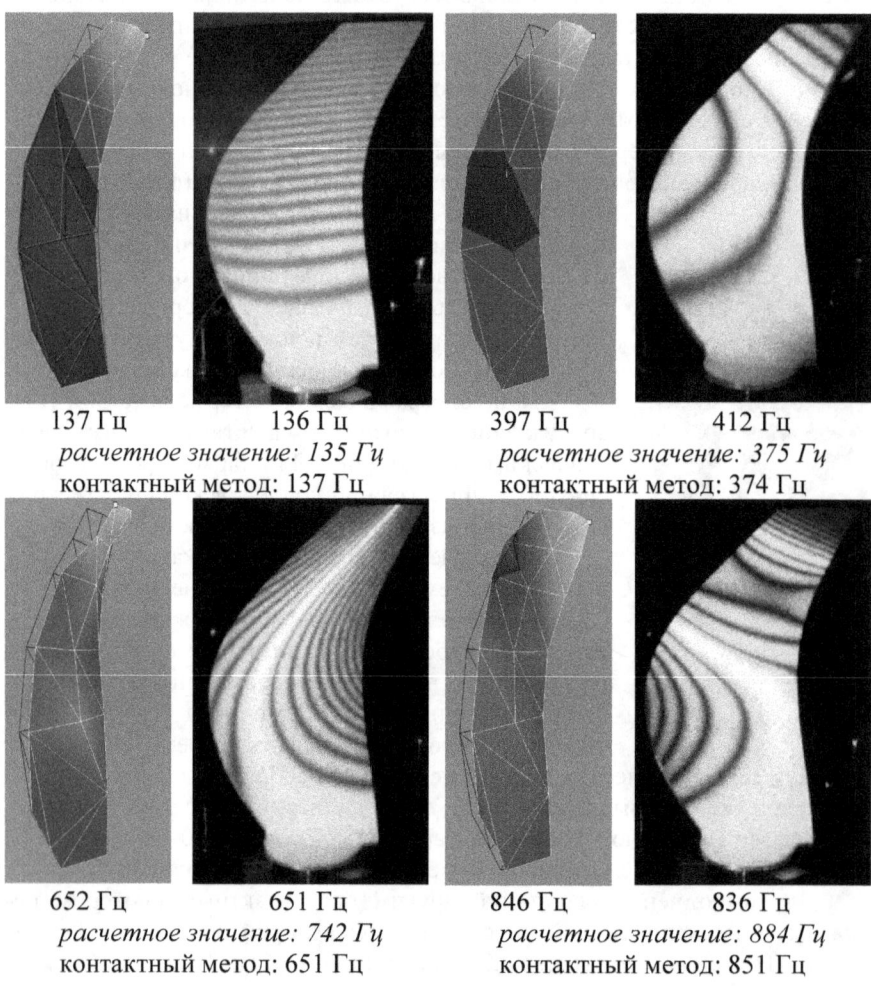

Рис.2. Картины форм 4-х низших тонов собственных колебаний лопасти

При экспериментальном определении динамических характеристик лопасти с использованием контактного первичного преобразователя (акселерометра) он крепился вблизи заделки конструкции, регистрация сигнала и обработка информации выполнялись на анализаторе сигналов Solartron-1204. Очевидно, что о формах колебаний лопасти при испытаниях с применением контактного метода можно было судить, только используя данные предварительного расчета.

В основном логарифмический декремент конструкции определялся по относительной ширине резонансной кривой [3, 26-43], в экспериментах с ГИ – по способу [2, 11]. Значения логарифмических декрементов, определенные при различных методах ЧИ составили близкие величины:
- 0,007 (контактный метод),
- 0,004 (голографическая интерферометрия),
- 0,002 (лазерная доплеровская виброметрия).

Результаты ЧИ лопасти были использованы для корректировки расчетной динамической схемы этой конструкции, для обеспечения вибропрочности в аэродинамических и аэроупругих исследованиях (в том числе динамического нагружения) при испытаниях полной конструктивно подобной модели воздушного многолопастного флюгерно-реверсивного винта-вентилятора в аэродинамических трубах ЦАГИ.

На сегодня в лабораторных условиях наибольших успехов при определении основных динамических характеристик авиационных конструкций, их агрегатов, элементов и моделей, имеющих небольшие размеры, малую массу и сложную форму, можно достичь, используя оптические методы бесконтактного съема информации: голографическая или спекл-интерферометрия, а также пространственная (3-х компонентная) сканирующая лазерная доплеровская виброметрия.

ЛИТЕРАТУРА

1. Апальков А.А., Лоташ С.А., Одинцев И.Н., Смотров А.В. Бесконтактные методы определения модальных характеристик элементов конструкций. Сравнение с результатами расчета. – Труды ЦАГИ, выпуск 2669, 2005.

2. Смотров А.В. Способ измерения частотных характеристик механических конструкций. Патент РФ на изобретение № 2237884. Опубл. 10.10.2004г. Бюл. № 28.

3. Писаренко Г.С., Матвеев В.В., Яковлев А.П. Методы определения характеристик демпфирования колебаний упругих систем.– Киев: Наукова думка. 1976.

Кухаренко А.Е.[1], Жаберева А.С. канд.биол.наук[2],
Гаврилова Н.А. - канд.биол.наук[1],
Хамитова М.Ф. - канд. мед. наук[3], Гравель И.В. - докт. фарм. наук[4]
[1] ГНЦ РФ ФГУП Государственный научно-исследовательский институт генетики и селекции промышленных микроорганизмов, Москва
[2] ГБОУ ВПО Нижегородская государственная медицинская академия Минздрава России, Нижний Новгород
[3] ФГБУ Научный центр экспертизы средств медицинского применения Минздрава России, Москва
[4] ГБОУ ВПО Первый Московский государственный медицинский университет им. И.М. Сеченова Минздрава России, Москва
andrey.kukharenko@gmail.com

ОПРЕДЕЛЕНИЕ ГИБРИДНЫХ БЕЛКОВ E7-HSP70 В ПЛАЗМЕ КРОВИ ПОСЛЕ ОДНОКРАТНОГО ВВЕДЕНИЯ МОДЕЛЬНЫМ ЖИВОТНЫМ

Инфекции, вызываемые вирусом папилломы человека (ВПЧ), приобретают все большее распространение в мире и относятся к числу наиболее значимых заболеваний, передающихся половым путем [4,1]. ВПЧ типов 6 и 11 принадлежат к группе малого онкогенного риска и вместе ассоциируются примерно с 90 % случаев аногенитальных кондилом, а также практически всегда с рецидивирующим респираторным папилломатозом. В настоящее время на фармацевтическом рынке представлены две профилактические вакцины против ВПЧ - Gardasil® (Merck&Co, США) и Cervarix® (GlaxoSmithKline Biologicals, Бельгия). Стратегия вакцинации профилактическими препаратами направлена на предотвращение развития вирусной инфекции путем развития длительного гуморального ответа на ряд поздних капсидных антигенов ВПЧ - L1/L2 и связанной с ним клеточно-опосредованной иммунологической памяти, но не способна оказывать терапевтического эффекта при уже имеющейся персистенции вируса в организме [7,2].

В ФГУП ГосНИИгенетика разработана терапевтическая вакцина, действующим веществом которой является не структурный капсидный антиген L1/L2, а ранний онкомаркерный вирусный белок Е7, который экспрессируется на стадии встраивания вирусной ДНК в геном инфицированных клеток [8,2; 6,3]. Выбор кандидата для создания терапевтической вакцины связан с необходимостью эффективной стимуляции Т-клеточного иммунитета по отношению к белкам ВПЧ. Белок Е7 вмешивается в контроль клеточного цикла и дифференцировки инфицированных клеток, инактивируя "ключевые" белки-регуляторы пролиферативной активности, что приводит к малигнизации. Для усиления иммуногенных и протективных свойств рекомбинантный антиген Е7 конъюгировали с полноразмерным белком теплового шока HSP 70 *Mycobacterium tuberculosis*, который способен обеспечить эффективную презентацию антигена [5,1].

Гибридные рекомбинантные белки E7(6)HSP70 и E7(11)-HSP70, относящиеся к разным типам ВПЧ, были получены путем раздельного культивирования штаммов-продуцентов. В качестве адъюванта для формирования стойкого иммунитета и обеспечения стабильности целевых белков использовали алюминий гидроокись. Эффективность вакцины принято определять уровнем развития гуморального, клеточного иммунного ответа и устойчивостью иммунологической памяти. Поэтому в рамках процесса фармацевтической разработки для выбора и обоснования дальнейшей стратегии вакцинации необходимо было отработать методы идентификации целевых рекомбинантных белков *in vivo*, и оценить их биодоступность.

Целью настоящего исследования была идентификация гибридных рекомбинантных белков Е7 вируса папилломы человека 6 и 11 типов, слитых с аминокислотной последовательностью белка теплового шока кДа (HSP70) бактерий *Mycobacterium tuberculosis in vivo* как основы для выбора схемы вакцинации.

Материалы и методы исследования

Для определения стабильности препарата *in vivo* нами был разработан метод на основе Вестерн блоттинга, позволяющий подтвердить сохранность антигенной и структурной целостности действующего вещества до и после внутримышечного введения экспериментальным животным.

Разработанная терапевтическая вакцина содержит в 0,5 мл (доза): 100 мкг рекомбинантного белка E7-HSP70 ВПЧ 6 типа, 100 мкг рекомбинантного белка E7-HSP70 ВПЧ 11 типа, вспомогательные вещества: натрия хлорид, твин-20, L-гистидин, адъювант – алюминия гидроксид 0,5 мг.

Исследования проводились на 12 половозрелых кроликах породы Шиншилла, самцах массой 1500 г. Животные содержались в стандартных условиях вивария, сертифицированного по GLP. Животные были разделены на две группы. Первой группе («опытная группа», n=6) за один прием вводили раствор препарата в объеме 0,03 мл/1500 г, что соответствовало одной эквитерапевтической дозе (1 ЭТД). Второй группе («контрольная группа», n=6) вводили физиологический раствор в объеме, равном объему препарата в опытной группе. Для достижения нужных для введения объемов, минимальную дозу препарата разводили физиологическим раствором до соответствующего массе тела животного объема (0,6 мл/1500 г).

Забор биоматериала после введения препарата проводили в нескольких временных диапазонах: через 15, 30 и 45 минут; через 1, 2, 4, 8, 16, 32 и 48 ч; далее каждые сутки с 3 по 11 день эксперимента.

В указанные временные интервалы у животных забиралась кровь из ушной вены в объеме 0,5 мл. Кровь для получения плазмы обрабатывалась стандартным методом [1, 232]. К полученной плазме крови добавляли коктейль ингибиторов протеаз (Sigma, США) до конечной концентрации 1:100. Полученные образцы плазмы подвергали электрофоретическому разделению по стандартному методу Лэммли в денатурирующих условиях [2, 168; 3, 80].

Иммуноспецифическую детекцию белков после разделения в ПААГ (Вестерн-блоттинг) проводили с помощью автоматической вакуумной системы детекции Snapi.d. (Millipore, Франция). Детекцию структурных элементов E7-HSP70 проводили в системе моноклональных антител, используя первичные антитела Mab 706-C5 – для идентификации антигена Е7 6 типа, Mab 711-66 для идентификации антигена Е7 11 типа и Mab TS29 для идентификации структурного элемента гибридной молекулы HSP70 (HyTest). Для проявления сигнала использовали конъюгат кроличьих антител к IgG мыши с пероксидазой хрена (Sigma) и субстратную смесь с тетраметилбензидином (TMB) (Sigma).

Результаты оценивали с помощью программы GelAnalyzer версия 2010a, где для каждой пробы биоматериала определялось число и интенсивность полос в единицах Raw volume.

Результаты и их обсуждение

На первом этапе исследования были определены основные параметры аналитического метода, такие как чувствительность (50 нг) и специфичность (интенсивность основных полос, детектированных антителами Mab 711-13 и Mab TS29, отличается не более, чем на 15 %). Стабильность структуры белка была подтверждена идентичностью молекулярного веса гибридного белка до и после введения экспериментальным животным и сохранением всех антигенных детерминант.

Было установлено, что гибридные белки, входящие в состав терапевтической вакцины, детектируются в крови уже через 15 минут после однократного внутримышечного введения 1 ЭТД препарата. После нарастания сигнала детектируемых белков на 15, 30 и 45 минутах, максимальная интенсивность сигнала достигается через 1 час после введения, что согласуется с литературными данными [9, 2]. В последующие 95 часов (временные промежутки 2 часа – 4 часа – 8 часов – 16 часов – 32 часа – 48 часов – 72 часа – 96 часов) после введения терапевтической вакцины, рекомбинантные белки E7-HSP70 стабильно присутствовали в крови животных. Уровень интенсивности сигнала (Raw volume) для каждого структурного элемента рекомбинантных белков отличался через 95 ч не более, чем на 20 % и составлял: 4629 - для детектируемой детерминанты Е7 6 типа, 3835 - для Е7 11 типа ВПЧ и 4237- для HSP70. На 5 – 8 сутки интенсивность сигнала сохранялась. При этом детектировались основные полосы, соответствующие по подвижности и молекулярному весу молекуле гибридного белка. Стабильное присутствие рекомбинантных белков на данных временных промежутках в крови возможно обусловлено их адсорбцией на алюминии гидроокиси. Интенсивность сигнала исследуемых белков снижалась на 9 сутки и составляла 2747 - 9817 (Raw volume) в зависимости от системы детекции, тенденция продолжалась до 11 дня исследования. Интенсивность сигнала на 11 сутки составляла 980-1832 (Raw volume) и соответствовала пределу обнаружения рекомбинантного белка Е7-HSP70 данным методом.

Таким образом, в результате проведенного исследования было показано, что при однократном внутримышечном введении 1 ЭТД терапевтической вакцины, его активные компоненты – рекомбинантные белки Е7-HSP70, содержащие антигены ВПЧ 6 и 11 типов, детектировались в крови опытных животных уже на 15 минуте после введения. Для всех белков характерно повышение концентрации к 60 минутам и стабильное присутствие в крови в течение 8 суток.

Снижение действующих веществ терапевтической вакцины в крови наблюдалось на 9 сутки в количестве 57 % от максимального значения после однократного внутримышечного введения 1 ЭТД, которое наблюдалось через 1 час. Дальнейшее снижение происходило на 10 сутки (на 69 %) и на 11 сутки (на 77 %). Результаты исследования позволили охарактеризовать стабильность рекомбинантных белков Е7-HSP70 ВПЧ 6 и 11 типов *in vivo*. Полученные данные будут использованы при разработке стратегии вакцинации.

Литература

1. Методы клинических лабораторных исследований / под ред. проф. В.С.Камышникова. – 6- е изд., перераб. – М. : МЕДпресс-ин форм, 2013. – 736 с.
2. Миронов А.Н. Руководство по проведению доклинических исследований лекарственных средств. Часть первая. — М.: Гриф и К, 2012. — 944 с.
3. Миронов А.Н. Руководство по проведению доклинических исследований лекарственных средств. Часть вторая. — М.: Гриф и К, 2012. — 536 с.
4. Хрянин А.А. Решетников О.В., Коломиец Л.А. Новые возможности профилактики папилломавирусной инфекции [Журнал] // Vestn Dermatol Venerol. - 2009 г.. - 5. - стр. 49-55

5. Becker T., Hartl R, and Wieland F., CD40, an extracellular receptor for binding and uptaкe of Hsp70 - peptide complexes, J.Cell Biology, 2002, 158, 1277- 1285

6. Devaraj K Gillison ML, Wu TC. Development of HPV vaccines for HPV-associated head and neck squamous cell carcinoma [Journal] // Crit Rev Oral Biol Med. - 2003. - 14(5). - pp. 345-362.

7. Grm HS Bergant M, Banks L Human papillomavirus infection, cancer & therapy [Journal] // Indian J Med Res. - 2009. - 130(3). - pp. 277-285.

8. Ling M Kanayama M, Roden R, Wu TC. Preventive and therapeutic vaccines for human papillomavirus-associated cervical cancers [Journal] // J Biomed Sci. - Sep-Oct 2000. - 7(5). - pp. 341-356.

9. Tomljenovic L.,. Shaw C.A. Aluminum Vaccine Adjuvants: Are they Safe? // Current Medicinal Chemistry, 2011.-№ 18.- pp. 2630-2637\\.

УДК 550.834, 517.2

Борисов А.С.
профессор, д.г.-м.н, кафедры геофизики и геоинформационных технологий ИГиНГТ, К(п)ФУ

Головцов А.В.
ассистент кафедры геофизики и геоинформационных технологий ИГиНГТ, К(п)ФУ

Мокейчев В.С.
доцент, к.ф.-м.н, кафедра прикладной математики, ИВМИИТ, К(п)ФУ

ВЫЧИСЛЕНИЕ ЭЛЕМЕНТАРНЫХ, СОБСТВЕННЫХ, СЕЙСМИЧЕСКИХ ВОЛН ПО РЕЗУЛЬТАТАМ ИЗМЕРЕНИЙ ИХ АМПЛИТУД (ПРЯМАЯ И ОБРАТНАЯ ЗАДАЧИ)

Сейсморазведка один из важнейших методов поиска залежей углеводородов. При этом используется активная сейсморазведка, когда с помощью мощных взрывов создаются искусственные, сейсмические волны, их фиксируют, обрабатывают и делаются выводы о перспективности исследуемого района. Мощные взрывы наносят существенный вред экологии обследуемого района. Поэтому необходим поиск пассивных методов сейсморазведки. Одна из возможностей связана с использованием собственных, сейсмических волн. С математических позиций при активной сейсморазведке решаются линейные, не однородные, дифференциальные уравнения в частных производных со второй производной по времени и неизвестными коэффициентами (либо части из них). При пассивной сейсморазведке используется линейное, однородное, дифференциальное уравнение в частных производных со второй производной по времени и неизвестными коэффициентами (либо части из них).

Необходимо по результатам измерений амплитуд волны вычислить вещественные коэффициенты в волновом уравнении

$$u_{tt}^{(2)} + b_1 u_t^{(1)} + b_2 u_{xx}^{(2)} + b_3 u_x^{(1)} + b_4 u = 0 \qquad (1)$$

если известна только одна из постоянных b_2, b_3, b_4 в случае $b_2 = 0$, и b_3, b_4 при $b_2 = 0$. При этом волной $U(t, x)$ называется ненулевое, вещественное решение уравнения (1).

Итак, известны $U(t_j, x_k) = A_{jk}$, $j = 0, ..., n_1$, $k = 0, ..., n_2$. Необходимо ответить на вопросы: какие волны следует использовать, как выбрать t_j, x_k, при каких наименьших n_1, n_2 обратная задача имеет решение, можно ли точно решить сначала обратную, а затем и прямую задачи?

Предлагаем использовать элементарные волны $U(t, x) = u(t)w(x)$ и данные

$$U(jT,0)=A_{j,0}, j=0,1,2,3; \quad U(0,kT_1)=A_{0k}, k=0,1,2,3, \qquad (2)$$

где T, T_1 положительные постоянные.

Разделение переменных ведёт к задачам

$$u^{(2)}(t)+b_1 u^{(1)}(t)+(b_4+\lambda)u(t)=0, \quad u(jT)w(0)=A_{jo}, j=0,1,2,3. \qquad (3)$$
$$b_2 w^{(2)}(x) + b_3 w^{(1)}(x) - \lambda w(x) = 0, \quad u(0)w(kT_1) = A_{0k}, k = 0, 1, 2, 3. \qquad (4)$$

В случае $b_2 = 0$ (4) только обозначениями отличается от (3). Поэтому наибольшее внимание будет уделено задаче (3). Отметим, что в (3) λ не известно. Очевидно, что оно вещественное.

Так как решения дифференциального уравнения в (3) определяются корнями μ_1, μ_2 уравнения

$$\mu^2 + b_1 \mu + (b_4 + \lambda) = 0, \qquad (5)$$

то в силу вещественности b_j, λ имеем

$$u(t)w(0) = C_1 \exp(\mu_1 t) + C_2 \exp(\mu_2 t), \text{ если } \mu_1 = \mu_2 \text{ вещественные}, \qquad (6)$$

$$u(t)w(0) = (C_3 t + C_4) \exp(\mu_1 t), \text{ если } \mu_1 = \mu_2, \qquad (7)$$

$$u(t)w(0) = (C_5 \cos(\beta t) + C_6 \sin(\beta t)) \exp(\alpha t), \text{ если } \mu_1 = \alpha + i\beta, \beta = 0, \alpha$$

вещественные. $\qquad (8)$

Используя данные в (3), следует установить: в каких случаях имеет место одна из ситуаций (6)-(8), как вычислить μ_j, а значит, $b_1 = -(\mu_1 + \mu_2)$, $(b_4 + \lambda) = \mu_1 \mu_2$.

Теорема 1. Если уравнение

$$y^2(A^2_{10} - A_{20} A_{00}) - y(A_{20} A_{10} - A_{30} A_{00}) + (A^2 - A_{30} A_{10}) = 0 \qquad (9)$$

имеет положительные корни $y_1 = y_2$, то выполняется (6) причём

$$b_1 = -T^{-1} \ln(y_1 y_2), \quad b_4 + \lambda = T^{-2} \ln y_1 \ln y_2 \qquad (10)$$

$$C_1 = (A_{10} - y_2 A_{00})/(y_1 - y_2), \quad C_2 = (A_{10} - y_1 A_{00})/(y_2 - y_1), \qquad (11)$$

Если при некоторых μ_1, μ_2 имеет место (6), и $C_1 C_2 = 0$, то уравнение (6) имеет положительные корни $y_1 \neq y_2$.

В случае, когда у уравнения (9) только два положительных корня $y_1 \neq y_2$ (а это возможно только при $A_{10}^2 = A_{20} A_{00}$) обратная задача однозначно разрешима. В особом случае $A_{10}^2 = A_{20} A_{00}$, $A_{30} A_{00} = A_{20} A_{10}$, $A_{20}^2 = A_{30} A_{10}$ у уравнения (9) бесконечно много положительных корней $y_1 \neq y_2$. Поэтому и обратная задача в этом случае имеет бесконечно много решений.

Теорема 2. Если уравнение

$$\tau^2 A_{00} - 2\tau A_{10} + A_{20} = 0 \qquad (12)$$

имеет корень $\tau > 0$, и выполняется равенство

$$3\tau^2 A_{10} - 2A_{00} = A_{30}, \qquad (13)$$

то справедливо (7), причём

$$C_4 = A_{00}, C_3 = (A_{10} - \tau A_{00})/(\tau T),$$
$$b_2 = -2T^{-1} \ln \tau, (b_4 + \lambda) = (T^{-1} \ln \tau)^2 \qquad (14)$$

Если при некотором, вещественном μ_1 выполняется (7), и $C_3 = 0$, то $\tau = \exp(\mu_1 T)$ - корень уравнения (12).

Доказательство. Обозначив $\exp(\mu_1 T) = \tau$, в силу (3) получим систему уравнений

$$C_4 = A_{00}, \tau(T C_3 + C_4) = A_{10}, \tau^2 (2T C_3 + C_4) = A_{20}. \qquad (15)$$

Исключая C_3, легко получим, что $\tau > 0$ - корень уравнения (12). Если $\tau > 0$ - корень уравнения (12), то, используя первые два равенства из (15), вычислим C_3. В силу выбора τ выполнится и третье равенство из (15). При этом из (13) следует $\tau^3 (3T C_3 + C_4) = A_{30}$. Так как $\mu_1 = T^{-1} \ln \tau$ и $\mu_1 = \mu_2$, то выполняются (14).
Если при некотором μ_1 выполняется (7), и $C_3 = 0$, то после подстановки в (3) получим

$$C_3 t(\mu^2 + b_1 \mu_1 + (b_4 + \lambda)) + (2\mu_1 + b_1) \equiv 0.$$

Поэтому μ_1 - корень уравнения (5), $b_1 = -2\mu_1$, $b_4 - \lambda = \mu^2$, то есть, μ_1 - двукратный корень уравнения (5)

Следует отметить, что у уравнения (12) может оказаться два положительных корня. Нетрудно убедиться в том, что только для одного из них выполнится (13). Случай $A_{00}=A_{10}=0$ означает отсутствие элементарной волны.

Значительно сложнее для изучения случай (8). Будет доказано, что в случае разрешимости обратная задача имеет счётное множество решений. Чтобы добиться однозначной разрешимости придётся задать дополнительные условия, например, частоту волны (это равносильно заданию β). При этом будет выписано множество всех возможных β.

Итак, μ_1 - комплексное. Получим условия для выполнения (3) и вычислим $C_5, C_6, \beta, y = \exp(\tau T)$. В силу (3),(8)

$$C_5 = A_0, \ y(C_5 \cos(\beta T) + C_6 \sin(\beta T)) = A_1,$$
$$y^2 (C_5 \cos(2\beta T) + C_6 \sin(2\beta T)) = A_2, \ y^3 (C_5 \cos(3\beta T) + C_6 \sin(3\beta T)) = A_3. \quad (16)$$

Умножим второе уравнение на y^2 и прибавим к четвёртому

$$y^3 C_5 (\cos(3\beta T) + \cos(\beta T)) + C_6 (\sin(3\beta T) + \sin(\beta T)) = A_3 + A_1 y^2,$$
$$y^2 2\cos(\beta T) C_5 \cos(2\beta T) + C_6 \sin(2\beta T) = A3_3 + A y^2.$$

Отсюда и из третьего уравнения следует

$$2y A_2 \cos(\beta T) = A_3 + A_1 y^2. \quad (17)$$

Перепишем третье уравнение в виде
$$-y^2 A_0 + 2y^2 \cos(\beta T) C_5 \cos(\beta T) + C_6 \sin(\beta T) = A_2.$$
Из этого равенства и из второго уравнения следует

$$-y^2 A_0 + 2y A_1 \cos(\beta T) = A_2. \quad (18)$$

В частности, при $A_2 = 0$ в силу (17) получим

$$y^2 (A^2 - A_2 A_0) = A^2 - A_1 A_3. \quad (19)$$

В случае $A_2 = 0$ для существования β необходимо $A_3 + A_1 y^2 = 0$. то есть, снова получим (19). Чтобы вычислить C_6, β, следует рассмотреть случаи $A_2 \neq 0, A_2 = 0$.

Пусть $A_2 \neq 0$. Для существования β необходимо условие

$$|(A_3 + A_1 y^2)/(2A_2)| \leq 1. \qquad (20)$$

При его выполнении получим

$$\beta T = \varepsilon \arccos((A_3 + A_1 y^2)/(2yA_2)) + 2\pi k, \; k \text{ - целое число}, \qquad (21)$$

где ε - число 1, либо -1. Поэтому в силу (16) для вычисления C_6 имеем равенство

$$C_6 \sin(\beta T) = A_1/y - A_1(A_3 + A_1 y^2)/(2yA_2). \qquad (22)$$

Это уравнение всегда разрешимо. Действительно, если в (20) – строгое неравенство, то $\sin(\beta T) \neq 0$. В случае равенства в (20) учитывая (21), получим $\beta T \neq \pi q$, q - целое, и система уравнений принимает вид

$$(-1)^q A_0 y = A_1, \; A_0 y^2 = A_2, \; (-1)^q A_0 y^3 = A_3. \qquad (23)$$

Поэтому правая часть в (22) также обращается в нуль. При $\beta T = \pi q$ волна имеет вид $C_6 y^{t/T} \sin(\pi qt/T)$, где C_6 произвольно фиксирована, и для выделения единственной волны нужно дополнительное условие

$$u(t_4)w(x_0) = A_4, \; \sin(\pi q t_4/T) \neq 0. \qquad (24)$$

Напомним, что волна - ненулевое решение, поэтому $|A_0| + |C_6| \neq 0$, и нужно изучить случаи $A_2 \neq 0$, $A_0 = 0$. Так как $C_6 \sin(\beta T) = A_2 y^{-2} \neq 0$. $\sin(\beta T) \neq 0$, $C_6 \sin(\beta T) = A_1/y$, то $A_1 \neq 0$. Итак, доказано, что $|A_0| + |C_6| \neq 0$ при $A_2 \neq 0$ тогда и только тогда, когда $|A_0| + |A_1| \neq 0$. Случай $A_2 \neq 0$ изучен.

Пусть $A_2 = 0$. В силу (18)

$$2A_1 \cos(\beta T) = A_0 y. \qquad (25)$$

Если $A_1 = 0$, то $A_0 = 0$, $C_6 \sin(\beta T) = 0$, $\beta T = \pi q$, q - целое число. Поэтому $A_1 = 0$, $A_2 = 0$ тогда и только тогда, когда

$$A_0 = 0, \; A_1 = 0, \; A_2 = 0, \; A_3 = 0, \qquad (26)$$

то есть, $u(t)w(x_0) = C_6 \sin(\pi qt/T)$ с произвольно фиксированной $C_6 \neq 0$, и для выделения единственной волны необходимо (24). Отметим, что $|A_0| + |C_6| \neq 0$, хотя $|A_0| + |A_1| = 0$.

В случае $A_1 \neq 0$ имеем

$$|A_0 y/(2A_1)| < 1. \tag{27}$$

Действительно, если $|A_0 y/(2A_1)| > 1$, то в силу (25) β не существует. При $|A_0 y| = |2A_1|$ получили бы $\beta T = \pi q$, q- целое, то есть, выполняются (23). Противоречие. Итак, при $A1 \neq 0$

$$\beta T = \varepsilon \arccos(A_0 y/(2A_1)) + 2\pi k, \text{ k - целое число.} \tag{28}$$

При этом $\sin(\beta T) = 0$, $C_6 \sin(\beta T) = A_1/y - A^2 y/(2A_1)$, и в случае $A_0 = 0$ имеем $C_6 \neq 0$. Следовательно, условие $|A_0| + |C_6| \neq 0$ выполнится при $A_1 \neq 0$, $A_2 = 0$ тогда и только тогда, когда $|A_0| + |A_1| \neq 0$.

Итак, мы ответили на вопросы:

при каких A_0, A_1, A_2, A_3 волна $u(t)w(x_0)$ имеет вид (8); как вычислить $C_5, C_6, y = \exp(\tau T), \beta$;
в каких случаях нужны дополнительные значения A_4?

Пусть $y > 0$ - корень уравнения (19). Выпишем функцию

$$u(t)w(x_0) = (A_0 \cos(\beta t) + C_6 \sin(\beta t)) \exp(\tau t), \tau = T^{-1} \ln y, \tag{29}$$

Предположим, что $A_2 = 0$, и в (20) - строгое неравенство. По формулам (17),(22) вычислим $\beta T, C_6$. Очевидно, что

$$(A_0 \cos(\beta T) + C_6 \sin(\beta T)) \exp(\tau T) = A_1. \tag{30}$$

В рассматриваемом случае проверим равенства

$$(A_0 \cos(2\beta T) + C_6 \sin(2\beta T)) \exp(2\tau T) = A_2, \tag{31}$$
$$(A_0 \cos(3\beta T) + C_6 \sin(3\beta T)) \exp(3\tau T) = A_3. \tag{32}$$

Левая часть в (31) представима в виде $y^2 2\cos(\beta T) A_0 \cos(\beta T) + C_6 \sin(\beta T) - A_0 y^2$. Поэтому совпадает с

$$(A_3 + A_1 y^2) A_1/A_2 - A_0 y^2 = (A_3 A_1 + A^2 y^2 - A_0 A_2 y^2)/A_2.$$

Однако y - корень уравнения (19), поэтому выполняется равенство (31). Так как доказано (30), то (32) выполнится тогда и только тогда, когда $y^3 A_0 (\cos(3\beta T) + \cos(\beta T)) + C_6 (\sin(3\beta T) + \sin(\beta)) = A_3 + A_1 y^2$, то есть,
$2y^3 \cos(\beta T) A_0 \cos(2\beta T) + C_6 \sin(2\beta T) = A_3 + A_1 y^2$.

А эти равенства в силу (17), (31) очевидно.

Итак, в рассматриваемом случае построена функция (29), удовлетворяющая (30) - (33), а значит, и (3), причём $|A_0| + |C_6| \neq 0$ тогда и только тогда, когда $|A_0| + |A_1| \neq 0$.

Если $A_2 \neq 0$, и в (20) - равенство, то функция (29), удовлетворяющая (3), существует тогда и только тогда, когда выполняется (23), при этом $u(t)w(x_0) = (A_0 \cos(\pi qt/T) + C_6 \sin(\pi qt/T))y^{t/T}$, C_6 - произвольная постоянная, для которой $|A_0| + |C_6| \neq 0$. Для выделения единственной волны достаточно (24).

В случае $A_2 = 0$, $A_1 \neq 0$ для существования функции (29), удовлетворяющей (3), необходимо (27). Докажем достаточность. По формуле (28) вычислим $\cos(\beta T) = A_0 y/(2A_1)$. Так как $\sin(\beta T) \neq 0$, то из равенства $C_6 \sin(\beta T) = A_1/y - A_0 \cos(\beta T)$ найдём C_6 и функцию (29). Убедимся в выполнимости (30) - (32). Равенство (30) очевидно. При выбранных y, C_6 имеем $y^2 (A_0 \cos(2\beta T) + C_6 \sin(2\beta T)) = y^2 2\cos(\beta T)(A_0 \cos(\beta T) + C_6 \sin(\beta T)) - A_0 y^2 = y^2 A_0 A_1/A_0 - A_0 y^2 = 0 = A_2$. Следовательно, $u(2T)w(x0) = A_2$. Докажем $u(3T)w(x_0) = A_3$. Так как $A_2 = 0$, то

$y^3 A_0 (\cos(3\beta T) + \cos(\beta T)) + C_6 (\sin(3\beta T) + \sin(\beta T)) = 2y^2 \cos(\beta T) A_2 = 0$.

С другой стороны, из (19) и $A_2 = 0$ следует $y^2 A_1 = -A_3$, $u(3T)w(x_0) = A_3$. Осталось рассмотреть последнюю возможность $A_1 = 0$, $A_2 = 0$. В этом случае, как установлено ранее, необходимо (26). Оно и достаточно, ибо при целых числах $q \neq 0$ волна $u(t)w(x_0) = C_6 y^{t/T} \sin(\pi qt/T)$ удовлетворяет (3). Чтобы выделить единственную волну нужно (24).

Используя (8), восстановим коэффициенты дифференциального уравнения в (3). В силу формул Эйлера $u(t) = a_1 \exp((\tau + i\beta)t) + a_2 \exp((\tau - i\beta)t)$, причём $|a_1| + |a_2| = 0$. Поэтому $\mu_1 = \tau + i\beta$, $\mu_2 = \tau - i\beta$, $b_1 = -2\tau$, $b_0 = \beta^2 + \tau^2$.

Итак, доказана

Теорема 3. Следующие утверждения равносильны;

1) волна, удовлетворяющая (3) имеет вид (8);

2) уравнение (19) имеет корень y > 0; если $|A_0| + |A_1| = 0$, то при $A_2 = 0$ выполняется (20), при $A_2 = 0$ выполняется (27); если $A_0 = 0, A_1 = 0$, то $A_2 = 0, A_3 = 0$, и волна имеет вид $C \sin(\pi qt/T)$, где $q = 0$ целое число при этом

$$b_1 = -(2/T)\ln y, \quad b_4 + \lambda = b^2 + \beta^2.$$

В случае $\beta = \pi q/T$ для вычисления C_6 необходимо (24).

Не выполнение предположений теорем 1-3 означает, что либо переменные t, x в исходном дифференциальном уравнении не разделяются, либо они разделяются, но в (3) хотя бы один коэффициент не постоянен.

Итак, для (3) выделены случаи, когда можно вычислить b_1, $b_4 + \lambda$. Если $b_2 = 0$, то задача (4) только обозначениями отличается от задачи (3). В силу этого мы имеем все ситуации, позволяющие вычислить b_1, $b_4 + \lambda$, b_3/b_2, $-\lambda/b_2$, а значит и b_2, b_3, b_4, λ, ибо один из коэффициентов b_2, b_3, b_4 известен. Очевидно, что замена $U(t,x) = \exp(-b_1 t/2 b_3 x/(2b_2))V(t,x)$ приведёт к уравнению $V_{tt}^{(2)} + b_2 V_{xx}^2 + (b_4 - b_1^2/4 - b_3^2/(4b_2))V = 0$. В частности, если $b_2 < 0$, $b_4 - b_2^2/4 - b_3^2/(4b_2)) = 0$ то каждая волна для (1) имеет вид $\exp(-b_1 t/2 - b_3 x/(2b_2))(F(t - xb21/2) + G(t + xb21/2))$. Меняя F и G, получим все волны, а не только элементарные.
Случай $b_2 \neq 0$ полностью изучен.
Предположим, что $b_2 = 0$. Если бы $b_3 = 0$, то получили бы $\lambda = 0$, $w(x)$ — произвольно фиксированная функция. Поэтому считаем $b3 \neq 0$.
Тогда в силу (4)

$w^{(1)} = (\lambda/b_3)w$, $u(0)w(x) = A_{00} \exp(\lambda t/b_3)$. Следовательно, $A_{00} \neq 0$, $A_{01}^2 = A_{00} A_{02}$, $A_{02}^3 = A_{03} A_{00}^2$. В случае существования имеем $\lambda/b_3 = T_1^{-1} \ln(A_{01}/A_{00})$.

Интересен момент: нам неизвестны "граничные" свойства волны $w(x)$; однако мы нашли её собственное значение (а в случае (8) счётное множество собственных значений).

Мы не первые, кто пытался решить обратную задачу [6], но мы первые, кто предложил ответы на вопросы: что следует измерять, как выбрать моменты для измерений, сколько измерений необходимо, чтобы точно решить сначала обратную, а затем и прямую задачи.

Методы решения прямых задач для сейсмических волн и теория сейсмических волн хорошо изложены в [1,2]. В [3] используется другой поход к решению обратной задачи; он менее эффективен в сравнении с выше приведенным. В [4] изложен приближённый метод решения обратной задачи. Приведенные результаты частично докладывались на математической школе [5].

Литература

1. Шерриф Р, Гелдарт Л. Сейсморазведка, в 2-х томах. Т.1-Т.2. перевод с англ.- М., 1987.
2. Саверенский Е.Ф. Сейсмические волны, М.: Наука, 1957.
3. Мокейчев В.С. Восстановление коэффициентов в линейных математических моделях и нелинейные граничные задачи // Известия вузов. Математика.-1987.-№ 7.- С.20-28.
4. Головцов А.В. Нохождение элементарных собственных сейсмических волн по результатам измерений//Исследования по прикладной математике и информатике.- Казань: Изд-во Казан. ун-та, 2011.- вып. 27.-С.122-131.
5. Головцов А.В. Специальные волны (прямая и обратная задачи)//Современные методы теории краевых задач: материалы Воронежской весенней математической школы "Понтрягинские чтения XXIV".-Воронеж: ВГУ, 2013,- С.59-60.
6. Алексеев А.С. Численно-аналитические алгоритмы решения прямых и обратных задач в сейсмологии. – Сиб. ж. вычисл. Мат. 3, №3, 191-214 (2000)

Пронина Е.А.
Воронежский Государственный Университет, Воронеж, Россия
Email: ekaterina.pronina2012@mail.ru

ФОРМИРОВАНИЕ ТРАЕКТОРИИ РАЗВИТИЯ РЕГИОНА, С УЧЁТОМ РОСТА КАЧЕСТВА ЖИЗНИ НАСЕЛЕНИЯ

Понятие качества жизни населения представляет собой интегральную величину, характеризующуюся большим набором показателей, учёт которых в математической модели составляет непростую задачу. По этой причине мы выбрали те показатели, которые, на наш взгляд, в большей степени влияют на улучшение условий жизни населения региона. Следуя этой логике, конечный продукт был представлен в виде своих составных частей. Теперь априори определяется необходимый объём конечного продукта, который идёт на образование, здравоохранение, прожиточный минимум: $Y_i^{(1)}(t)$, $Y_i^{(2)}(t)$, $Y_i^{(3)}(t)$. Эти неизвестные будут иметь в нашей модели оценку снизу. Эта оценка имеет реальное обоснование, так администрация региона заранее определяет минимально необходимое количество средств на эти важные категории жизни. Мы же зафиксируем этот факт и будем стремиться максимизировать экономический потенциал, а по существу объём выпуска продукции, от которого зависит и сам конечный продукт.

С учётом данных предположений введём следующие ограничения:

$$\sum_{r=1}^{3} N^r W_r(t) \leq \sum_{i=1}^{n} Y_i^{(1)}(t) \qquad (1)$$

$$W_{o6}(t) \leq \sum_{i=1}^{n} Y_i^{(2)}(t) \qquad (2)$$

$$\omega \sum_{i=1}^{n} X_i \leq \sum_{i=1}^{n} Y_i^{(4)}(t) \qquad (3)$$

$$\sum_{i=1}^{n} Y_i^{(3)}(t-1) \leq \sum_{i=1}^{n} Y_i^{(3)}(t) \qquad (4)$$

Где $Y_i^{(1)}(t)$ – часть конечного продукта, идущая на формирования прожиточного минимума; $Y_i^{(2)}(t)$ – часть конечного продукта, идущая на образование; $Y_i^{(3)}(t)$ – часть конечного продукта, идущая на здравоохранение; $Y_i^{(4)}(t)$ – сальдо экспорта и импорта и др.; N^r- численность населения региона(r определяет категории граждан r=1-дети; r=2 взрослый человек ; r=3 пенсионеры); $W_r(t)$ – прожиточный минимум для категории r; W_{o6} – денежные средства, идущие на образование одного человека;

Повышение уровня жизни – важнейшая задача социальной политики. К числу факторов, оказывающих наибольшее влияние на снижение уровня качества жизни, относится низкий уровень оплаты труда. В России надо быстрее восстановить доходы и максимально стимулировать платежеспособный спрос населения. Задача эта очень сложная. У большинства населения снижение уровня жизни продолжается длительное время. За годы реформ он упал примерно у 60% россиян. Реальные денежные доходы в семьях уменьшились более чем на 30%. Фонд оплаты труда сегодня составляет всего 37% к уровню 1990 г. Для стимулирования платёжеспособного спроса мы введём следующую целевую функцию:

$F_2(t) = min\left\{\frac{L_i(t)}{X_i(t)}\right\} \to max$ (5)

$F_2(t)$ представляет собой увеличение фонда оплаты труда на единицу выпущенной продукции каждой отрасли. Из полученных значений отношения $\frac{L_i(t)}{X_i(t)}$ для каждого вида экономической деятельности находим самое низкое и его стремимся максимизировать, чтобы равномерно увеличить фонд оплаты труда в каждой отрасли.

Таким образом, мы получили модель выбора траектории развития, сформированную с учётом повышения жизни населения:

$$F_1(t) = \sum_{i=1}^{n} \lambda_{it} P_i(t) \to max \qquad (6)$$

$$F_2(t) = min\left\{\frac{L_i(t)}{X_i(t)}\right\} \to max \qquad (7)$$

$X_i(t) \le P_i(t), \quad i = \overline{1,n}$ (8)
$P_i(t) = f_i(K_i(t), L_i(t))\, i = \overline{1,n}$ (9)
$K_i(t) = K_i(t-1) + \beta_i(t)\Delta K(t), i = \overline{1,n}$ (10)
$L_i(t) = L_i(t-1) + \delta_i(t)\Delta L(t), i = \overline{1,n}$ (11)
$\sum_{i=1}^{n} \beta_i(t) \le 1$ (12)
$\sum_{i=1}^{n} \delta_i(t) \le 1$ (13)
$\Delta K(t) + \Delta L(t) \le \Delta \Phi(t)$ (14)
$X_j(t) \ge \sum_{i=1}^{n} h_{ij} X_i(t) + d_j K_j(t) + L_j(t) + Pr_j(t), j = \overline{1,n}$ (15)
$X_i(t) \ge \sum_{j=1}^{n} h_{ij} \frac{X_i^{\text{Б}}}{X_j^{\text{Б}}} X_j(t) + \sum_{j=1}^{n} b_{ij} V_j + Y_i(t), i = \overline{1,n}$ (16)
$V_j(t) = \frac{\varphi_j X_j(t) - K_j(t)}{\xi_j} + d_j K_j(t), j = \overline{1,n}$ (17)
$Y_i(t) = \sum_{p=1}^{4} Y_i^p$ (18)

$\sum_{i=1}^{n} Y_i(t) \le J$ (19)

$\sum_{i=1}^{n} a_{l^v i}(t) X_j(t) \le B_{l^v}^v(t), l^v = \overline{1,L^v}, i = \overline{1,n}$ (20)
$\sum_{r=1}^{3} N^r W_r(t) \le \sum_{i=1}^{n} Y_i^{(1)}(t)$ (21)
$W_{\text{об}}(t) \le \sum_{i=1}^{n} Y_i^{(2)}(t)$ (22)
$\omega \sum_{i=1}^{n} X_i \le \sum_{i=1}^{n} Y_i^{(4)}(t)$ (23)
$\sum_{i=1}^{n} Y_i^{(3)}(t-1) \le \sum_{i=1}^{n} Y_i^{(3)}(t)$ (24)

$K_i(t_0) = K_i^0, i = \overline{1,n}$; $X_i(t_0) = X_i^0, i = \overline{1,n}$; $L_i(t_0) = L_i^0, i = \overline{1,n}$ (26)

$t = t_0, t_1, \dots T$ (27)

Для расчётов согласно выбранному алгоритму введём дополнительные двусторонние ограничения:

$0 \leq \underline{\beta}_i(\lambda_i) \leq \beta_i(t) \leq \bar{\beta}_i(\lambda_i), \; i = \overline{1,n}$ (28)

$0 \leq \underline{\delta}_i(\lambda_i) \leq \delta_i(t) \leq \bar{\delta}_i(\lambda_i), \; i = \overline{1,n}$ (29)

$\underline{Pr}_i(t) \leq Pr_i(t) \leq \overline{Pr}_i, i = \overline{1,n}$ (30)

$Y_i(t) \leq \frac{J \cdot g_i X_i(t-1)}{\sum_{i=1}^{n} g_i X_i(t-1)}$ (31)

Здесь, t - индекс, характеризующий время, $t = 1..T$; i- порядковый номер элемента РЭС, $i = 1,..n$; Т- горизонт планирования; $X_i(t)$ – валовой выпуск i -го элемента в момент времени t; $P_i(t)$ – экономический потенциал i -го элемента в момент времени t; $K_i(t)$ – объем капитала, находящегося в распоряжении i -го элемента системы в момент времени t; $L_i(t)$ – фонд оплаты труда всех работников i -го элемента в момент времени t; $\Delta \Phi$ – величина дополнительного финансового ресурса, имеющегося в распоряжении управляющего центра; $\Delta L, \Delta K$ – величины дополнительного ресурса, идущего в фонд оплаты труда на обновление основных фондов соответсвенно; $f_i(\cdot)$ – производственная функция i -го элемента системы; $\beta_i(t), \delta_i(t)$-доля финансового ресурса, идущего в i -ый элемент системы; h_{ij} – доля продукции i -го элемента системы, направляемого в j -ый элемент в момент времени; φ_i- коэффициент фондоёмкости продукции i -го элемента системы; ξ_j- коэффицент перевода в среднегодовые показатели; J- максимальный суммарный объём конечного продукта, необходимый для нормального функционирования системы; V_j- величина конечного продукта, идущего на восстановления основных фондов; $Pr_j(t)$- прибыль j -го элемента; $a_{l^v i}(t)$- коэффициенты затрат l^v дополнительного ресурса на единицу валового выпуска i -го элемента системы; $B_{l^v}^v(t)$- количество l^v ресурса, имеющегося в системе в момент времени t;

Неизвестные параметры модели: $r_i(t), w_i(t), Pr_j(t), \Delta L, \delta_i(t), X_i(t)$

Модель (6)- (31) - модель векторной оптимизации, решение которой будет получено с использованием метода Соболя-Статникова. Алгоритм метода будет подробно описан в [2]. Решением будет являться множество Парето оптимальных точек.

СПИСОК ЛИЕТРАТУРЫ:

1. Айвазян С.А. Россия в межстрановом анализе синтетических категорий качества жизни населения. Ч. I. Методология анализа и пример ее применения / С.А. Айвазян // Мир России. – 2001. – Т. XI, №4.

2. Соболь И.М. Точки равномерно заполняющие равномерный куб. – Знание, 1985. -32 с.

3. Баева Н.Б. Об одном подходе к моделированию региональной экономики / Н.Б. Баева, Д.В. Ворогушина // Научно-технические ведомости СПбГПУ. – 2009. – № 6-1(90). – С. 29-35.

Самойленко Л.В.
к.ф.н., доцент кафедры «Русский язык»
Федерального государственного бюджетного образовательного учреждения высшего профессионального образования «Астраханский государственный технический университет»
sam47L@yandex.ru

СТИЛИ РЕЧЕВОГО ПОВЕДЕНИЯ ПОЛЬЗОВАТЕЛЕЙ КАК ФАТИЧЕСКОЕ СРЕДСТВО ЧАТ-КОММУНИКАЦИИ

Речевое поведение человека – сложное явление, связанное с особенностями его воспитания, местом рождения и обучения, сферой общения, со всеми свойственными ему как личности, как представителю социальной группы, а также национальной общности особенностями. В речевом поведении проявляется языковая личность, принадлежащая данному времени, данной стране, данному региону, данной социальной (в том числе и профессиональной) группе, данной семье.

Особенности электронного дискурса диктуют несколько иные параметры коммуникации. Все пользователи, находящиеся в чате, занимают место в заданном коммуникативно-прагматическом пространстве, где нивелируются различия в национальности, социальном положении, возрасте и т.п. Изначально в рамках электронного дискурса пользователи делятся на «своих», то есть тех, кто встречается и общается в данном чате периодически, знаком с другими пользователями, и «чужих», то есть тех, кто впервые пытается установить речевые контакты в данном чате.

Модель речевого поведения участника интернет-коммуникации выбирается им самостоятельно, не зависит от внешних условий социальной среды и может не совпадать с речевым поведением реальной языковой личности, которая скрывается по маской-ником.

Фатические средства общения в чате могут свидетельствовать об общей атмосфере речевого взаимодействия, эмоциональном накале между партнерами, регулировать прочность межличностных связей, стать толчком к смене тональности в ходе общения. Это становится прямым основанием для формирования стилей речевого поведения, маркируемых нами как **«доминантный»** и **«пассивный»**. Говоря о «доминантном» стиле, мы имеем в виду речевую тактику, которая характеризуется высокой степенью речевой активности коммуниканта: он, как правило, инициирует общение (с одним или несколькими пользователями одновременно), определяет тематическое направление коммуникации, стремится к осуществлению полноценного речевого обмена и т.п. Например:

одинокий_мальчишка : мне очень скушно ,,,,,девчёнки пишите ☹

милая_555 : одинокий_мальчишка: почему так
одинокий_мальчишка : милая_555: ни кто не пишет
милая_555 : одинокий_мальчишка: давай я буду писать
одинокий_мальчишка : милая_555: ОК

В данном диалоге «доминантная» позиция принадлежат пользователю под ником милая_555. Несмотря на то, что одинокий_мальчишка использует в речи инициальное обращение и побуждение *«девчёнки пишите»*, пытаясь найти коммуникативных партнеров, его стратегия пассивна, т.к. он лишь ожидает активных речевых действий со стороны другого пользователя, которым в данном случае оказывается милая_555.

Принимая во внимание характер взаимодействия между коммуникативными партнерами в ходе диалога, мы выделяем также **«соперничающий»** и **«уступительный»** типы речевого поведения.

«Соперничающий» стиль связан с возникновением определенного рода противоречий между коммуникантами и определяется «резкой» тактикой со стороны одного из собеседников, желанием высказать возражение, несогласие, возмущение и т.п. На языковом уровне такой стиль характеризуется употреблением различных фатических средств, передающих соответствующие «отрицательные» значения. Например:

Откудато)сВолгограда: Королева_проклятых(она), 😊ммм секисом занимаца бум?!

Королева_проклятых(она): Откудато)сВолгограда, губу закатай и язык тоже)).

На предложение своего коммуникативного партнера пользователь Королева_проклятых(она) отвечает резким отказом, который получает речевое выражение в виде трансформированного грубого сленгового выражения *«Губу закатай (и язык тоже)»*. Тем самым пользователь не только отвергает конкретное предложение, но и показывает свое нежелание продолжать речевое общение. Следствие – разрыв речевой цепи.

ШиШ: HRON, *скучно - тема такая - кто верит в бога, магомеда, в чёрта - есть мнения?: пишем!!!!! стараемся и пишем))*

HRON: ШиШ, *не верю я — ни в бога, ни в чёрта, ни в коммунистическую партию с демократией.*

В данной речевой ситуации высказывание пользователя ШиШ направлено на активизацию речевых контактов между пользователями. Однако другой пользователь под ником HRON не заинтересован в коммуникативной ситуации, занимает нигилистическую позицию, содержание его высказывания косвенно выражает нежелание развивать общение на предложенную тему.

В речевой ситуации, сопровождающейся эмоциональным

напряжением, имеет место **«драматичный»** стиль речевого поведения, тесным образом связанный с «соперничающим». Например:

Королева_проклятых(она): ДИНОЗАВРИК, ☺если ты так думаешь тогда ты точно дурак))

ДИНОЗАВРИК: Королева_проклятых(она) , я промолчу))))

Королева_проклятых(она): ДИНОЗАВРИК, злой ты(((

ДИНОЗАВРИК: Королева_проклятых(она): ага!!!!!

В данном диалоге именно речевой стиль пользователя Королева_проклятых (она) можно обозначить как «драматичный», т.к. высказывания коммуниканта – это негативные характеристики коммуникативного партнера и оценка всей речевой ситуации как неудачной. Попытки пользователя ДИНОЗАВРИК нейтрализовать речевую агрессию собеседника шутками оказываются безуспешными.

При ироническом отношении говорящего к тому, о чем (о ком) говорится, передаче неискренних оценок и эмоций проявляется **«фальшивый»** стиль речевого поведения. Заметим, это наиболее часто используемый в системе чата стиль коммуницирования. Такая тенденция обусловлена статусом коммуникативных партнеров: они не знакомы друг с другом лично, не контактируют в реальном мире. Соответственно пользователи не связаны обязательствами соблюдать какие-либо формальности, могут вести беседу в непринужденной манере, играть роли, надевать маски. Например:

ЦИКЛ: Ч@Ч@, ток у тя год подозрительный какойто...)))

Ч@Ч@: дяя яяя!! что такое?

Ч@Ч@: ЦИКЛ, а это чтобы все недоумевали =)))))) пусть думают что я ВУНДЕРКИНД =)))

ЦИКЛ: Ч@Ч@, переросток...)))

Другой стиль речевого поведения - **«сопереживающий»**. Он характеризуется проявлением со стороны субъекта речи сочувствия, понимания по отношению к коммуникативному партнеру или некоему третьему лицу, о котором может идти речь. Анализ языка чатов показал, что в электронном дискурсе распространенными являются речевые ситуации, в которых один из коммуникативных партнеров показывает, что он нуждается в поддержке, сочувствии и т.д., а другой – активно реагирует на подобные стимулы. Например:

ОТПЕТЫЙ_НЕГОДЯЙ: *** Ч@Ч@ палец порезала =((

Ч@Ч@: ОТПЕТЫЙ_НЕГОДЯЙ: /// давай поцалую!!!!!!?????

«Дружественный» стиль также отражает позитивные аспекты межличностного взаимодействия и предполагает такие способы обращения в процессе коммуникации, как подбадривание, высказывание внимания и интереса, положительную оценку. Например:

1) Валюшка_Доби: Сторож(20.19), Да ладно бедненький не скучай где работаешь?;

2) ОБИТЕЛЬ_ЗЛА(ОНА): BLADE_MASTER, ну что ты так растраиваешься? платочек дать?;

3) __ZLATA__: санечка, я такая беспордонная.. извини меня плз.. не спросила про тебя.. ты та как???.

Таким образом, вступая в коммуникативные отношения, говорящий учитывает все параметры коммуникативно-прагматической ситуации и в соответствии с этим выбирает фатические средства, которые определяют его речевую тактику (наряду с невербальными действиями). Тем не менее, при определении стиля речевого поведения пользователей необходимо учитывать как индивидуальные предпочтения в способах передачи информации, так и неподготовленность и спонтанность электронного дискурса чата.

Смысл фатических средств, функционирующих в процессе интернет-коммуникации, отражает особенности речевого поведения коммуникантов, реализуемые ими стратегии и тактики, которые охватывают и общее построение диалога, и социальные и психологические роли участников коммуникативного процесса. Исследование коммуникативных стратегий помогает формулировать и уточнять ролевые предписания речевого поведения носителей языка, а также описывать речевые функции фатических средств.

Горн Е.А.
аспирант кафедры немецкой филологии Российского государственного педагогического университета им. А.И. Герцена, e.gorn@mail.ru

ПРАГМАТИЧЕСКИЙ КОМПОНЕНТ ЦВЕТООБОЗНАЧЕНИЙ КАК ФУНКЦИОБРАЗУЮЩИЙ АСПЕКТ ПЕРЕВОДА ХУДОЖЕСТВЕННОГО ТЕКСТА

Антропоцентрическая парадигма современного языкознания предполагает перенос исследовательского интереса языковой единицы с системно-структурной на прагматическую составляющую. Подобный подход к исследованию языка делает более актуальными аспекты исследования прикладной лингвистики и, в особенности, перевода. В этом плане художественный перевод позволяет весьма четко проиллюстрировать сложности, связанные с прагматическим аспектом языковых единиц, в частности, таких культурно и символически наполненных как цветообозначения.

По мнению Л. Гатауллиной: «Цвет обладает универсальной классификационной функцией и объединяет во всех языках обозначения разнообразных объектов и явлений действительности, номинаций человека, социальных и общественных, религиозных и нравственных, эмоциональных и межличностный отношений, обнаруживаю четкую, логику и относительно строгую систему» [1, 6]. Подобные свойства цветообозначений позволяют говорить о возможности использования данных языковых единиц в художественном тексте в различных функциях. Например, в качестве лейтмотива каких-то событий. Например, в книге «Дублинцы» (Dubliners) Джеймса Джойса таким цветообозначением является *brown*, используемый автором в различных сочетаниях, таких как *brown houses, brown skirts, brown earth, brown sky,* создает целую парадигму, которая является своего рода лейтмотивом Дублина и всех его обитателей.

Цветообозначения в художественном тексте могут также выступать в качестве характеристики персонажа. Например, в романе Нормана Мейлера (Norman Mailer) «The Naked and the Dead» действует персонаж по имени Red, по происхождению ирландец, имеет рыжие волосы, а также характеризуется как опасный и весьма недобрый человек. И красный цвет сопровождает данного персонажа повсюду.

Это всего лишь немногочисленные примеры, которые явно иллюстрируют многослойную прагматическую структуру цветообозначений. Во-первых, цветонаименования, с точки зрения системно-структурного аспекта языка обладают культурно-прагматической нагруженностью. Так, например, ранее упомянутое прилагательное *red* в значении *рыжий*, в ангоязычной традиции связано с негативной оценкой обладателя данного признака. Во-вторых, это же прилагательное в значении *красный* не имеет дополнительных значений, связанных с коммунистическим прошлым русскоязычной традиции. Таким образом, возникает прагматическое несоответствие прилагательного в исходном языке и языке перевода на лингвокультурологическом уровне.

Другой, приведенный выше пример, явно иллюстрирует прагматическое фокусирование художественного текста вокруг контекстуально-значимого аспекта произведения. Подобные цветообозначения в переводе наталкиваются на сложность, связанную с ограниченными возможностями сочетаемости слов переводящего языка, которая затрудняет создание такой же атмосферы некоего места в переводе, как например, депрессивной (по мнению автора) атмосферы Дублина с использованием прилагательного *коричневый* в русском языке.

Об этом, свое время писал Э. Лич: «Но художественное изображение одних и тех же объектов в разных культурах подчиняется весьма разным условностям, и это представляется значимым» [2, 30]. Действительно, это представляется весьма значимым с точки зрения перевода и возможности переноса всего обилия прагматического содержания языковой единицы одного языка, в произведение, созданного на языке другого языка, который в свою очередь также не лишен самобытного, прагматического наполнения.

Таким образом, цветообозначения, использованные в различных функциях в художественном тексте могут быть рассмотрены, как многослойные объекты, нуждающиеся глубоком предпереводческом анализе их прагматических компонентов. С одной стороны, они могут выступать как лингвокультурологические маркеры, обладая дополнительными этнокультурными символами, с другой стороны, контекстуальными маркерами событий, персонажей, мест, в итоге становясь внутритекстовыми символами. Данным аспекты использования подобных языковых единиц необходимо учитывать при создании переводного текста, тем более, если речь идет о тексте художественной литературы. Не стоит также забывать и о еще одном прагматическом компоненте важном при переводе, который в данной статье не был рассмотрен – это личность самого переводчика, его двойственная роль с точки зрения прагматического аспекта самого процесса перевода, в котором он является и реципиентом, и автором. Именно он воспринимает исходный текст таким, каков он есть, со всеми прагматическими установками, и создает новый уже на другом языке, используя единицы переводного языка, которые зачастую имеют другие прагматические установки. Данный процесс, с точки зрения личности переводчика, включенного в процесс перевода, может иметь свои весьма интересные аспекты, как например, географическая и временная разобщенность, не говоря о культурной разности.

Литература:

1. Гатауллина Л.Р. Роль цветообозначений в концептуализации мира (на материале фразеологизмов английского, немецкого, французского, русского и татарского языков): автореф. дис…канд. филол. наук: 10.02.20 / Л.Р. Гатауллина, БашГУ, Уфа, 2005. – 24 с.
2. Лич Э. Культура и коммуникация: логика взаимосвязи символов. К использованию структурного анализа в социальной антропологии [Текст]/ Э. Лич. – М.: Издательская фирма «Восточная литература» РАН, 2001. – 142 с.

Андреева И.Н.

к. п. н., доцент кафедры дошкольной и социальной педагогики, ФГБОУ ВПО «Марийский государственный университет», andreeva_67@mail.ru

НОРМЫ РЕЧИ В СОВРЕМЕННЫХ СЛОВАРЯХ И УЧЕБНИКАХ

В XXI веке заметно снизился уровень речевой культуры общества, снизился и уровень грамотности населения. В надежде на то, что компьютер исправит ошибки, школьники, студенты да и взрослые люди не утруждают себя знанием основ орфоэпии и орфографии. А как же быть с СМС, с записками и письмами, с записью диалога в интернете, с устной речью, когда нет умной машины под рукой? Известный лингвист, доктор филологических наук, профессор В. Г. Костомаров писал, что мы сейчас недовольны языком, но язык лишь отражает потребности общества, т.е. в том, что сейчас возник такой язык, виноваты сами современники [6]. Роль языка в жизни любого народа огромна, потому что возникновение и существование человека и его языка неразрывно связаны друг с другом, в языке отражаются абсолютно все изменения, происходящие в обществе. Это можно проследить даже по лексическому составу языка, не говоря уже о грамматике. Язык развивался во все времена, одновременно развивая и общество, но то, что сейчас происходит с языком, трудно назвать развитием.

Профессор В. Г. Костомаров напоминает, что в XIX и XX образцовый литературный язык давала литература, и если возникали сомнения в правильности речи, то читатели обращались к классическим произведениям. В наше время, по подсчётам учёных, человек в среднем читает 3 минуты в день, поэтому нельзя сказать, что именно литература формирует речь людей XXI века. Сейчас язык складывается под воздействием телевидения и интернета. Поэтому нам необходимы словари и справочники, учебники и учебные пособия, которые помогли бы развеять возникающие сомнения в правильности произношения и правописания.

В 2012 году вышел «Большой орфоэпический словарь русского языка. Литературное произношение и ударение начала XXI века: норма и её варианты» [3]. Многие читатели, заинтересованные в новом орфоэпическом справочнике (чаще всего по работе), ждали его с нетерпением. Тем более что, «...о выходе «Большого орфоэпического словаря» рассказали в теле- и радиопередачах, написали в газетах и в интернете. Нас это издание тоже заинтересовало, потому что ни в словаре под редакцией М. А. Штудинера [1], ни в словаре И. Л. Резниченко [11] нет многих слов, в произношении которых иногда сомневаешься. Орфоэпический словарь русского языка под редакцией Р. И. Аванесова [7] по-прежнему для многих остаётся настольной книгой, но, к сожалению, со времени его составления прошло уже не одно десятилетие (5-е изд. 1989 г., все последующие стереотипные), да и слов в нём около 65000. Заинтриговала и аннотация, правда, данная на обложке, она больше напоминает рекламу: «...По объёму и способу описания норм произношения данный словарь не имеет аналогов. Более 80000 слов, исчерпывающая информация о произношении слов и их грамматических форм, описание речи разных поколений, речь конца XX – начала XXI века, подробные орфоэпические правила» [3].

Каково же было удивление, когда опираясь на алфавитный указатель, мы попытались найти слово «йогурт». В новом орфоэпическом словаре нет слов начинающихся с «Й». Этой буквы в словаре нет, как нет и буквы «Ё», но слова, начинающиеся с этих букв, в языке пока существуют. В словаре К. С. Горбачевича [5] тоже нет словарных статей, начинающихся с букв «Й» и «Ё», но слова, в начале которых имеются эти буквы, включены в словарные статьи под буквами «И», «Е». В большом орфоэпическом словаре слова с «Ё» тоже вошли в раздел вместе со словами с буквой «Е» (но их очень мало!). Кроме того, обращаясь к словарю, мы не смогли найти слов «лососевый», «электропровод» да и некоторых других тоже. Несмотря на то что этот новый словарь включает 80000 слов, на наш взгляд, он не соответствует современным требованиям.

Несколько лет назад, составляя список литературы для интернет-экзамена по дисциплине «Русский язык и культура речи», мы рекомендовали словарь под редакцией Р. И. Аванесова [7], сейчас, к сожалению, этот словарь не переиздаётся, поэтому нельзя указывать его в качестве основного пособия. Проанализировав несколько слов (в произношении которых у обучающихся возникают проблемы) по разным орфоэпическим словарям, мы пришли к определённым выводам: почти все имеющиеся на сегодняшний день словари противоречат друг другу. А каким словарём можно воспользоваться для подготовки к ЕГЭ, к практическим занятиям по русскому языку студентам и школьникам?

Любой преподаватель знает, что проще с самого начала научить говорить и писать правильно, чем переучивать (так уж устроена наша память, что первоначальную информацию мы запоминаем лучше). Значит, уже в начальной школе и в среднем звене необходимо работать с орфоэпическими и орфографическими словарями, а не пытаться научить всему в 10-11 классах, когда требуется сдавать ЕГЭ. Тем более в наше время, когда перед школой и вузом ставятся задачи интерактивного обучения.

В 2008 году Российская академия образования и учителя одиннадцати регионов России приняли участие в эксперименте «Обеспечение преемственности между ступенями общеобразовательной школы как условие получения нового образовательного результата, соответствующего Федеральному государственному образовательному стандарту». Данный эксперимент проводится на примере Образовательной системы «Школа 2100». Е. В. Бунеева, Л. Ю. Комиссарова и З. И. Курцева считают, что сущность преемственности заключается в сохранении различных элементов целого или отдельных его сторон при помощи целого как системы [4]. Мы согласны с этим, но, если говорить о преемственности между начальной и средней школами в учебниках по русскому, возникают определённые вопросы.

Нами было проанализировано несколько учебников для начальной школы: Соловейчик М. С., Кузьменко Н. С. «Русский язык: к тайнам нашего языка» (учебники в 2-х частях для 2-4 классов общеобразовательных учреждений, 4-е изд., испр. 2006); Полякова А. В. «Русский язык» (учебники в 2-х частях для 1-4 классов начальной школы 2002); Рамзаева Т. Г. «Русский язык» (учебники в 2-х частях для 1-4 классов четырёхлетней начальной школы, 6-е изд., стереотип. 2001). Все указанные учебники рекомендованы Министерством образования Российской Федерации и входят в определённые программы обучения. В данных пособиях даётся много нового интересного материала, который способствует развитию ребёнка как языковой личности. Но, к сожалению, в некоторых учебниках для начальной школы прослеживается целый ряд неточностей и ошибок.

В пятом классе дети в основном занимаются повторением пройденного в начальной школе, поэтому учителя, работающие в старших классах, должны знать основные определения и понятия, изучаемые на уроках в начальной школе. Обратимся к учебникам Поляковой А. В. «Русский язык». В учебниках для 4 класса автор даёт такое определение сложного предложения: «Сложное предложение имеет более одной основы» [9,5]. А в учебниках пятого класса: «Сложное предложение – это такое предложение, которое имеет две или несколько грамматических основ и представляет собой смысловое, грамматическое и интонационное единство» [14,155]. Понятно, что детям в начальных классах трудно усвоить сложные определения, но с какой целью авторы переворачивают с ног на голову простые понятия, которые изучало не одно поколение? Проще изменить определение, сделать его ближе к настоящему определению сложного предложения, чтобы как раз соблюдалась преемственность между начальной школой и пятым классом: «Сложное предложение имеет две или несколько грамматических основ». Тогда обучающимся не надо будет забывать то, чему их учили в начальной школе, а только усваивать новые сведения, полученные в старших классах. В этом случае структура правил будет напоминать снежный ком, когда к старому правилу добавляются новые сведения, уточняются определения и понятия.

Формулировка правила в учебнике третьего класса вообще вызывает сомнения в компетентности автора: «*Приставка* – это часть слова, которая стоит перед корнем и служит для образования новых слов. *Предлог* – это самостоятельная часть речи, которая служит для связи слов в предложении». С первой частью правила мы полностью согласны.

Аналогично правило про приставку звучит и в учебниках Т. Г. Рамзаевой [10,57] и в учебниках для 5 класса: «Приставка – это зн*а*чимая часть слова, которая стоит перед корнем и служит для образования новых слов» [12,164]. А вот определение предлога звучит странно. Школьная и вузовская грамматики опираются на учение В. В. Виноградова о частях речи в русском языке, и в учебниках даётся такое определение предлога: «Предлог – это служебная часть речи, которая выражает зависимость одних слов от других в словосочетании и предложении» [13,109], «Служебные части речи – это предлог, союз, частица. Они не имеют собственного значения, так как не называют ни предметов, ни признаков, ни действий, поэтому к ним нельзя поставить вопросов...» [12,45], «В русской морфологии принято выделять 13 частей речи. Они делятся на знаменательные (самостоятельные) и служебные. ...3 части речи относятся к служебным: предлог, союз, частица» [2,107]. Мы не приводим здесь определений из учебников для высших учебных заведений, по понятным причинам они далеки от начальной школы. Но определение предлога, данное А. В. Поляковой, противоречит всем правилам, кроме того, в данном определении смешиваются понятия предлога и союза. Очень трудно убедить ребёнка, пришедшего в первый класс, что в учебниках встречаются погрешности, что учителям свойственно ошибаться, потому что для него авторитет первого учителя незыблем, следовательно, и первые учебники, он считает лучшими. А в пятом классе дети уже критически подходят ко многому. И преподаватель, утверждающий, что их обучали неправильно, вызывает у них сомнения, ему (новому учителю) ещё предстоит завоевать авторитет, поэтому сведения, данные им на уроке, пока не вызывают доверия.

В учебниках А. В. Поляковой возникают сомнение и в формулировке некоторых заданий: «Напишите выделенные местоимения в один столбик, а имена существительные, на которые они указывают, – в другой [9,18]. Вообще-то, задание должно начинаться со слова «выпишите». «Заполните в тетрадях данную таблицу» [9,20]. Таблица дана в учебнике, поэтому задание опять сформулировано неверно: «Перенесите данную таблицу в тетради и заполните её». В учебниках для второго класса тоже встречаются странные задания: «Запишите глаголы в три столбика по лицам» [8,43], «Определите лицо глаголов» [8,47]. «Замените глаголы в настоящем времени глаголами в прошедшем времени. Напишите предложения» [8,57]. После прочтения задания возникает вопрос: какие предложения написать, полученные или те, которые даны в учебнике? Наверное, авторы всё-таки имели в виду: «Замените глаголы в настоящем времени глаголами в прошедшем времени. Запишите полученные предложения». «Выпишите глаголы (кроме первых двух строчек) и разберите их: укажите время, лицо (род), число» [8,59]. Вызывает сомнение формулировка «разберите», но автор сразу поясняет: «...укажите время, лицо (род), число». На наш взгляд, можно дать задание конкретнее, избегая многословия: «Выпишите глаголы (кроме первых двух строчек) и укажите их время, лицо или род, число». Необходимо отметить, что в учебниках по русскому языку для начальной школы практически нет орфоэпических словников, лишь в учебниках М. С. Соловейчик, помимо орфографического словаря даны грамматические формы слов и произносительные нормы, причём авторы уже с первого класса обращают на это внимание [15].

Можно ещё много привести ошибок, которые встречаются в учебниках А. В. Поляковой, но хотелось бы не указывать ошибки, а убедить автора в том, что учебники для подрастающего поколения очень важны, и язык, тот язык, которым они написаны, будет основой языка, на котором говорит наше общество. К сожалению, сейчас приходится констатировать факт, что речевые ошибки настолько глубоко проникли в речь современного человека, что он их попросту не замечает, да и как их заметить, если ребёнка изначально учат строить предложения с речевыми или грамматическими ошибками. Если в детях не воспитывать языковое чутьё, то у взрослого человека оно не возникнет само по себе. Приходится признать и то, что не все современные учителя начальной школы являются специалистами в области языка. Получается замкнутый круг: в учебниках ошибки, в речи учителей ошибки, в языке обучающихся тоже ошибки. Чтобы разорвать этот круг, необходимо обратить внимание на качество учебников, и, в первую очередь, на учебники по русскому языку для начальной школы. Обучая детей правильному языку, мы учим говорить будущих поэтов, врачей, учителей, воспитателей и просто родителей, которые, в свою очередь, смогут научить говорить красиво и правильно следующее поколение.

Вопросы совершенствования содержания школьных учебников русского языка всегда были в центре внимания лингвистов, методистов, психологов и других учёных, которые стремились соотнести содержание и структуру школьных учебников с традициями и новейшими лингвометодическими исследованиями, с творческим опытом учителей-словесников, с перспективными задачами, которые ставит перед нами время. Трудно переоценить значение русского языка в современном образовании, оно колоссально, потому что преподавание любого предмета ведётся с помощью языка. Следовательно, нам необходимы идеальные лингвистические словари и хорошие учебники, в которых соблюдаются нормы культуры речи и которые будут способствовать языковому развитию человека.

Литература:

1. Агеенко, Ф. Л. Словарь ударений русского языка: 82500 словарных единиц / Ф. Л. Агеенко, М. В. Завра; под ред. М. А. Штудинера. – М.: Рольф, 2000. – 816 с.

2. Бабайцева В. В. Русский язык. Теория. 5-9 кл.: учебник. Педпрофильное обучение / В. В. Бабайцева. –9-е изд., стереотип. – М.: Дрофа, 2011. – 414 с.
3. Большой орфоэпический словарь русского языка. Литературное произношение и ударение начала XXI века: норма и её варианты / М. Л. Каленчук, Л. Л. Касаткин, Р. Ф. Касаткина; под ред. Л. Л. Касаткина. – М.: АСТ-ПРЕСС КНИГА, 2012. – 1008 с.
4. Бунеева, Е. В. Реализация принципа непрерывности и преемственности образования (на примере курсов русского языка и риторики) / Е. В. Бунеева, Л. Ю. Комиссарова, З. И. Курцева // Начальная школа плюс До и После. – 2010.– № 3. – С. 15-20.
5. Горбачевич, К. С. Словарь трудностей произношения и ударения в современном русском языке / К. С. Горбачевич. – СПб.: «Норинт», 2000. – 304 с.
6. Костомаров, В. Г. Языковой вкус эпохи / В. Г. Костомаров. –3-е., испр. и доп. – СПб.: Златоуст, 1999. – 320 с.
7. Орфоэпический словарь русского языка: Произношение, ударение, грамматические формы / С. Н. Борунова, В. Л. Воронцова, Н. А. Еськова; под ред. Р. И. Аванесова. Изд. 6-е, стереотипное. – М.: 1997. – 688 с.
8. Полякова А. В. Русский язык: учебн. для 2 кл. нач. шк. / А. В. Полякова. – 3-е изд. – М.: Просвещение, 2003. – 222 с.
9. Полякова А. В. Русский язык: учебн. для 4 кл. нач. шк. В 2 ч. Ч. 1 / А. В. Полякова. – М.: Просвещение, 2003. – 126 с.
10. Рамзаева Т. Г. «Русский язык» (учебники в 2-х частях для 1-4 классов четырёхлетней начальной школы, 6-е изд., стереотип. 2001). 3 класс
11. Резниченко, И. Л. Словарь ударений русского языка / И. Л. Резниченко. – М.: АСТ-ПРЕСС КНИГА, 2010. – 944 с.
12. Русский язык: учеб. для 4 кл. средн. шк. / Т. А. Ладыженская, М. Т. Баранов, Л. Т. Григорян и др. – 18 изд., перераб. – М.: Просвещение, 1988. – 318 с.
13. Русский язык: учеб. для 7 кл. общеобразоват. учебн. заведений / М. Т. Баранов, Л. Т. Григорян, Т. А. Ладыженская и др. – 16 изд., дораб. – М.: Просвещение, 1993. – 192 с.
14. Русский язык: учебник для 5 кл. общеобразоват. учреждений / М. М. Разумовская, С. И. Львова, В. И. Капинос и др.; под ред. М. М. Разумовской и П.А. Леканта. – 11-е изд., стереотип. – М.: Дрофа,2005. – 301 с.
15. Соловейчик, М. С. К тайнам нашего языка: 4 класс: Учебник русского языка для четырёхлетней начальной школы / М. С. Соловейчик, Н. С. Кузьменко. – Смоленск: Ассоциация XXI век, 2002. – 272 с.: ил.

Ребрина Л.Н.
доцент, доктор филологических наук, Волгоградский государственный университет
Reblora@mail.ru

КОНСТАНТНЫЕ ХАРАКТЕРИСТИКИ ПРЕДСТАВЛЕНИЯ ПАМЯТИ В НЕМЕЦКОМ ЯЗЫКЕ

Память представляет собой открытую, саморегулирующуюся систему процессов, направленных на организацию и накопление информации, функционирующую как когнитивная, информационная структура на базе взаимодействия субъекта, объекта и окружающей среды, где субъект может быть единичным и множественным (совокупным), а объект – личностно или социально значимым (индивидуальный, надындивидуальный прошлый опыт). Данный многосторонний феномен является социальным конструктом, манифестируется в языке, связан с ним семиотическими механизмами и интенциональностью, что обосновывает логичность обращения к лингвистическому описанию памяти; а ее многомерность обусловливает необходимость ее систематического изучения. Цель обращения к историко-семасиологическому анализу в рамках настоящего исследования – выявить мотивацию языкового обозначения операций памяти, семантические схемы, исходные структуры знаний, изначальные языковые модели памяти и закономерности их развития, реконструировать предшествующие способы языкового освоения памяти; определить константные черты репрезентации и номинации операций памяти в континууме немецкого языка. Анализу подвергается идеографически детерминированная генетическая парадигма глагольных конституентов ЛСС немецкого языка, служивших на разных этапах его существования средством номинации базовых операций памяти. В ходе исследования реализуется когнитивный подход к диахроническому материалу. Доказательности выводов относительно механизмов мышления представителей данного этноса и генетических аспектов номинации способствует привлечение однородного в культурно-историческом и языковом аспектах материала.

При выполнении историко-семасиологического анализа единиц номинации операций памяти мы исходим из следующих положений. Эволюция номинативного является следствием адаптационных способностей, синергетичности и коммуникативной функции языка. Изначальная номинация предусматривает соотнесение обозначаемого объекта с уже названным фрагментом окружающей действительности, использование существующего имени, имеет исходную мотивацию и прослеживаемую внутреннюю форму [2]. Этимон – первоначальное значение и форма производящей ЛЕ, от которой произошло слово современного языка [3]. Он объективирует сформированную на момент возникновения ЛЕ исходную структуру знаний и способ схематизации опыта в рамках соответствующей понятийной сферы. Сформированная идеографически детерминированная генетическая парадигма номинативных единиц памяти (39 единиц) представляет собой хронологически сложившееся подмножество ЛЕ, организованное на основе общих семантических признаков и включающее конституенты нескольких этимологических гнезд [см.: 1]. Приведем примеры выполненного анализа.

ЛЕ *einfallen* является производным префиксальным образованием от *fallen* (VIII в.) со значением «рушиться, падать вниз под действием силы притяжения, собственной тяжести» [6, 274; 5]. В современном немецком языке данный конституент употребляется для описания непроизвольного воспоминания. Глагол *einfallen* в древневерхненемецком имел форму *infallan* и означал «падать, проникать», в средневерхненемецком – *invallen* «рушиться, падать, врываться, вторгаться, пробивать, проникать». Для номинации ментального действия начинает использоваться примерно с 1500 года [4, 202; 5]. Полупрефикс *ein* образуется от древнего *in* и вводит значение направления, при употреблении с глаголами способствует созданию семантического содержания «помещать, привносить». Внутренняя форма *einfallen* эксплицирует базовые понятия «непроизвольное движение вниз», «внутрь» и мотивирующие номинацию признаки «внезапный», «внутренний». Базовое понятие коррелирует с идеей пространства и его границ. Признак «внутренний» переосмысливается как «свой». Речь идет о переносе объекта из чужого, внешнего в освоенное пространство. Семантическая схема: физическая ситуация (быстро, внезапно продвигаться внутрь в физическом пространстве) ⇒ физическая ситуация (становиться внутренним) ⇒ ментальная ситуация (становится своим, усваиваться, присутствовать, продвигаться в ментальном пространстве) ⇒ ментальная ситуация (вспоминаться). Исходная структура знания – уподобление операции воспроизведения информации в памяти самостоятельному, направленному перемещению объектов в пространстве.

Следующий конституент описывает утрату информации в памяти, является доминантой соответствующей подгруппы и ядерным конституентом ЛСГ глаголов памяти в современном немецком языке. Глагол *vergessen* – западногерманский, префиксальный, сильный глагол, принадлежащий стандартному словарному фонду, образовался в IX в. (в ирландском языке в VIII в.), в средневерхненемецком имел форму *vergezzen,* в древневерхненемецком – *firgezzan, firhezzan, firgeʒʒan* [6, 952; 4, 890]. В качестве основного компонента данной ЛЕ выступает простой глагол *geta* «добиваться, получать, приобретать», который был зафиксирован еще в древнеисландском (ср. заимствованное из скандинавского английское *to get* «получать, приобретать») [4, 890; 5]. Указанный простой глагол вместе с другими родственными единицами в индоевропейских языках восходит к индоевропейскому корню *ghed*- «хватать, получать, брать» [4, 890]. Значение корневого слова посредством прибавления префикса *ver*- (в его функции отрицания) меняется на противоположное. *Vergessen* означает, собственно, «больше не держать, не брать, не иметь», то есть не обладать, утратить из своего владения (и душевного, интеллектуального в том числе) [5]. Приведенные данные показывают, что ЛЕ *vergessen,* предположительно, связана с глагольным корнем, реализующимся в назализованной форме родственной лексемы *beginnen,* и семантически сопрягается с *verlieren* (соотносится с толкованием глаголов памяти через глаголы поиска (В.В. Туровский, А. Зализняк)) [6, 952]. Базовое понятие – антипод понятия «владение». Мотивирующий признак – «не удержанный». Семантическая схема: конкретное физическое действие (хватать / брать) ⇒ отрицание конкретного физического действия (больше не держать, не иметь) ⇒ ментальная ситуация (утрачивать из владения = забывать).

В ходе исследования этимонов ЛЕ, которые использовались / используется носителями немецкого языка для обозначения операций памяти, были определены следующие производящие основы:

I. Воспроизведение информации в памяти – 1) ahd. *innaro* «machen, dass jmd. etwas inne wird» (*erinnern, Erinnerung*); 2) ahd. *sinnan* «gehen, reisen, wandern»; ahd. *sind* «Weg, Richtung, Seite» (*sinnen, entsinnen, ansinnen, besinnen*); 3) germ. *fall-a-* «fallen» + ein «in» (*einfallen*); 4) idg. *teng* «ziehen, spannen» (*denken, gedenken, bedenken, verdenken, nachdenken, Gedächtnis, Andenken, Andacht, Denkmal, Denkzettel*); 5) germ. *kann* «können, vermögen» (*erkennen*); 6) ie. *men (ə)-* «denken, geistig erregt sein» (*mahnen*); 7) lat. *struere* «schichtweise über- oder nebeneinanderlegen, aufschichten, aneinanderfügen, errichten, ordnen» (*rekonstruieren*); 8) ie. *ghrebh-* «kratzen, scharren, graben» / *grapsen* «herumtasten» (*grübeln, graben, ausgraben*).

II. Сохранение информации в памяти – 1) germ. *maka-* «Zeichen», weiter ableitung *markōn* «begrenzen, kennzeichnen, mit einem Zeichen versehen» (*merken*); 2) germ. *brechen* «brechen machen, aufbrechen, aufreißen» (*prägen, einprägen*); 3) ahd. *haltan* «festhalten, befolgen, (be)hüten; hüten, weiden, bewahren, verehren, festhalten, gefangenhalten, an einem Punkt anhalten, stillhalten» (*behalten*); 4) idg. *lei-* «haften», lat. *lira* «gehen»; *leis* – «am Boden gezogene Spur, Furche», *lenaid* «bleibt, haftet, folgt» (*lehren, lernen*); 5) ie. *gen(ə)-* «erkennen, geistig vermögen, verstehen»; ahd. *biknāen* «vernehmen», «wahrnehmen» (*können*); 6) lat. *struere* «schichten, errichten» (*instruieren*); 7) ahd. *wenden + aus* «drehen machen», «äußerlich, nach außen gewandt» (*auswendig (lernen)*).

III. Утрата информации в памяти – 1) ie. *ghe(n)d-* «(an)fassen, ergreifen» + ver (отрицание) (vergessen, *ergötzen*); 2) ndl., ndd. *lossen* «ausladen», *los* «frei, leer machen», ndd., nndl. *lossen* «lösen», «ausmachen, stillen, beseitigen», *liegen* «sich legen» (löschen); 3) idg. *lei-* «haften», *lenaid* «bleibt, haftet, folgt» + *ver* (отрицание) (*verlernen*); 4) lat. *delere* «zerstören, vernichten» (*tilgen*).

IV. Хранение информации – 1) germ. *kann* «können, vermögen» (*kennen, können*); 2) *weid- / u̯eid-* «finden, (erkennen, erblicken)» (*wissen*); 3) idg. *kap-* «fassen, packen» (*haften*).

Результаты выполненного анализа свидетельствуют, что большинство конституентов изучаемой генетической парадигмы реализует исходную структуру знания, заключающуюся в отождествлении операций памяти с физическим действием (в среднем 63%), остальные ЛЕ указывают на соотнесение называемых ситуаций с движением / перемещением или состоянием. Исследованный материал показывает, что внутренняя структура генетической парадигмы онтологически объективирует базовые типы операций памяти, из которых, наибольшим количеством ЛЕ эксплицируются операции воспроизведения (46,87%) и сохранения (25%), а наименьшим – операции утраты (15,63%) и хранения (12,5%) информации в памяти. Константными чертами репрезентации операций памяти в немецком языке являются: асимметричность лексического представления базовых операций памяти в ЛСС; преемственность исходных структур знания, объективирующих отождествление операций памяти с конкретным физическим действием, движением / перемещением, а памяти – с пространством; экспликация во внутренней структуре организации номинативной парадигмы онтологических типов процессов памяти. Эволюция языкового освоения памяти в немецком языке носит закономерный характер и осуществляется в рамках развития фиксируемых этимонами семантических схем и исходных структур знания.

Литература

1. Пятаева, Н.В. Генетическая парадигма *«Давать//дать → брать → взять → иметь → нести → давать»* в истории русского языка: автореф. дисс. ... д-ра. филол. наук. – Уфа, 2007. – 49 с.
2. Хараева, Л.Х. Когнитивное моделирование этимологических гнезд в разносистемных языках (на материале французского и кабардино-черкесского языков): автореф. дисс. ... д-ра филол. наук. – Махачкала, 2007. – 37 с.
3. Academic dictionaries and encyclopedias. URL: http://de.academic.ru/dic.nsf/deu2lat/2239/ausstudieren.
4. Duden. Das Herkunftswörterbuch. Etymologie der deutschen Sprache. Zürich, Mannheim: Dudenverlag. 2007. – 960 S.
5. Etymologisches Wörterbuch des Deutschen (nach Pfeifer). URL: http://www.dwds.de).
6. Kluge. Etymologisches Wörterbuch der deutschen Sprache, 25. Auflage. W. De Gruyter GmbH & Co.KG. Berlin. 2011. – 1021 S.

Sakhnevitch B.V., Kirgina M.V., Chekancev N.V., Ivanchina E.D.
National Research Tomsk Polytechnic University
E-mail: sugar92_bv@mail.ru

DEVELOPING THE MODULE OF AUTOMATIC CHROMATOGRAPHY ANALYSIS DATA SYSTEMATIZATION FOR INCREASING THE EFFICIENCY OF TRADE GASOLINES BLENDING PROCESS

In a modern competitive economy conditions, every refinery set as a main goal the providing of domestic and foreign market with high-quality gasolines and in the same time reducing costs for their production. So the much attention is paid to the blending process, as a process of production of high-quality gasolines by blending of straight-run oil fractions with secondary refining processes components and special additives. During this process, the qualitative and quantitative characteristics of gasoline are determined.

The blending process is extremely difficult for optimization, due to factors [1]:

– The large number of components;
– Deviations from additivity of physical and chemical properties of the mixtures components;
– Difficulties of developing mathematical models which adequately describe the process in wide range of components properties variations.
– Permanent changes of the raw materials composition.

So for the optimization of the blending process, a deep knowledge of physical-chemical basis of the process both mathematical models applying, as an effective solving method of these multi-factorial and multi-criteria optimization tasks, are strongly required.

The department of Chemical Technology of Fuel and Chemical cybernetics proposed the new approach for the calculating of gasoline blending process, with applying of computer modeling system. It was revealed, that differences in the properties of individual components in a free condition and in mixtures with other hydrocarbons take place in every stream. It is caused by mutual influence of the atoms and molecules and, as a fact, changing their conditions. [2, 3].

On the basis of this theory the computer modeling system of blending process «Compounding» was developed. Its main purpose is to calculate octane numbers of trade gasolines produced with the blending method.

The input data for the calculations in this program is the chromatography analysis data of streams, involved in the blending process. Due to lack of unified standardized methodology results presenting, experimental chromatography analysis data from the refineries is significantly different. As the developed computer modeling system is used to calculate the blending process in various refineries, it is necessary to form a unified representation of input data. For this aim, the module of automatic systematization of chromatographic analysis data is implemented in the «Compounding» system. The base of systematizing is the set of 69 hydrocarbons, except olefins (set №1 in table 1).

Table 1. The content of automatic chromatography analysis data systematization module

Groups of components	Set №1	Set №2
Normal paraffins	8	10
Iso-paraffins	36	39
Napthenes	0	32
Aromatics	19	15
Olefins	9	14
TOTAL	69	110

Olefins are contained in significant amount in the products of deep oil treatment processes as catalytic cracking and coking. In the same time, these products are involved in the production of trade gasoline and this involving is tend to be increased every year. Thus, olefins make a significant contribution in the final octane rating of every gasoline's mixture, which can't be ignored; therefore expanding the set of components is the necessary step of research.

There are 7 main gasoline streams, involved into the analysis: products of moving bed catalytic reforming process; catalytic cracking gasoline; products of fixed bed catalytic reforming process; alkylate; natural gas gasoline; isomerizate.

The development of the extended formalized set of 110 hydrocarbon components means the aggregation of all individual components, appeared in chromatograms. Aggregation of components was based on four criteria:
- hydrocarbons group affiliation;
- similarity of concentrations;
- similarity of hydrocarbon molecule structures;
- similarity of components octane numbers;

The main aim of aggregation is to create a set, which must be the lowest possible by the number of components and, at the same time, provides streams octane numbers calculating with maximum precision. This way the final set of hydrocarbon components for the automatic systematization of chromatographic analysis data was created. The set №2 includes 110 components, including olefins (table 1).

As the adequateness test, octane numbers of streams with the known detonation characteristics were calculated applying the created set of components. Analysis of results reveals that the proposed method allows calculating the octane numbers with an absolute error of no more than 1 point. This is comparable with the error of experimental methods of this parameter determination.

On the basis of the created set, a computer module of automatic chromatography analysis data systematization is realized. The main program unit is developed in Borland «Delphi 7» workspace, which provides an opportunity to develop a user-friendly interface in a short-time period, without losing its functionality.

In conjunction with the program «Compounding» module provides precisely counting detonation characteristics of gasoline, both it helps to respond the feedstock composition changes, to vary the trade gasolines blending recipes and to recommend optimal involving of different in composition feedstock into the blending process.

Blending recipes examples for gasolines Premium-95 and Super-98, corresponding to modern Euro-3, Euro-4 and Euro-5 gasoline quality standards (table 2), were created.

Table 2. The recipes of gasolines brands Premium-95 and Super-98

Streams	Stream content, mass. %			
	Premium-95			Super-98
	Euro-3	Euro-4	Euro-5	Euro-5
Products of moving bed catalytic reforming process	28	28	27	29
Alkylate	20	19	16	25
Natural gas gasoline	5	4	5	–
Catalytic cracking gasoline №1	–	25	–	–
Catalytic cracking gasoline №2	25	–	28	25
Isomerizate	22	20	20	15
MTBE	–	4	4	6
Gasoline characteristics				
RON	95.9	95.2	95.9	98.2
Benzene content, mass. %	1	0.96	0.99	1.01
Aromatics content, mass. %	29.22	29.07	2916	29.84
Olefins content, mass. %	6.01	5.04	6.6	4.95

Precision of the developed recipes provides the economy of expensive components, and allows getting essential economic benefit for the refineries by reducing the reserve of quality for trade products.

REFERENCES

1. Лисицын Н.В., Гошкин В.П., Поздяев В.В., Кузичкин Н.В. Методология построения системы оптимального компаундирования товарных нефтепродуктов // Химическая промышленность. – 2003. – № 8. – С. 15–20.
2. Смышляева Ю.А., Иванчина Э.Д., Кравцов А.В., Зыонг Ч.Т., Фан Ф. Разработка базы данных по октановым числам для математической модели процесса компаундирования товарных бензинов// Известия Томского политехнического университета. – 2011. – Т. 318, № 9. – С. 75–80.
3. Kirgina M.V., Gyngazova M.S., Ivanchina E.D. Mathematical Modeling of High-octane Gasoline Blending // 7th International Forum on Strategic Technology (IFOST - 2012): Proceedings: in 2 vol., Tomsk, September 18-21, 2012. – Tomsk: TPU Press. – 2012 – Vol. 1. – PP. 30–33.

Литвиненко А.А.
Харьковский национальный экономический университет
имени Семена Кузнеца
e-mail: l_alisha@ukr.net

ОРГАНИЗАЦИЯ СТРАТЕГИЧЕСКОГО УПРАВЛЕНИЯ РАЗВИТИЕМ МАТЕРИАЛЬНО-ТЕХНИЧЕСКОЙ БАЗЫ ПРОМЫШЛЕННОГО ПРЕДПРИЯТИЯ

Современные трансформационные условия развития национальной экономики объективно актуализируют проблему воспроизводства имеющегося потенциала национальных товаропроизводителей. Поскольку же именно материально-техническая база предприятия (МТБП) составляет довольно весомую составляющую потенциала любого субъекта хозяйствования, то и разработки в сфере организации стратегического управления развитием МТБП приобретают особую актуальность и практическую значимость. Обоснованность данного предложения лежит в сфере разработок Д. Дж. Тиса [4] (принимается ресурсный подход к стратегическому менеджменту), С.С. Шайбера [3] (наличие ресурсов связывается с конкурентными преимуществами), Р.Дж. Орсато [2] (введение требования устойчивости ресурсного обеспечения разработанной стратегии) и Г. Мінцберга [1] (общее описание стратегического процесса предприятия).

Говоря о стратегии развития МТБП нельзя не обратить внимание на то, что все имеющиеся достояний стратегического менеджмента в той или иной мере должны применяться при обосновании такой стратегии. При этом стратегию развития МТБП предлагается рассматривать как функциональную стратегию операционного уровня (это значит, что она подчиняется общим стратегическим установкам развития предприятия). Больше того, принятие ресурсного подхода позволяет рассматривать стратегию развития МТБП как составляющую стратегий конкурентного позиционирования предприятия. По отношению к МТБП данное требование реализуется через постоянное соблюдение соответствия параметров МТБП и параметров сформированной системы ключевых компетенций предприятия. Именно стратегия развития определяет устойчивую комбинацию элементов МТБП, обеспечивая устойчивость через нивелирование любых негативных воздействий на конкурентное позиционирование предприятия.

Итак, учитывая весомый пласт исследований в области стратегического менеджмента и специфические условия управления развитием МТБП определим гипотезу, что только постоянное осуществление инновационно-инвестиционных процессов позволяет повысить эффективность использования потенциала предприятия и его материально-технической базы. С учетом данной гипотезы, целью статьи является усовершенствование технологии разработки и реализации стратегии развития МТБП на основе применения портфельного анализа. С точки зрения реализации цели статьи МТБП предлагается рассматривать как совокупность средств труда, предметов труда и используемых технологий. Соответственно и развитие МТБП рассматривается как совокупность целенаправленных количественных, качественных и структурных трансформации состава и взаимоотношений элементов МТБП.

Стратегия развития МТБП относится к вариативному уровню стратегий, поскольку она подчиняется требованию трансформирования зон компетентности предприятия (данное требование формализуется в рамках нескольких признаков стратегий нормативного уровня, разработка которых обязательна для любого субъекта хозяйствования). Более того, стратегия развития МТБП представляет собой не определенную во времени последовательность действий, а обобщенное представление подходов и принципов, на основе которых достигается соответствие элементов МТБП зонам компетентности предприятия. При этом стратегия управления развитием МТБП опосредованно входит в механизм управления предприятием через цели предприятия.

Обеспечение такого вхождение базируется на принятии различий в понимании терминов «развитие предприятия» и «развитие материально-технической базы предприятия». Так, развитие предприятия относится к нормативной части стратегий и представляется как переход к новым зонам компетентности. Развитие же МТБП может рассматриваться в двух аспектах: как адаптация МТБП к условиям перехода в новую зону компетентности (экстенсивная или реактивная составляющая развития; по отношению к бизнес-процессам может пониматься как "тянущая" система, когда бизнес-процессы и их обеспечение адаптируются к новым требованиям конкурентого рынка); как создание условий для перехода в новую зону компетентности (интенсивная или опережающая стратегия; по отношению к процессам понимается как «толкающая» система в которой преобразование МТБП приводит к выводу на рынок новых конкурентных преимуществ).

Предложенные теоретические обоснования могут получить и практическое применение. Для этого предлагается введение ряда условий. Во-первых, автором предлагается выделение ряда направлений, по которым возможна выработка альтернативных стратегических решений. В совокупности такие направления будут формировать профиль стратегии (элеметы стратегического профиля формализованы в виде множества *{СП}*). В рамках такого профиля будут рассматриваться вопросы: финансирования обновления основных средств (*СП$_1$*), определения экологичности и фондообеспеченности (*СП$_2$*), позиционирования в континууме «традиционные – инновационные» технологии (*СП$_3$*), регламентирования характеристик бизнес-процессов (*СП$_4$*), организации воспроизводства материальной базы (*СП$_5$*), вовлечения ресурсов у создания конкурентных преимуществ (*СП$_6$*) и т.п. Во-вторых, содержательное наполнение и определение альтернативных вариантов для составляющих множества *{СП}* предлагается базировать на создании матриц портфельного анализа. Предложенный вариант такой матрицы представлен на рис. 1.

	Низкая	Высокая
Высокий	$СП_1$ – не радикальная модернизация текущего парка средств труда $СП_2$ – не радикальная модернизация применяемых предметов труда $СП_3$ – работа по внедрению поддерживающихся новаций $СП_4$ – работа по наращению адаптационных способностей $СП_5$ – наращивание уровня восприимчивости к инновациям $СП_6$ – ресурсы обеспечивают базовые преимущества на рынке	$СП_1$ – ориентация на нововведения собственной разработки $СП_2$ – поддержка текущего уровня экологичности технологий $СП_3$ – преобладающая ориентация на распространение инноваций $СП_4$ – поддержка текущего режима жизнедеятельности $СП_5$ – воспроизводство через собственные инновации $СП_6$ – достижение лидерства через сложность копирования
Низкий	$СП_1$ – аналоги на уровне поддерживающихся компетенций $СП_2$ – кардинальные изменения в наращения средств труда $СП_3$ – переход к любому другому сегменту матрицы $СП_4$ – кардинальные трансформации параметров деятельности $СП_5$ – ориентация на преобладающий количественный рост $СП_6$ – преобладающий количественный рост	$СП_1$ – привлечение средств для более радикальных инноваций $СП_2$ – трансформация параметров оборудования и технологий $СП_3$ – традиционные технологий развития потенциала $СП_4$ – реинжиниринг и аутсорсинг бизнес-процессов $СП_5$ – наращение потенциала для осуществления изменений $СП_6$ – ориентация на трансформацию параметров технологии

Инновационный потенциал предприятия / Восприимчивость предприятия к инновациям

Рис. 1. Профиль обоснования статегии развития материально-технической базы промышленного предприятия

В основу предложенной на рис. 1 матрицы заложена идея о том, что развитие материально-технической базы предприятия должно базироваться на оценивании уровня инновационного потенциала предприятия и уровня восприимчивости предприятия к внедрению инноваций. Именно такое соотношение позволяет не просто описать стратегию развития МТБП, а и учесть необходимость перехода между S-кривыми развития технологий.

Література:
1. Mintzberg H. The Strategy Process: Concepts, Context, Cases: 4th Edition / H. Mintzberg, J. Lampel, J. Quinn, S. Ghoshal. – Boston: Prentice Hall, 2002. – 489 p.
2. Orsato R. J. Sustainability Strategies. When Does It Pay to Be Green? – New York: INSEAD Business Press, 2009. – 244 p.
3. Scheiber S. C. Core Competencies for Psychiatric Practice. What Clinicians Need to Know / S.C. Scheiber, T.A. Kramer, S.E. Adamowski. – Washington: American Psychiatric Publishing, 2003. – 181 p.
4. Teece D. J. Dynamic capabilities and strategic management / D. J. Teece. – New York: Oxford University Press, 2009. – 299 p.

Вафин А.М.
аспирант, ГБУ «Центр перспективных экономических исследований»
Академии наук РТ
aydar.vafin@yandex.ru
Галеева Г.М.
к.э.н., доцент, ФГАОУ ВПО «К(П)ФУ»
g.m.galeeva@mail.ru

СОВЕРШЕНСТВОВАНИЕ СИСТЕМЫ УПРАВЛЕНИЯ ИННОВАЦИОННЫМ РАЗВИТИЕМ ПРОМЫШЛЕННОГО КОМПЛЕКСА

Построение эффективной системы управления инновационным развитием промышленного комплекса является одной из важнейших задач современного этапа социально-экономического развития.

Инновационное развитие предприятий промышленного комплекса рассматривается как непрерывный процесс форсированной адаптации, разработки и освоения новых технологий (как собственных, так и выполненных сторонними организациями), совершенствования их до мирового уровня. Следовательно, инновационный тип развития промышленного комплекса региона характеризует интенсивность развития внешнеэкономических, межрегиональных и региональных связей хозяйствующих субъектов в сфере инноваций, исследований и разработок.

В процессе инновационного развития предприятий промышленного комплекса возникает потребность в ресурсах более высокого качества, причем на начальных этапах интенсивность процесса замещения не может быть существенной, поскольку разрыв в технико-технологическом уровне и масштабах производства между различными звеньями промышленной системы достаточно высоки. Сохраняющаяся тенденция инерционного развития промышленности, отсутствие интенсивных структурных преобразований в условиях недостатка инвестиционных средств, незначительная скорость перемещения отраслей с одного технологического уровня на другой ведут к тому, что научно-технический прогресс отмечается лишь в отдельных сегментах промышленного сектора экономики.

В динамике последних трех лет 2010-2012 гг. наиболее высокая инновационная активность промышленных предприятий в сфере технологических инноваций наблюдается в следующих отраслях обрабатывающих производств: кокс и нефтепродукты; электрооборудование, электронное и оптическое оборудование; химия и нефтехимия; машиностроение. Данные производства в основном размещены в урбанизированных зонах и способствуют инновационному развитию промышленности в зонах своего влияния.

В условиях плановой экономики источниками развития промышленности выступала совокупность промышленных узлов, территориально-производственных комплексов, которые позволяли комплексно осваивать ресурсную базу и за счет эффекта концентрации и агломерации достигать значительного экономического эффекта. В современной российской практике в качестве основных источников инновационного развития промышленности рассматриваются кластеры, технологические платформы, особые экономические зоны, технополисы и технопарки и т.д.

Инновационная активность организаций в промышленности остается достаточно низкой, что может ухудшить стратегические позиции регионов, чья экономика существенным образом зависит от промышленного сектора. Два города федерального значения Москва и Санкт-Петербург, а также Республика Татарстан являются лидерами по уровню инновационной активности хозяйствующих субъектов в промышленности. В значительной степени этому способствует развитие объектов инновационной инфраструктуры, институтов инновационного и инвестиционного развития. В частности, Республика Татарстан является единственным регионом в России, в котором принята долгосрочная целевая программа «Развитие рынка интеллектуальной собственности в Республике Татарстан на 2013-2020 годы».

Среди основных подходов к управлению инновационным развитием промышленного комплекса можно выделить следующие: традиционный; системно-функциональный; программно-целевой, ресурсный; индикативный. Традиционный подход предполагает, что инновационная деятельность осуществляется через отношения субординации по вертикали, и по горизонтали между хозяйствующими субъектами и институтами инновационного и инвестиционного развития. Между различными уровнями системы управления инновационным развитием промышленного комплекса преобладают экономические, а внутренние взаимодействия и взаимоотношения конкретных хозяйствующих субъектов строятся на административных принципах. В целом организационная структура системы управления инновационным развитием промышленного комплекса формируется на основе функциональной взаимозависимости его элементов, с учетом особенностей сложившейся национальной инновационной системы. Данный подход использовался в условиях административно-командной системы, когда хозяйственный комплекс страны представлял собой единую иерархическую структуру. Поэтому с началом рыночных преобразований в результате разрыва хозяйственных связей между промышленными предприятиями произошло неизбежное расхождение в развитии региональных промышленных систем, несоответствие техникотехнологического уровня, структуры номенклатуры и ассортимента предлагаемой продукции и т.д.

Увеличение глубины и разветвленности иерархической структуры промышленности неизбежно ведет к усложнению проблем координации взаимодействия промышленных предприятий в процессе осуществления инновационной деятельности, следствием чего является снижение конкурентоспособности. Отчасти, это объясняет, почему затраты в российской промышленности с иерархической структурой значительно превышают показатели западных стран, уже давно перешедших на иные принципы организации взаимодействия территориально-хозяйственных подсистем.

За рубежом в целях управления инновационным развитием предприятий промышленного комплекса применяется системно-функциональная методология планирования и управления, которая предполагает разработку, утверждение и реализацию трех главных стратегических плановых форм:

1) объединенного стратегического плана (в котором территориально-хозяйственные подсистемы выступают важной составной частью достижения долгосрочных стратегических целей инновационного развития экономики в целом; в плане соотнесены размеры затрат на инновации и ресурсное обеспечение реализации частных инновационных проектов);

2) комплексной программы инновационного развития промышленного комплекса (в которой осуществляются формирование и выбор предпочтительных состояний структурно-технологических элементов и материально-технического уровня промышленного производства);

3) предметного бюджета (в котором предусмотрены целевые ассигнования для реализации комплексной программы инновационного развития промышленного сектора экономики региона).

Литература:

1. Шумпетер Й. Теория экономического развития: / Пер. с нем. В. С. Автономова и др.; Общ. ред. А. Г. Милейковского. – М.: Прогресс, 1982. – 455с.

2. Стратегия инновационного развития Российской Федерации на период до 2020 года, утверждена распоряжением Правительства РФ от 8 декабря 2011 г. № 2227-р.

3. Матвеева М.А. Механизмы управления инновационной деятельностью в экономических системах // Управление экономическими системами: электрон. научн. журн. / Кисловодский институт экономики и права. — 2006. — № 3.

Мингазова Р.Х.
аспирант, НОУ ВПО «Университет управления «ТИСБИ»
roza_mingazova@mail.ru
Галеева Г.М.
к.э.н., доцент, ФГАОУ ВПО «К(П)ФУ»
g.m.galeeva@mail.ru

РАЗВИТИЕ ТРАНСПОРТНОЙ ИНФРАСТРУКТУРЫ КАК УСЛОВИЕ ИННОВАЦИОННОЙ ПРИВЛЕКАТЕЛЬНОСТИ РЕГИОНА

Уровень социально-экономического развития и инновационной привлекательности российских регионов определяется следующими основными факторами:

во-первых, ресурсным потенциалом и эффективностью его использования;

во-вторых, наличием развитой, высокотехнологичной транспортно-коммуникационной системы, обеспечивающей связанность территорий, повышение деловой активности населения и формирование внешнеэкономических связей субъектов Российской Федерации;

в-третьих, инвестиционной и инновационной привлекательностью территории, позволяющей сформировать сетевую структуру экономики за счет повсеместного развития деловой, предпринимательской активности, создания новых точек роста, обеспечения занятости населения не только в крупных промышленных центрах, но и в периферийных зонах региона.

При этом особое внимание со стороны федеральных, региональных и муниципальных органов власти должно уделяться инфраструктурному обеспечению территориального развития. Поскольку именно наличие развитой и современной инфраструктуры определяет возможности привлечения инвестиций и реализации инновационных проектов, в т.ч. социальной направленности.

В настоящее время существует достаточно много нерешенных проблем, связанных с развитием транспортной инфраструктуры российских регионов:

-сырьевая направленность транспортных потоков (доля сырьевых составляет около 60%);

-рост физического и морального износа материально-технической базы (40% и выше);

-недостаток инвестиций и низкая инвестиционная привлекательность при высокой ресурсо- и энергоемкости;

-отсутствие современных отечественных технологий в сфере железнодорожного транспортного машиностроения.

Как следствие - низкий уровень эффективности транспортной инфраструктуры (уд. вес убыточных организаций – более 30%), которая в некоторых регионах России стала сдерживающим фактором социально-экономического развития. Так, в структуре конечной стоимости отечественной продукции доля транспортных издержек в среднем составляет 15-20% по сравнению с 7-8% в развитых странах. Мобильность населения России в 2,5 раза ниже, чем в развитых странах. Кроме того, развитие транспортной системы крайне неравномерно по регионам, а показатели безопасности движения, технический и технологический уровень оборудования не соответствуют мировым стандартам. Все это в конечном итоге снижает инвестиционную и инновационную привлекательность российских регионов.

Решение данных проблем требует использования системного подхода в управлении региональной экономикой и соответствующего методического инструментария оценки эффективности региональной инфраструктуры. Изучение теории по исследуемой проблеме показало, что в настоящее время отсутствует единое целостное представление о региональной транспортной инфраструктуре и ее структурно-функциональных элементах. В этой связи, целесообразно рассматривать региональную транспортную инфраструктуру как систему пространственно-выраженных элементов, включающих транспортную сеть определенной конфигурации, используемую для осуществления перевозок, а также объекты организационно-сервисного, информационного и логистического обслуживания для обеспечения эффективного размещения производительных сил региона, расселения людей и воспроизводства человеческого капитала.

Следует отметить, что в последние годы активно развивается региональная инвестиционная политика, направленная на развитие транспортной инфраструктуры, которая предполагает активное участие региональной администрации и бизнеса в реализации крупных инфраструктурных проектов на принципах государственно-частного партнерства. Это связано с тем, что транспортная инфраструктура имеет достаточно высокий удельный вес в экономических и социальных показателях, а также оказывает сильное влияние на инновационную привлекательность регионов.

Среди различных видов транспортной инфраструктуры наибольшую значимость имеет железнодорожный транспорт, удельный вес которого в общем грузообороте составляет более 40%. В целом в железнодорожной транспортной инфраструктуре занято порядка 948 тыс.чел., в том числе 604 тыс.чел. (64%) – на территории регионов Среднего Поволжья. Кроме того, на железнодорожный транспорт приходится 25% всех инвестиций транспортной системы. Очевидно, что без опережающего развития железнодорожного транспорта, обеспечивающего связь регионов, невозможен успешный подъем экономики страны. Отрасль, потребляющая тысячи наименований разнообразной продукции, способствует развитию машиностроения, производства стройматериалов, металлургии, энергетики и многих других отраслей.

Вместе с тем, при постоянном росте объемов перевозок грузов продолжают усиливаться диспропорции между развитием транспортных средств и системой управления. Разрозненное управление видами транспорта, отсутствие материально-технической базы, соответствующей мировым стандартам, в конечном счете, снижают ответственность за доставку грузов. Координирующие органы, не в состоянии существенно ускорить доставку грузов в смешанном сообщении и снизить ее стоимость. Как результат – эффективность на различных видах транспорта не пропорциональна их затратам.

В заключение следует отметить, что особое внимание нужно уделять созданию и развитию инфраструктуры, которая позволяет обеспечить более широкий охват предпринимателей. Существующие объекты инфраструктуры поддержки предпринимательства располагаются неравномерно – на территории порядка 10 районов республики. На решение этой проблемы направлено создание промышленных парков, для каждого из которых должна быть разработана долгосрочная концепция развития и определена специализация с ориентацией на имеющиеся в республике инвестиционные ниши.

Литература:

1. Вафин А.М., Морозов А.В., Галеева Г.М. Условия и механизмы инвестиционного обеспечения инновационного развития региональной экономики // Вестник Казанского технологического университета. – 2012. – Т.15№19. – С. 175-180.

2. Промышленность Республики Татарстан за 2011 год. Статистический сборник / Территориальный орган Федеральной службы государственной статистики по Республике Татарстан (Татарстанстат) – Казань, издательство Татарстанстата, 2012 - 190 с.

3. Морозов А.В., Галеева Г.М., Фазлыева Е.П., Вафин А.М. Совершенствование региональной экономической политики в муниципальных образованиях Республики Татарстан // Вестник Казанского технологического университета. – 2012. – Т. 15. - № 19. – С. 180-184.

Фазлыева Е.П.
к.э.н., доцент, ФГАОУ ВПО «К(П)ФУ»
Fazlievaep@mail.ru
Куприянов А.М.
магистр , ФГАОУ ВПО «К(П)ФУ»

ОСОБЕННОСТИ РАЗВИТИЯ СИСТЕМЫ УПРАВЛЕНИЯ ХОЗЯЙСТВЕННЫМИ РИСКАМИ В РОССИИ

Исследование современных направлений развития риск-менеджмента позволил выявить ряд ключевых особенностей. Во-первых, если за рубежом риск-менеджмент давно признан действенным инструментом современного управления, то в России практика управления рисками пока не получила широкого распространения. При этом становление и развитие риск-менеджмента на Западе происходит в условиях, резко отличающихся от российских: информационная насыщенность финансового рынка, формализованные процедуры и отработанные техники управления, применение современных информационных технологий.

Следующая особенность развития риск-менеджмента в России состоит в следующем. До недавнего времени в процессе регионального управления применялся узкоспециализированный, фрагментированный подход к управлению рисками, который рассматривал все возникающие риски как отдельные не взаимосвязанные элементы. При этом оценка рисков имела разнородный характер, что не давало возможности сопоставить их друг с другом, проанализировать получаемые результаты и составить системное представление о природе их возникновения. За последние годы изменились взгляды и подходы на сложившиеся проблемы в области управления риском, что незамедлительно привело к образованию новой модели регионального риск-менеджмента, которая комплексно рассматривает риски всех направлений развития региональной экономики. Появилась возможность получать сопоставимые оценки по всем видам риска благодаря оптимальному подходу между методами и моделями для определения специфических видов рисков.

На основе изучения истории развития риск-менеджмента в России были выделены этапы, отражающие изменение факторов риска и методы управления ими.

Первый этап (1987–1994 гг.) это период быстрого роста количества предприятий, характеризующийся отсутствием законодательной базы поддержки предпринимательской деятельности, стихийностью, сложной экономической обстановкой, нехваткой финансовых ресурсов, квалифицированных кадров, основного и оборотного капитала.

Второй этап (1995 – 1998 гг.) характеризуется переходом к функционированию в условиях жесткого государственного регламентирования. Основными факторами риска того периода были кризис неплатежей, некомпетентность руководителей, управление предприятием через контрольный пакет акций, нестабильность налогового законодательства, высокая инфляция и постоянное изменение законодательной базы.

Третий этап (август 1998 – 2000 гг.). Для этого периода характерны резкое падение спроса на товары и снижение покупательной способности денежной единицы. Предприятия приложили значительные усилия для уменьшения своих рисков: снижение зарплаты, транспортных расходов, затрат на рекламу, изменение состава поставщиков и покупателей, снижение издержек, увеличение прибыли, диверсификация производства, изменение условий платежа и организационной структуры предприятия, рост оборотных средств.

Четвертый этап (2000 - 2007 гг.) характеризуется благоприятными условиями развития предприятий, высокими экспортными доходами, формированием профицитного бюджета, что позволило государству реализовывать на территории российских регионов программы по поддержке и стимулированию развития предпринимательской деятельности. Однако при этом происходит и большой отток капитала из страны. К основным факторам риска на данном этапе, можно отнести следующие: недостаток инвестиционных ресурсов; изношенность основных средств производства; низкая производительность труда; недостаток квалифицированных специалистов и другие факторы.

Пятый этап (2008 – по настоящее время) – активное использование финансовых инструментов фондового рынка российскими предприятиями в целях привлечения финансовых ресурсов, повышенный уровень риска, связанные с финансовой стратегией рефинансирования долговых обязательств, финансовый кризис, снижение платежеспособности, банкротство предприятий и финансовых институтов. Активно развивается концепция интегративного риск-менеджмента, заключающаяся в целостном исследовании рискового ландшафта организации, выявлении ее актуального риск-профиля, как единого комплекса и управлении им с помощью общекорпоративной стратегии. На данном этапе наиболее важными становятся учет динамики управления рисками и готовность к новым рискам.

Разработка методов снижения риска требует выявления соответствующих факторов риска развития российских регионов, его порождающих, и оценку их значимости. Этот процесс принято называть анализом риска. Анализ рисков подразделяют на: качественный (ориентирован на идентификацию факторов, областей и видов риска) и количественный (позволяет определить размеры отдельных рисков и риска в целом). Важным элементом диагностики рисков региональных экономических систем является идентификация рисков – это процесс обнаружения и установления количественных, временных, пространственных и иных характеристик, необходимых и достаточных для разработки профилактических и оперативных мероприятий, направленных на обеспечение качественного управления рисками. В процессе идентификации выявляется номенклатура рисков, вероятность их проявления, пространственная локализация (координаты), возможный ущерб и другие параметры, необходимые для решения конкретной задачи.

Можно выделить несколько подходов к управлению хозяйственными рисками. В большинстве работ используется проектный подход, то есть выявляются и анализируются только те риски, которые видны на этапе принятия решения о реализации проекта [1, 2]. Согласно проектному подходу, изложенному американским Институтом управления проектами (Project Management Institute) выделяются шесть процедур в системе управления рисками: планирование управления рисками; идентификация рисков; качественная оценка рисков; количественная оценка; планирование реагирования на риски; мониторинг и контроль рисков [1, с.29]. Все эти процедуры взаимодействуют друг с другом, а также с другими процедурами. Каждая процедура выполняется, по крайней мере, один раз в каждом проекте.

Второй подход к организации риск-менеджмента – программный. Программное управление определяется как работа по реализации конкретной цели по определенному временному графику в пределах определенного бюджета. Управление рисками в этом случае ведется группами специалистов из разных частей организации. Оно должно осуществляться быстро, так как рисковые профили всей организации, ее стратегий, ее проектов, ее подразделений довольно динамичны. Большинство руководителей крупных корпораций до недавнего времени считали, что управление рисками следует делегировать специалистам (инженерам, экономистам, страховщикам и пр.). Однако по результатам последних исследований, проведенных крупнейшими консалтинговыми компаниями мира, а также «Русским обществом управления рисками», ситуация резко изменилась.

Таким образом, на наш взгляд, в настоящее время приходит все большее осознание того, что риск-менеджмент – это часть стратегического управления, суть которого состоит в превентивном обеспечении условий для реализации принятой стратегии развития предприятия, кластера, и региона в целом.

Литература:

1. Дубров А.М., Лагоша Б.А., Хрусталев Е.Ю. Моделирование рисковых ситуаций в экономике и бизнесе. – М.: Финансы и статистика, 2009. – 176 с.

2. Клейнер Г.Б., Тамбовцев В.Л., Качалов Р.М. Предприятие в нестабильной экономической среде: риски, стратегии, безопасность. – М.: Экономика, 1997. – 286 с.

Семенов В.П.
доц., к.э.н., СПбГЭТУ «ЛЭТИ», кафедра «Экономической теории»,
vps290446@mail.ru
Гарифуллин М.М.
студент 2-ого курса факультета экономики менеджмента СПбГЭТУ «ЛЭТИ»

КЛАСТЕРИЗАЦИЯ КАК ФАКТОР ПОВЫШЕНИЯ КОНКУРЕНТОСПОСОБНОСТИ РОССИЙСКОЙ ЭКОНОМИКИ

Кластерный подход является одной из ведущих форм организации экономики. В России в соответствии с нормативными документами проводится кластерная политика по организации территориально-производственных кластеров. Разработаны методические рекомендации по реализации кластерной политики в субъектах Российской Федерации.

Тем не менее, на наш взгляд, существуют две взаимосвязанные проблемы: методология проектирования кластеров и механизм её практической реализации. В большинстве случаев кластеры организуются на основе уже существующих отраслевых комплексов. Организация кластеров не связывается с новыми принципами организации экономики и конкурентоспособностью.

Одним из авторов статьи предложена следующая схема кластеров конкурентоспособных отраслей в экономике России (см. рис.1) [1, 19–24].

Ключевые элементы модели: 1) выделение направлений лидерства России в глобальной конкурентоспособности и 2) упор на интегральные взаимосвязи между выделенными направлениями и отраслями.

В схеме выделено пять направлений (А, Б, В, Г, Д) и пять уровней (I-V) конкурентоспособности российской экономики. При построении схемы использовались следующие принципы, источники и данные: 1) общие прогнозы; экспертная оценка перспектив и тенденций развития конкретных отраслей и направлений – в глобальном контексте и в масштабе России; 2) данные об экономическом потенциале России; оценка состояния различных отраслей и рынков; статистические данные о добыче сырья и минеральных ресурсов, производстве ряда основных товаров, экспорте и импорте, о доле экспорта ряда товаров в экспорте страны и в мировом экспорте, объеме и доле иностранных инвестиций по отраслям и регионам и др. данные.

Модель носит ориентировочный характер. Используемые данные для построения модели в основном относятся к периоду конца 1980-х гг., частично – к началу 2000-х гг.

Направления и уровни образуют определенную матрицу. Общим для всех уровней является конкурентоспособность России на мировых рынках. Различие состоит во времени достижения, степени и полноте конкурентоспособности. Уровень I, II и частично III представляют собой уровни перспективного развития. Уровни IV и V – это области реальной конкурентоспособности российских товаров с различной степенью и полнотой захвата соответствующего сегмента мирового рынка. Стрелками обозначены некоторые взаимосвязи между элементами матрицы конкурентоспособности. Они включают не только отношения с поставщиками, общие технологии и ресурсы, но также и другие виды связей, например: вероятные направления развития; обмен идеями и разработками; общие формы организации и управления и др. В этом находит отражение интегральный характер взаимосвязей между элементами кластерной схемы.

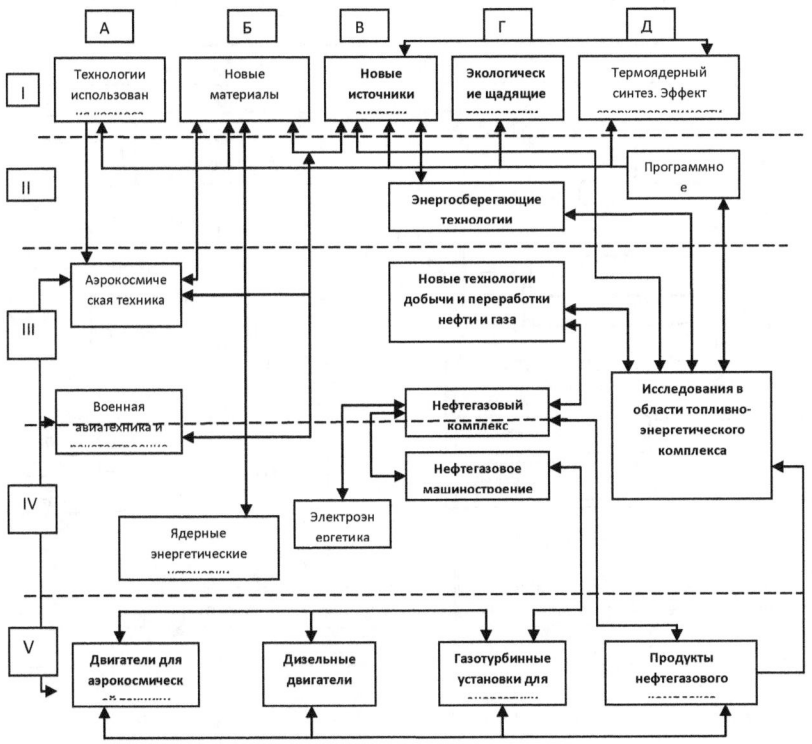

Рис. 1. Кластеры конкурентоспособных отраслей и направлений в экономике России

Одним из ключевых элементов конкурентоспособности является нефтегазовый комплекс. В частности, по прогнозам различных экспертов, природный газ останется наиболее динамично растущим источником первичной энергии в мире. Его потребление до 2025 гг. почти удвоится. Группа ГАЗПРОМ – крупнейшая в мире компания по объему добычи природного газа (до 20 % добыча в мире, 87 % – в России). Лидерство ГАЗПРОМА стимулирует и повышение конкурентоспособности российской экономики в целом.

На схеме выделен кластер, включающий развитие на базе и во взаимодействии с нефтегазовым комплексом ряда других отраслей. В частности, могут быть созданы кластеры, объединяющие по ряду позиций нефтегазовый комплекс и электроэнергетику. Разработка газотурбинных установок для газового сектора эффективно интегрируется с производством двигателей и образуют конкурентоспособный кластер (уровень V).

Модель кластера газотурбинных двигателей изображена на рис.3.

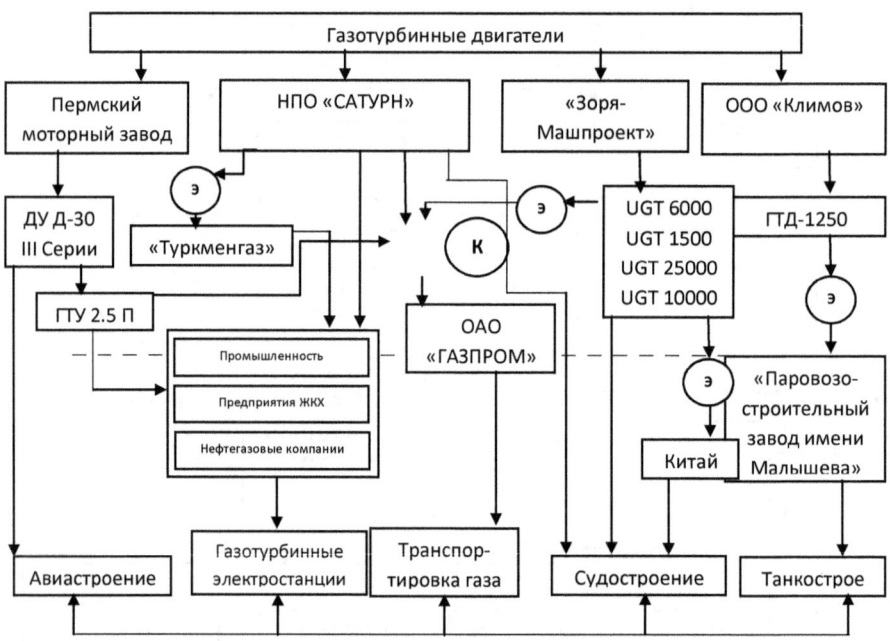

Рис.3. Схема модели кластера газотурбинных двигателей.

В представленной модели кластера, нами рассматриваются три основные российские компании по производству газотурбинных двигателей: ОАО «Пермский моторный завод», НПО «Сатурн» и ООО «Климов», а также одна крупная украинская компания, а именно ГП «Зоря-Машпроект», у которой налажены партнерские связи с российскими предприятиями.

Итак, подытоживая вышесказанное, можно сделать вывод, что такие отрасли, как авиастроение, газотурбинные электростанции, транспортировка газа, судостроение и танкостроение связаны между собой по направлению использования газотурбинных двигателей. Данные отрасли образуют между собой кластер, что и было отражено нами в представленной модели кластера газотурбинных двигателей.

Предложенная схема кластеризации российской экономики может быть использована для проектирования конкурентоспособных кластеров и в других областях промышленности России, в также может быть применима для экономики других стран.

Список использованной литературы:

1. Семенов В.П. Интегральная модель конкурентоспособности российской экономики. / В.П. Семенов. // Известия СПБГЭТУ «ЛЭТИ». – Санкт-Петербург, 2000. – С. 19–24.

Баева Н.Б., Егорычева И.И.

ЗАВИСИМОСТЬ ИНФЛЯЦИИ ОТ СТРУКТУРЫ ТЕХНОЛОГИЧЕСКОЙ МАТРИЦЫ МЕЖОТРАСЛЕВОГО БАЛАНСА РЕГИОНА

Ключевые слова: инфляция, агрегирование, инфляциопорождаемость, инфляциоуязвимость, технологическая матрица.

Под *инфляцией* понимают постоянный необоснованный рост цен на товары и услуги, при котором падает покупательная способность населения и покупательная ценность денежной единицы. Повышение цен и появление излишнего количества денег - это лишь внешние проявления инфляции; его глубинной причиной является нарушение пропорций национального хозяйства. Учитывая, что в связи с кризисом мировой экономической системы процесс инфляции ускорился во всех странах, необходимо разрабатывать прикладной инструментарий (модели, программы, алгоритмы). Но полностью отказаться от процесса инфляции нельзя, т.к. это потребовало бы отказ от краткосрочного регулирования экономики.

В условиях рыночной экономики, являясь частью системы национальных счетов (СНС), межотраслевой баланс (МОБ) детализирует счета товаров и услуг, производства, образования, использования доходов и операций с капиталом на уровне отраслевых групп продуктов и услуг. С его помощью можно проследить расхождение волн удорожания продукции, возникшим в некоторой части экономики инфляционным импульсом, через межотраслевые связи по всему региональному хозяйству. В качестве единицы структурирования экономики принимается «чистая» отрасль, т.е. отрасль, которая производит только один продукт, совместное производство различных продуктов исключается[3,4].

Рассмотрим статический стоимостной межотраслевой баланс, соотношения в котором задаются следующим образом:

$$x_j - \sum_{j=1}^{n} a_{ij} x_j = y_i, \qquad i = 1, \ldots, n.$$

Запишем это линейное соотношение в векторном виде:

$$x = Ax + y.$$

Матрица $A = \{a_{ij}\}_{i,j=1}^{N}$ является *технологической матрицей* коэффициентов прямых затрат межотраслевого баланса.

$$x^T = x^T H + z$$

Инфляционный импульс есть вектор-строка $\Delta z = (\Delta z_1, \dots, \Delta z_N)$. Расхождение «волн» удорожания продукции по региональной экономике можно представить в виде ряда:

$$\Delta Z + \Delta ZH + \Delta ZH^2 + \dots = \Delta Z(E + H + H^2 + \dots).$$

Таким образом, учитывая балансовое соотношение, а также то, что $C = (E - H)^{-1} = E + H + H^2 + \dots$ получаем:

$$(\Delta x)^T = \Delta z(E - H)^{-1} = \Delta zC.$$

Матрица $C = \{c_{ij}\}_{i,j=1}^{N}$ — количество продукта i–ой отрасли, которое необходимо для выпуска единицы конечной продукции j–ой отрасли.

$$\Delta p_i(c_{i1} + \dots + c_{in}) = \Delta p_i \sum_{j=1}^{n} c_{ij}$$

Коэффициентом инфляциопорождаемости (ИП) i–ой отрасли будем называть величину $\lambda_i = \sum_{j=1}^{n} c_{ij}$ (1), показывающую суммарное изменение цен ВП, вызванное инфляционным импульсом, возникшим в i–ой отрасли экономики.

Коэффициентом инфляциоуязвимости (ИУ) j–ой отрасли называется величина $\mu_j = \sum_{i=1}^{n} c_{ij}$ (2), показывающая суммарное изменение цены j–ой отрасли, вызванное влиянием изменения цен всех отраслей на j–ую.

Данные коэффициенты необходимы для анализа источников инфляции.

Для разработки механизма управления составим математическую модель, описывающую влияние на инфляциопорождаемость и инфляциоуязвимость, оказываемое изменение матрицы А.

$$\alpha \lambda + (1 - \alpha)\mu \to \min \quad (3)$$

$$0 \leq a_{ij} + \Delta a_{ij} \leq 1, \forall i,j, \quad (4)$$

$$\sum_{j}(a_{ij} + \Delta a_{ij}) < 1, \forall i, \quad (5)$$

$$\underline{\Delta a_{ij}} \leq \Delta a_{ij} \leq \overline{\Delta a_{ij}}, \forall i,j \quad (6)$$

$$\Delta a_{ij} = \Delta a_{ij}' - \Delta a_{ij}'', \quad (7)$$

Экономические науки

$$\sum_{i,j}(\Delta a_{ij}' - \Delta a_{ij}'') \leq \Phi, \quad (8)$$

$$\Delta b_{ij} = \frac{(b_{ij})(\Delta a_{ij})(b_{ij})}{1 - \sum_i \sum_j b_{ji}\Delta a_{ij}}, \forall i,j \quad (9)$$

$$\max_t \sum_j (b_{ij}+\Delta b_{ij}) = \lambda_i, \forall i \quad (10)$$

$$\max_t \sum_i (b_{ij}+\Delta b_{ij}) = \mu_j, \forall j \quad (11)$$

Ограничения (4) - (5) представляют собой свойства скорректированной матрицы прямых затрат; (6) – ограничения на изменения коэффициентов матрицы прямых затрат Δa_{ij}; (8) – ограничение на размер возможной стоимости изменений коэффициентов прямых затрат; (9) – на основе изменений матрицы прямых затрат пересчет матрицы полных затрат; ограничения (10) - (11) обеспечивают расчет инфляциопорождаемости и инфляциоуязвимости. Через λ и μ обозначены $\lambda = \max_i \lambda_i$, $\mu = \max_j \mu_j$ обобщенные характеристики всей системы. Благодаря корректировке технологической матрицы можно значительно уменьшить данные коэффициенты.

Т.к. практически во всех экономических счетах и МОБ используются технологические матрицы большой размерности, мы введем понятие *агрегирования* - объединение нескольких отраслей в одну[1].

Приведем программный экспериментальный расчет методом Соболя, проведенный на основе баланса Воронежской области.

Технологическая матрица X_{ij} имеет размерность 17x17. Поэтому мы используем процесс агрегирования для отраслей, объединяя их в следующие отрасли:

1 – промышленность, 2 – сельское хозяйство, 3 – электричество, 4 – строительство, 5 – топливно-энергетический комплекс, 6 - прочее.

Агрегированная измененная матрица прямых затрат имеет вид:

$$A + \Delta A = \begin{pmatrix} 0{,}73 & 0{,}09 & 0{,}03 & 0{,}44 & 0{,}03 & 0{,}11 \\ 0{,}32 & 0{,}33 & 0 & 0{,}28 & 0{,}04 & 0{,}06 \\ 0{,}02 & 0{,}002 & 0 & 0{,}04 & 0{,}02 & 0{,}009 \\ 0{,}002 & 0 & 0{,}1 & 0{,}9 & 0 & 0{,}002 \\ 0{,}04 & 0{,}03 & 0{,}54 & 0{,}07 & 0{,}17 & 0{,}09 \\ 0{,}15 & 0{,}13 & 0 & 0{,}24 & 0{,}31 & 0{,}08 \end{pmatrix}$$

Соответственно получаем коэффициенты инфляциопорождаемости и инфляциоуязвимости, используя формулы (1) и (2):

$\lambda = (49{,}93; 31{,}84; 1{,}98; 13{,}36; 9{,}11; 19{,}68)^T$

$\mu = (11{,}61; 3{,}06; 11{,}52; 91{,}72; 2{,}47; 2{,}52)^T$

Следует обратить внимание на то, что отрасли с большим коэффициентом ИП являются потенциально мощными генераторами инфляционных волн и, поэтому должны стать первоочередными объектами государственного регулирования. А государственная экономическая политика по отношению к отраслям с большим коэффициентом ИУ должна быть направлена, прежде всего, на их защиту от инфляционных импульсов, исходящих из других отраслей экономики. Методы регулирования инфляции на основе управления коэффициентов λ и μ, и защиты инфляциоуязвимых отраслей предполагается также рассмотреть в докладе.

Литература

[1] Баева Н. Б. Стоимостной межсекторный баланс региона: особенности построения и применения в современных условиях / Н. Б. Баева, В. В. Лебедев, В. И. Сибирко – Воронеж: Межвуз. сб. науч. тр., 1998 – 107-115 с.
[2] Гребенников В. Г. Измерение сдвигов в структуре российской экономики (технологический, отраслевой и институциональный аспекты и их взаимосвязь) / В. Г. Гребенников, А. В. Суворов – М.: Экономика и математические методы, т.34. вып. 2, 1998. – 17-29 с.
[3] Колемаев В. А. Исследование инфляции и налогообложения с помощью трехсекторной модели экономики / В. А. Колемаев – М.: Вестник Университета №1, 1999. – 52-66 с.
[4] Килин П. М. Региональные межотраслевые балансы / П. М. Килин – М.: Наука, 1979. – 189 с.

Генгут Ю.Л.
к.э.н., докторант кафедры статистики Самарского государственного экономического университета
yuligengut@mail.ru

ЭКОНОМИКО-СТАТИСТИЧЕСКОЕ ИССЛЕДОВАНИЕ СОВРЕМЕННЫХ ПРОЦЕССОВ ПРИВАТИЗАЦИИ ГОСУДАРСТВЕННОГО И МУНИЦИПАЛЬНОГО ИМУЩЕСТВА В РОССИИ

Процессы приватизации государственного и муниципального имущества осуществляются в РФ уже на протяжении более, чем 20 лет. При этом выбор наиболее эффективной формы и механизма приватизации в течении всего периода трансформации общественной собственности в частную является одной из острых, болезненных и информационно закрытых экономических проблем.

Целью данного параграфа является статистическая оценка типических характеристик, а также однородности применяемых форм приватизации государственного и муниципального имущества на территории РФ.

Наиболее часто употребляемым термином в отношении формы приватизации имущества является понятие «способа приватизации», используемое в российском законодательстве с 1991 г. Поскольку само определение понятия «способов приватизации» законодательством не дано, в качестве определения можно принять следующее: способы приватизации – это предусмотренные законом правовые формы отчуждения государственного имущества в частную собственность физических и юридических лиц. [2; 13].

На сегодняшний момент законными являются следующие способы приватизации государственного и муниципального имущества [3]:

1) **преобразование унитарного предприятия в ОАО / в ООО**;

2) **продажа государственного или муниципального имущества на аукционе** осуществляется в случае, если, если его покупатели не должны выполнить какие-либо условия в отношении такого имущества, а право приобретения принадлежит тому (физическому или юридическому лицу), кто предложит в ходе торгов наиболее высокую цену за такое имущество.

3) **продажа государственного или муниципального имущества посредством публичного предложения**; осуществляется в случае, если аукцион по продаже указанного имущества был признан несостоявшимся. При продаже посредством публичного предложения осуществляется последовательное снижение цены первоначального предложения на "шаг понижения" до цены отсечения. Право приобретения государственного или муниципального имущества принадлежит тому участнику, который

подтвердил цену первоначального предложения или цену предложения, сложившуюся на соответствующем "шаге понижения".

4) Если продажа имущества посредством публичного предложения не состоялась, осуществляется **продажа государственного или муниципального имущества без объявления цены**. В этом случае начальная цена имущества не определяется, а претенденты направляют свои предложения о цене государственного или муниципального имущества на адрес, указанный в информационном сообщении о продаже государственного или муниципального имущества без объявления цены. В случае поступления предложений от нескольких претендентов покупателем признается лицо, предложившее за государственное или муниципальное имущество наибольшую цену.

5) **продажа акций открытых акционерных обществ на специализированном аукционе**. Специализированным аукционом признается способ продажи акций на открытых торгах, при котором все победители получают акции открытого акционерного общества по единой цене за одну акцию.

6) **продажа государственного или муниципального имущества на конкурсе** может осуществляться, если в отношении такого имущества его покупателю необходимо выполнить определенные условия. Право приобретения государственного или муниципального имущества принадлежит тому покупателю, который предложил в ходе конкурса наиболее высокую цену за указанное имущество, при условии выполнения таким покупателем условий конкурса. На конкурсе могут продаваться акции либо доля в уставном капитале открытого акционерного общества или общества с ограниченной ответственностью, которые составляют более чем 50 процентов уставного капитала указанных обществ.

7) **продажа за пределами территории Российской Федерации** находящихся в государственной собственности **акций ОАО** может быть осуществлена посредством их использования в качестве обеспечения ценных бумаг, выпускаемых иностранными эмитентами.

8) **продажа акций открытых акционерных обществ через организатора торговли** на биржевых торгах в соответствии с правилами торгов, установленными биржей. В РФ лицензию профессионального участника рынка ценных бумаг на осуществление деятельности по организации торговли на рынке ценных бумаг и/или фондовой биржи по состоянию на 15.11.2013 имеют ОАО «Московская Биржа ММВБ-РТС», ЗАО "Санкт-Петербургская Валютная Биржа", ЗАО "Фондовая биржа ММВБ", ОАО "Санкт-Петербургская биржа" (по данным Службы Банка России по финансовым рынкам) [4].

9) **внесение государственного или муниципального имущества в качестве вклада** в уставные капиталы открытых акционерных обществ может осуществляться при учреждении открытых акционерных обществ

или в порядке оплаты размещаемых дополнительных акций при увеличении уставных капиталов открытых акционерных обществ по решению соответственно Правительства Российской Федерации, органа исполнительной власти субъекта Российской Федерации, органа местного самоуправления.

10) **продажа акций открытых акционерных обществ по результатам доверительного управления**. Лицо, заключившее по результатам конкурса договор доверительного управления акциями открытого акционерного общества, приобретает эти акции в собственность после завершения срока доверительного управления в случае исполнения условий договора доверительного управления.

Среди указанных в законе способов приватизации можно выделить следующие группы способов:

1. относящиеся исключительно к акциям (продажа акций на специализированном аукционе, через организатора торговли, по результатам доверительного управления, за пределами РФ);

2. в которых приватизируемое имущество не конкретизировано (на аукционе, посредством публичного предложения, без объявления цены, на конкурсе);

3. специфические способы, в которых прямой продажи имущества не осуществляется (преобразование в ОАО/ООО, внесение в качестве вклада в уставные капиталы);

Способы продажи имущества на аукционе, путем публичного предложения и без объявления цены взаимосвязаны между собой: предполагается, что эти способы применяются поэтапно в случае, если аукцион будет признан недействительным. Именно продажа имущества на аукционе предполагает процедуру торгов, т.е. выявления наиболее экономически «заинтересованного» покупателя и установления наиболее высокой цены. Предполагается, что новый собственник, понесший значительные расходы при покупке государственного или муниципального имущества, как раз будет иметь достаточную мотивацию для дальнейшего получения прибыли от использования этого имущества, что включает в себя внедрение инноваций, создание эффективной структуры управления и т.д. Совершенно другое экономическое значение имеют процедуры продажи имущества путем публичного предложения или без объявления цены. В этом случае выявления «заинтересованного» собственника не происходит, а тот факт, что имущество, в конечном счете, продается ниже его начальной цены, говорит о том, что у нового собственника, предположительно, недостаточно средств для дальнейшей технологической трансформации производства и внедрения инноваций.

С экономической точки зрения эффективность каждого способа приватизации имущества можно охарактеризовать размером денежных средств, полученных в результате его применения.

Размер денежных средств, полученных от покупателей государственного и муниципального имущества, может быть соотнесен с числом покупателей имущества каждым способом. Рассчитанная относительная величина поможет оценить размер средств, приносимых приватизацией тем или иным способом государству или муниципалитету в среднем одним покупателем, и сравнить экономическую эффективность применения этих способов. Информации о численности покупателей нет, однако в данном случае будет логично использовать данные о численности населения субъекта Федерации по состоянию на тот же период. Такая замена обусловлена тем, что по закону потенциально каждое физическое или юридическое лицо может стать покупателем и участником приватизационного процесса. И в этом случае данный показатель будет отражать количество денежных средств, которое бы получило государство или муниципалитет от 1 человека, если бы затраты на покупку приватизируемого имущества были бы в равной степени разделены между всем населением субъекта Федерации. Включение такого показателя должно отразить общественную составляющую процесса приватизации, обусловленную достижением не только экономических задач. Приватизация, как процесс распределения общей собственности между некоторым количеством частных лиц, чтобы считаться законной в глазах общества, должна основываться на принципах социальной справедливости. В РФ, в частности, это выражается в признании принципе равенства покупателей государственного и муниципального имущества, а именно в том, что «в действующей модели приватизации превалировали способы, формально ориентированные на уравнительную справедливость» [1;16].

Официальные статистические данные, публикуемые Федеральной службой государственной статистики в разрезе субъектов РФ, позволили наполнить информационный массив показателей процессов приватизации государственного и муниципального имущества в РФ. Данные находятся на сайте Единой межведомственной информационно-статистической системы (ЕМИСС). Наименование показателей, условные обозначения и единицы представлены в Таблице 1. Для характеристики размера денежных средств, полученных от приватизации имущества тем или иным способом в расчете на 1 чел., используется показатель, относимый в теории статистики к показателям интенсивности и рассчитанный в результате отношения абсолютных показателей X1-X8 к численности населения.

Таблица 1
Фрагмент системы статистических показателей процессов приватизации государственного и муниципального имущества в РФ

Условное обозначение	Наименование показателя
X1	Получено средств от покупателей акций открытых акционерных обществ на специализированном аукционе, тыс.руб.
X2	Получено средств от покупателей акций открытых акционерных обществ через организатора торговли, тыс.руб.
X3	Получено средств от покупателей акций открытых акционерных обществ, находящихся в государственной собственности за пределами территории РФ, тыс.руб.
X4	Получено средств от покупателей акций открытых акционерных обществ по результатам доверительного управления, тыс.руб.
X5	Получено средств от покупателей государственного или муниципального имущества на аукционе, тыс.руб.
X6	Получено средств от покупателей государственного или муниципального имущества на конкурсе, тыс.руб.
X7	Получено средств от покупателей государственного или муниципального имущества, проданного посредством публичного предложения, тыс.руб.
X8	Получено средств от покупателей государственного или муниципального имущества, проданного без объявления цены, тыс.руб.
X9	Размер средств, полученных от покупателей акций открытых акционерных обществ на специализированном аукционе в расчете на 1 чел., руб.
X10	Размер средств, полученных от покупателей акций открытых акционерных обществ через организатора торговли на рынке ценных бумаг в расчете на 1 чел., руб.
X11	Размер средств, полученных от покупателей акций открытых акционерных обществ, находящихся в государственной собственности за пределами территории РФ, тыс.руб.
X12	Размер средств, полученных от покупателей акций открытых акционерных обществ по результатам доверительного управления в расчете на 1 чел., руб.
X13	Размер средств, полученных от покупателей государственного или муниципального имущества на аукционе в расчете на 1 чел., руб.
X14	Размер средств, полученных от покупателей государственного или муниципального имущества на конкурсе в расчете на 1 чел., руб.
X15	Размер средств, полученных от покупателей государственного или муниципального имущества, проданного посредством

	публичного предложения в расчете на 1 чел., руб.
X16	Размер средств, полученных от покупателей государственного или муниципального имущества, проданного без объявления цены в расчете на 1 чел., руб.

Информационный массив по вышеперечисленным показателям сформирован на основе данных за 2012 г. В виду отсутствия данных из совокупности единиц наблюдения были исключены республики Бурятия, Ингушетия, Дагестан и Чеченская, Владимирская, Калужская, Мурманская, Ульяновская области, Чукотский автономный округ.

По данным ЕМИСС на основе информации Росстата в 2012 году средств от покупателей акций открытых акционерных обществ, находящихся в государственной собственности за пределами территории РФ (X3, X11) получено не было. Кроме этого, в течение 2012 года приватизация имущества через организатора торговли на рынке ценных бумаг (X2, X10) произошла только в Брянской области. Также приватизация акций по результатам доверительного управления (X4, X12) произошла только в Белгородской и Саратовской областях.

Таблица 2

Дескриптивные характеристики показателей эффективности приватизационного процесса в разрезе субъектов Российской Федерации в 2012 г.

Условное обозначение	Единицы измерения	Среднее значение	Median	σ	Коэффициент вариации,%.
X1	тыс.руб	967,7	0,00	5591	577,8
X5	тыс.руб.	513681,2	14559,5	2270860	442,1
X6	тыс.руб.	507,9	0,00	2274	447,8
X7	тыс.руб.	15124,2	2111,5	38642	255,5
X8	тыс.руб.	2519,9	0,00	7523	298,5
X9	руб./чел.	0,6	0,00	4	656,6
X13	руб./чел.	213,1	9,98	1076	504,6
X14	руб./чел.	0,4	0,00	2	434,5
X15	руб./чел.	9,1	1,75	22	244,4
X16	руб./чел.	3,6	0,00	17	476,3

Значение коэффициента вариации (более 30%) показывает, что совокупность единиц наблюдения по вышеперечисленным признакам неоднородна, т.е. расчет среднего значения не отразит типическую характеристику признака по совокупности. В этом случае для характеристики среднего значения размера денежных средств, полученных от приватизации тем или иным способом, необходимо использовать медианное значение признака. По данным Таблицы 2, экономический эффект от способов приватизации государственного и муниципального имущества за 2012 год можно охарактеризовать следующим образом: наиболее «полезным» для государства способом приватизации является аукцион. От приватизации государственного и муниципального имущества на аукционе (X5) в 50 % субъектов РФ получено свыше 14,5 млн. руб. Следующим по значимости способом выступает продажа путем публичного предложения (X7), от которой в половине субъектов РФ получено более 2 млн. руб. Остальные способы приватизации больше, чем в 50% субъектов РФ, доходов не принесли вообще.

Если бы затраты на покупку приватизируемого имущества на аукционе (X13) в 2012 году были бы в равной степени разделены между всем населением субъекта Федерации, то в половине субъектов РФ каждый условный покупатель заплатил бы меньше 10 рублей с человека, а в другой половине – от 10 рублей и выше. Если бы, соответственно, затраты на покупку приватизируемого имущества путем публичного предложения (X15) в 2012 году также были бы в равной степени разделены между всем населением субъекта Федерации, то в половине субъектов РФ каждый условный покупатель заплатил бы меньше 2 рублей с человека, а в другой половине – от 2 рублей и выше.

Неоднородность распределения применяемых форм приватизации государственного и муниципального имущества на территории РФ подтвердила необходимость дальнейшего выделения групп субъектов РФ, в которых процессы приватизации носят однородный характер, обусловленный схожестью происходящих процессов передачи национального имущества в частные руки и единством применяемых форм приватизации.

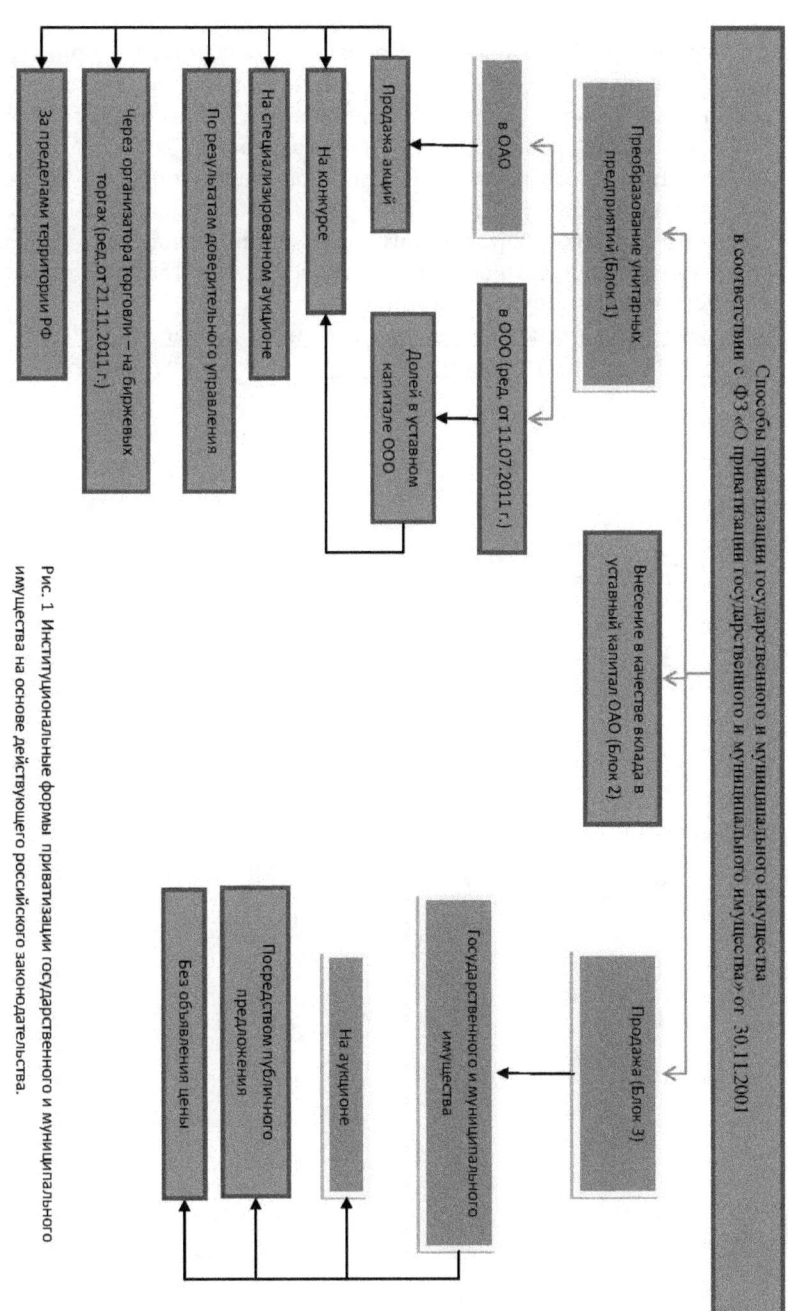

Рис. 1 Институциональные формы приватизации государственного и муниципального имущества на основе действующего российского законодательства.

Литература

1. Орловская Е.В. Совершенствование механизма приватизации промышленных предприятий России, автореферат диссертации на соискание ученой степени кандидата экономических наук / Московская академия экономики и права. Москва, 2012 .
2. Тяпкина Е.А. Способы приватизации. Гражданин и право – 2003- №2-
3. Федеральный закон от 21.12.2001 N 178-ФЗ (ред. от 02.11.2013) "О приватизации государственного и муниципального имущества" http://www.consultant.ru/document/cons_doc_LAW_153962/?frame=3#p372[Электронный ресурс]
4. http://www.ffms.ru/ru/contributors/financialmarket/market_professional_operators/tradeorganizer/tradeorganizer_list/ [Электронный ресурс]

Севка В.Г.
доцент, к.э.н.
Ланцова Е.А.
магистрант
Донбасская национальная академия
строительства и архитектуры, Украина

ОСОБЕННОСТИ ВЫБОРА СТРАТЕГИЙ ИННОВАЦИОННОГО РАЗВИТИЯ В СТРОИТЕЛЬСТВЕ

В условиях рынка уровень конкурентоспособности и финансовой устойчивости предприятия зависит от выбранной инновационной стратегии. Особенной актуальности эта проблема приобретает в отрасли строительства, где инновационные процессы напрямую определяют конкурентоспособность предприятий на рынке, их финансовую и управленческую успешность. Сложным для предприятий является выбор стратегий инновационного развития, обоснование стратегических целей и задач по их достижению, определение стоимости реализации стратегии и мониторинг достигнутых результатов.

Исследование теории формирования стратегий, позволило сделать вывод, что к инновационным стратегиям относят такие: развитие инновационной деятельности предприятий, которая направлена на получение новых продуктов, технологий и услуг; применение новых методов в НИОКР, производстве, маркетинге и управлении; переход к новым организационным структурам; применение новых видов ресурсов и новых подходов к использованию традиционных ресурсов [1].

Несмотря на сложность выбора и обоснования стратегий инновационного развития, которые связаны с повышением уровня неопределенности результатов, рисков проектов, увеличением изменений на предприятии в связи с инновационной реструктуризацией, усилением противоречий интересов и подходов к управлению, в случае реализации инновационных стратегий, компании получают долгосрочные преимущества на рынке. К числу таких преимуществ можно отнести: создание новых рынков на основе технических и маркетинговых возможностей; расширение и изменение сферы своих интересов; привлечение новых потребителей; формирование новых способов использования продуктов и услуг; сохранение конкурентных преимуществ.

Оценка инновационных стратегий, наиболее часто используемых строительными компаниями, позволила их классифицировать по направленности и активности реализации:

– стратегия технологического лидера (пионера), которая характеризуется постоянной разработкой технологических инноваций в выполнении строительных работ и изменении строительного процесса. Основным мотивом является признание технологии как эталона на рынке с продолжением лидерства путем модификаций и других инноваций, направленных на более полный охват рынка и снижение издержек;

– стратегия следования за лидером (обороны) в основе которой инновации как реакция на изменения во внешней среде, например на инновации конкурентов. Она базируется на максимально быстром продвижении инноваций и расширении рынка;

– стратегия диверсификации (защиты) включает внедрение инноваций в различных сферах, например: одновременно с усовершенствованием строительных технологий внедряются инновации в маркетинговой, финансовой, сбытовой деятельности, пересматривается организационная структура, информационная политика, используются новые принципы и методы ценообразования, меняется имидж предприятия и создаются многоцелевые сегменты;

– стратегия имитации (копирования) базируется на использовании известных технологий и их дополнении в соответствии с требованиями специфического рынка. Она предусматривает только опытно- конструкторские работы для освоения приобретаемых лицензий и ноу-хау [3].

В качестве рекомендаций для обеспечения инновационного развития в строительстве рекомендуется применять такие стратегии:

– виолентная стратегия, направленная на технологическое лидерство в сфере массового жилищного строительства за счет типизации проектов, сокращения сроков и повышения качества строительства. Важным при выборе такой стратегии является самостоятельное проведение НИОКР, выбор наукоемких технологий, формирование ресурсного потенциала лидера, капиталоемкость и высокий уровень применяемых технологий;

– патентная стратегия, которая связана с выбором узкоспециализированного сегмента строительства и формированием потребительских приоритетов в нем. Такая стратегия рекомендуется для фирм, занимающихся индивидуальным жилищным строительством коттеджей, жилья премиум и де-люкс класса. Реализация стратегии связанна с повышенными маркетинговыми затратами по исследованию рынка и привлечению потребителей;

– эксплерентная стратегия, которая рекомендована для пионерских фирм, создающих новые рынки или радикально преобразовывающих старые. Предприятия, выбирающие такую стратегию должны отличаться целеустремленностью, высоким профессиональным уровнем сотрудников и лидера, большими расходами на проведение

НИОКР. Эти фирмы извлекают преимущества из своего первоначального присутствия на рынке. Они сильно рискуют, но в случае удачи получают хорошую прибыль;

– коммутантная стратегия, обычно коммутанты - это фирмы, приспособленные для удовлетворения небольших по объему нужд конкретных потребителей. Они берутся за все, что не вызывает интереса у виолентов, патиентов и эксплерентов, ориентированы на местные рынки и действуют в фазе падения спроса на строительные услуги. Это малые фирмы активно содействующие продвижению новых технологий, создавая на их основе новые услуги, что содействует диффузии нововведений [2].

В настоящее время строительные организации существенно повышают инновационную деятельность, что позволяет увеличивать объемы строительства, экономить ресурсы и повышать качество работ. Однако эффективность использования инновационного потенциала в практике деятельности строительных организаций до настоящего времени остается недостаточной по таким причинам:

- отсутствие достаточного мониторинга критериев спроса потребителя, вопросы необходимости учета в договорах компенсации инновационных затрат строящегося объекта;

- необходимость составления планов мероприятий по использованию новой техники в строительстве, отсутствие крупномасштабных инновационных проектов;

- сложность учета и аналитического ведения нематериальных активов, несовершенство процессов их амортизации;

- отсутствие организационных мероприятий по стимулированию внедрения инноваций ресурсо- и энергосберегающего характера в строительстве на государственном уровне;

- неразвитость подготовки профессиональных инновационных менеджеров и специалистов.

Таким образом, разработка оптимальной инновационной стратегии фирмы - это неотъемлемая часть успешного его развития. Для того чтобы достойно конкурировать в современном изменчивом и непредсказуемом экономическом пространстве, необходимо выстроить грамотную и правильную стратегию развития, что может стать мощным орудием, с помощью которого современная фирма может противостоять меняющимся условиям внешней среды.

Список используемой литературы

1. Зайцев Л.Г., Соколова М.И. Стратегический менеджмент. М.: Магистр, 2008. – 528 с.

2. Медынский В.Г. Инновационный менеджмент. М.: ИНФРА-М, 2007. – 295 с.

3. Фатхутдинов Р.А. Инновационный менеджмент. Учебник для вузов. 6-е изд. - СПб.: Питер, 2008. - 3-е изд., перераб., доп. - М.: Дело, 2007. – 584 с.

Идаятов Р.И.
к.ю.н., кафедра юридических дисциплин, Филиал ДГУ в г. Каспийск
Камилова Д.В.
к.ю.н., кафедра юридических дисциплин Филиал ДГУ в г. Каспийск
kartlanov@mail.ru

КОНСТИТУЦИОННО-ПРАВОВЫЕ ОСНОВЫ ОБЕСПЕЧЕНИЯ НАЦИОНАЛЬНОГО ЕДИНСТВА РФ

Российская Федерация является одним из крупнейших полиэтнических государств мира. На ее территории проживают представители 193 национальностей. Большинство народов России на протяжении веков формировались на территории современного Российского государства и внесли свой вклад в развитие российской государственности и культуры.

Реализация Концепции государственной национальной политики Российской Федерации 1996 года способствовала сохранению единства и целостности России. В результате мер по укреплению российской государственности, принятых в 2000-е годы, удалось преодолеть дезинтеграционные процессы и создать предпосылки для формирования общероссийского гражданского самосознания на основе общей судьбы народов России, восстановления исторической связи времен, укрепления национального согласия и духовной общности населяющих ее народов. Достигнуты существенные результаты в обеспечении политической стабильности на Северном Кавказе, созданы правовые гарантии прав коренных малочисленных народов, сделаны существенные шаги по развитию национально-культурной автономии, по обеспечению прав граждан и национальных (этнических) общностей в сферах образования и развития национальных языков.

Вместе с тем в сфере межнациональных отношений имеются нерешенные проблемы, вызванные как глубокими общественными преобразованиями при формировании в современной России свободного открытого общества и рыночной экономики, так и некоторыми просчетами в государственной национальной политике Российской Федерации. Сохраняют актуальность проблемы, связанные с проявлениями ксенофобии, межэтнической нетерпимости, этнического и религиозного экстремизма, терроризма[1].

Современная Конституция была принята всенародным голосованием 12 декабря 1993 года. В то непростое время, время перестройки страны, противоборства различных органов власти и экономического кризиса, российские власти сумели почти невозможное. Итогом конституционного кризиса и политического кризиса в стране явилось принятие Конституции РФ, положения которой носят демократичный и прогрессивный характер.

Анализ положений Конституции РФ позволяет сделать вывод, что Конституция РФ является основой обеспечения национального единства РФ. Так, например, преамбула Конституции РФ содержит положение о многонациональном народе РФ, соединенным общей судьбой на своей земле, утверждая права и свободы человека, гражданский мир и согласие, сохраняя исторически сложившееся государственное единство. Это и статья 3 Конституции РФ о том, что носителем суверенитета и единственным источником власти в Российской Федерации является ее многонациональный народ. В Конституции РФ признание получили и права коренных малочисленных народов как особая разновидность прав в РФ (ст. 69).

В настоящее время наблюдается раздвоение настроений в обществе. Одна часть стремится к объединению и сплочению населения. Другая часть разжигает сепаратистские настроения и желает разделения страны или ограничения прав отдельных народностей. Основной обязанностью Российского государства как многонационального государства является обеспечение реализации государственной национальной политики направленной на обеспечение национального единства в РФ. Об свидетельствует и принятая в 2012 году стратегия государственной национальной политики Российской Федерации на период до 2025 года[2]. Стратегия основываясь на положениях Конституции РФ, разработана в целях обеспечения интересов государства, общества, человека и гражданина, укрепления государственного единства и целостности России, сохранения этнокультурной самобытности ее народов, сочетания общегосударственных интересов и интересов народов России, обеспечения конституционных прав и свобод граждан.

Особую роль в обеспечении содействия в укреплении гражданского единства и гармонизации межнациональных отношений, содействию этнокультурному многообразию народов России должна обеспечить недавно принятая федеральная целевая программа «Укрепление единства российской нации и этнокультурное развитие народов России». Данная программа принята Правительством РФ 20 августа 2013 года и предусмотрена на 2014-2020 гг. Ее основной целью является формирование условий для преодоления сложившихся негативных тенденций в сфере межнациональных и межконфессиональных отношений, формирование положительных сдвигов в сфере укрепления единства российской нации.

Завершая, хотелось бы отметить, что Конституция как основной закон служит основой обеспечения национального единства РФ и в соответствии с этим государственная национальная политика Российской Федерации должна осуществляться с учетом необходимости решения вновь возникающих проблем, реального состояния и перспектив развития национальных отношений в РФ.

Литература

1. Об утверждении Концепции федеральной целевой программы «Укрепление единства российской нации и этнокультурное развитие народов России»: Распоряжение Правительства РФ от 22.07.2013 N 1292-р // СПС КонсультантПлюс.
2. О Стратегии государственной национальной политики Российской Федерации на период до 2025 года: Указ Президента РФ от 19.12.2012 N 1666 // СПС КонсультантПлюс.

Юридические науки

Бакулина Л.Т.
кандидат юридических наук, доцент,
Казанский (Приволжский) федеральный университет,
Юридический факультет, кафедра теории и истории
государства и права
e-mail: bltkfu@mail.ru

ТЕОРИЯ КОНСТИТУЦИОНАЛИЗМА В СВЕТЕ 20-ЛЕТИЯ КОНСТИТУЦИИ РОССИЙСКОЙ ФЕДЕРАЦИИ

«Общество, где не обеспечена гарантия прав и нет разделения властей, не имеет конституции».
Ст. 16 Декларации прав человека и гражданина 1789 г.

Реализация основных принципов конституционализма в России – дело не одного десятилетия, что обусловлено не только множеством объективных и субъективных факторов, но и различиями в понимании «наполнения» теоретической модели реальным содержанием. Отсутствие в юридической науке единообразия в понимании конституционализма обуславливает и различия в трактовке его сущностных признаков, их содержания и политико-правовой природы.

В современной зарубежной юридической литературе конституционализм рассматривается в неразрывной связи с ограничением власти государства, как «вера в существование конституционных способов относительно установления государственных ограничений», «юридическое ограничение государства и полная противоположность своевольному правлению» [1, 370]; совокупность принципов, порядка деятельности и институциональных механизмов, которые традиционно используются с целью ограничения государственной власти [2]. Американские ученые к основным признакам конституционализма относят: его базирование на суверенитете народа; признание Конституции не программным политическим документом, а высшим правом; конституционно оформленное представительное правление; юридически гарантируемые принципы верховенства права, государственного управления на демократических основах, а также принцип ограниченного правления, разделения властей с системой сдержек и противовесов; наличие института конституционного контроля; невозможность приостановления или отмены действия Конституции, ее жесткость и верховенство относительно иных правовых актов; гарантированность и защиту со стороны государства конституционных прав и свобод человека и гражданина и др. [3, 40-41]

Несмотря на то, что отдельные авторы термин «конституционализм» используют в качестве синонима учения о конституции, конституция и конституционализм – не тождественные понятия: конституционализм является нормативной концепцией, и ее не следует смешивать с фактической конституцией, используемой в любом обществе [4, 191-208]. Это – многоуровневая система, которая функционально выходит за пределы Конституции и права в целом, отражая особенности менталитета и бытия народа.

Следует отметить, что некоторые авторы «выводят» конституционализм из теории правового государства, рассматривая его в качестве одного из принципов последнего [5, 247], что объяснимо, учитывая традиционно выделяемые признаки (принципы) правового государства: господство права (или верховенство Конституции); приоритет прав человека (или обязательность конституционного закрепления основных прав и свобод человека [6, 410-413]); взаимная ответственность гражданина и государства; принцип разделения властей.

Однако, как отмечает Г.Ф. Шершеневич, не следует отождествлять правовое государство и государство конституционное: «Правовое государство есть проблема, поставленная государству временем; конституционное государство есть наилучшее, по воззрению времени, средство для осуществления этой задачи. …Вот почему, поставив требование государства, в котором право соблюдалось бы в точности, XIX век указал на конституционную форму, как на лучшее средство, гарантирующее правовой порядок» [7, 243].

При всем многообразии взглядов на сущность конституционализма основная идея данной концепции, на наш взгляд, выражается в том, что суверенитет народа легитимирует государственную власть, а государственная власть ограничивается Конституцией, в результате чего достигается справедливое общественное устройство.

В противоположность просветительской идеализации «всеобщей воли» и всепоглощающего «народного суверенитета» теоретики конституционализма века XIX предупреждали: «Суверенитет народа не бесконечен; он окружен границами, которые ему прочерчивают справедливость и права индивида. Воля всего народа не может сделать справедливым несправедливое. Представители нации не вправе делать то, что нация сама делать не вправе» [6, 422]. А конституционной гарантией ограниченного народного суверенитета определялась особая организация государственной власти, основанная на принципе разделения властей.

Ограниченность государственной власти не следует понимать как исключительно реализацию государством суверенных полномочий в рамках ресурсов, обеспеченных геополитическими, экономическими, социальными, культурологическими и другими факторами – эти ограничения объективны. Государственная власть ограничена тем, что в лице отправляющих ее органов и должностных лиц она действует лишь в пределах, установленных Конституцией и соответствующим законодательством, т.е. речь идет о правовой организации системы государственной власти, которая предполагает четкое определение их компетенции, форм деятельности, места и характера их взаимоотношений в системе. С этой целью принцип разделения властей, дополненный системой сдержек и противовесов, получил конституционное закрепление.

В идее разделения властей, как и в нормативном содержании соответствующего положения российской Конституции, имеется множество смысловых граней. С одной стороны, это единство государственной власти на всей территории Российской Федерации, с другой – разграничение властных полномочий между органами законодательной, исполнительной, судебной власти, их самостоятельность в осуществлении возложенных полномочий, а также недопустимость их вторжения в компетенцию друг друга. В то же время самостоятельность ветвей власти никак не препятствует рационализации осуществления власти. Поиск оптимальной модели приобретает особое значение в условиях действия разнонаправленных «векторов»: ориентации субъектов Российской Федерации на расширение своей самостоятельности и выстраивания властной «вертикали».

Сегодня во многих зарубежных странах правительство располагает большими возможностями воздействия на любые государственно-властные структуры, и прежде всего на парламент. В частности, оно активно вторгается в сферу, традиционно считавшуюся сферой исключительной компетенции высшего представительного учреждения, а именно в законодательный процесс. Центральный исполнительный орган превратился в основной источник законодательной инициативы. В России до 90% законопроектов исходят от Правительства и Президента.

Подвергшееся в свое время критике обоснование Б. Констаном особой власти главы государства в качестве нейтральной показало не только политическую дальновидность теоретика либерального конституционализма, но и вскрыло в конституционном механизме возможность формирования в республиканских конституциях XX века института президентской власти в качестве конституционного гаранта.

Выделяемый теоретиками конституционализма (Сьейесом, Мирабо, Б. Констаном) со времен первых европейских революций учредительный характер Основного закона, как показывает анализ конституционных положений, практически не осуществим: предусмотренная статьей 135 Конституции РФ возможность созыва Конституционного Собрания при отсутствии соответствующего федерального конституционного закона приближается к нулю.

По мнению В.Е. Чиркина, одним из новых постулатов современного конституционализма является социальное государство [8, 231-248]. В той или иной степени современные конституции — социальные конституции, а социальные меры общего характера или некоторые социально адресные меры в какой-то мере присущи почти всем государствам. В частности, в конституциях многих европейских государств закреплено положение, согласно которому «собственность обязывает, пользование ею одновременно должно служить на благо общества» (например, в ст.14 Конституции ФРГ) [9]. К сожалению, в Конституции Российской Федерации отсутствует указание на социальное содержание собственности, есть лишь закрепление многообразия форм собственности. Хотя теоретически и практически доказано, что эффективность экономики меньше всего зависит от формы собственности: она определяется качеством управления, уровнем инвестиций и стимулами к труду.

Провозглашение в Конституции РФ человека, его прав и свобод высшей ценностью позволяет многим исследователям считать, что все остальные общественные ценности (в том числе и обязанности человека) располагаются на более низкой ступени и не могут противоречить данному постулату. Данный принцип базируется на либеральных ценностях конца XIX века. Однако в современных условиях, когда Основной закон большинства европейских стран закрепил принципы не только правовой, но и социальной государственности, абсолютизация прав человека противоречит не только конституционной модели, но и культурным традициям многих государств. Весьма показательны в этой связи слова митрополита Санкт-Петербургского и Ладожского Иоанна, отмечавшего, что «высокая мысль о правах человека питается эгоизмом и самомнением, ведет к изоляции людей друг от друга и разъединению общества. В православной культуре на первое место всегда выступали обязанности, а не права» [10, 23].

В качестве тенденций развития современного конституционализма, как сложной политико-правовой системы взаимодействия государства, общества и гражданина, выделяют: тенденцию социализации (проявлением которой является формулирование в качестве основы конституционного строя социальной государственности); тенденцию политологизации (выражающуюся в превалировании политических способов и средств воздействия на конституционно-правовые отношения); тенденцию информатизации (которая проявляется в двух измерениях – как информационное общество внутри страны и как глобализм на международной арене); тенденцию интернационализации (выражающуюся в сближении национального (прежде всего, конституционного) права с международным правом); тенденцию антропологизации (проявляющуюся в требовании соответствия нормативно-правовых актов фундаментальным правам человека) [11, 69-70].

Следует помнить, что теория конституционализма не означает унификации форм, устройства и деятельности всех государств без учета особенностей исторического, национального, экономического, политического, правового, культурологического характера. Это, в свою очередь, детерминирует возможность создания собственной модели конституционной государственности, что актуально и применительно к российскому государству, которое по сравнению с другими европейскими странами в силу множества объективных и субъективных факторов достаточно поздно встало на путь конституционного развития [12]. Прежде чем приступить к осуществлению перемен в стране, необходимо, чтобы государство и общество понимали, что главной целью проекта комплексной системной модернизации России (которую некоторые политические эксперты образно называют «политическим евроремонтом, наполненным инновационным содержанием») должен стать Гражданин. «Тогда из такого целеполагания вытекает готовность к реализации соответствующих задач. В числе приоритетных как минимум две: обеспечение в России в XXI веке верховенства права и верховенства культуры» [10, 26-27].

Следовательно, разумный конституционный баланс между такими составляющими устойчивого развития цивилизации как гражданин – общество – государство является основой обеспечения социальной стабильности общества, национальной безопасности государства и полноценной самореализации свободного и ответственного Гражданина.

Литература:

1. Берман Г. Дж. Западная традиция права: эпоха формирования. – М., 1998.
2. Шайо А. Самоограничение власти: краткий курс конституционализма. – М.: ЮРЛИТ, 2001.
3. Henkin L. New Birth of Constitutionalism: Genet is Influence and Genet is Defects. – Cardozo Law Review, 1991.
4. Voigt S. Making Constitutions Work: Conditions for Maintaining the Rule of Law // CATO Journal. Fall 1998. Vol. 18. Issue 2.
5. Исаев Б.А., Баранов Н.А. Политические отношения и политический процесс в современной России. Учебное пособие. СПб.: Питер, 2008.
6. Омельченко О. А. История политических и правовых учений (История учений о государстве и праве): учебник для вузов/ О.А. Омельченко. – М.: Эксмо, 2006.
7. Шершеневич Г.Ф. Философия права Т. I. Часть теоретическая. Общая теория права. - М., 1911.
8. Чиркин. В.Е. Конституция и социальное государство // Конституционный вестник № 1(19). 2008.
9. Конституции зарубежных государств. – М., 1997.
10. Государство как произведение искусства: 150-летие концепции/ Ин-т философии РАН; Московско-Петербургский философский клуб; Отв. ред. А.А. Гусейнов. – М.: Летний сад, 2011.

11. Рабинович П.М. Общая теория государствоведения: науковедческие, методологические и философско-правовые проблемы // Антология украинской юридической мысли. – Киев, 2005. – Т.10.

12. Русский конституционализм в период думской монархии: Сб. документов/ Авт.-сост.: А.В. Гоголевский, Б.Н. Ковалев. – М.: Гардарика, 2001; Русский конституционализм: от самодержавия к конституционно-парламентской монархии: Сб. документов / Авт.- сост.: А.В. Гоголевский, Б.Н. Ковалев. – М.: Гардарика, 2003.